# 군 법 개 론

곽우영 · 남기봉 · 한영호

도서출판 진 영 사

# 군 법 개 론

곽우영 · 남기봉 · 한영호

2011년 02월 26일 초판 인쇄
2011년 02월 28일 초판 발행
2018년 03월10일 초판 3쇄 발행
발행인 박 진 영
발행처 도서출판 진영사
인천광역시 부평구 부평동 134-16 태승빌딩 4층
전화 : 032)505-4207
팩스 : 032)505-4206
E-mail : 0183734207@hanmail.net
등록 : 122-91-77317

ISBN 978-89-6541-028-7 93390
값 15,000원

# 머리말

인간이란 혼자 살아갈 수 없고 여러 사람들과 공동운명체적인 삶을 살아갈 수밖에 없는데 이때에 상호간에 지켜야할 올바른 도덕적 질서, 자율적규범 등 보편타당한 사회규범 체계가  필요하며 이는 고도로 산업화 및 과학화된 어느 조직이나 어느 분야에서도 공통적으로 적용된다고 할 수 있다.

이와 같은 인간의 공동생활 중 서로간 복잡한 이해관계가 얽혀 마찰과 충돌이 불가피하게 되나 극단적인 대립과 투쟁만으로는 사회 공동질서 유지가 불가능하며 인간은 이성을 갖고 본질적으로 이와 같은 위험속에서 균형과 조화를 슬기롭게 이루기 위해 나름대로의 규율과 규칙 등을 강구하게 되는 것이다.

법은 도덕, 관습, 종교 등과 같은 사회규범의 테두리 안에서 자동적으로 태생하게 되었으며, 예측할 수 없는 변화무쌍한 전쟁 및 평시 상황속에서 임무를 수행해야 하는 군대조직에 있어서도 법과 규정의 필요성은 더욱 중요하게 된 것이다.

군의 간부란 군의 중추적인 역할로서 군사작전, 군사행정뿐만 아니라 부대의 지휘와 운영을 원활하게 할 수 있어야 하며, 특히 간부로써 제반임무수행에 있어 군기강 확립, 장병들의 인권 보장, 군사행정의 적법성 및 효율성 제고를 통해 국가와 군발전을 위해서는 꼭 알아야 할 방침과 규정의 전문지식 함양은 필수적이라 할 것이다.

이 교재는 군 입문을 위한 초급간부 임무수행에 필수적이고 기본적인 내용으로 법의 개념원리를 통해 법의 체계 및 주요 내용을 이해하고 형사절차와 징계제도, 군 형법의 의의와 주요내용을 사례위주로 알아보고 기타 군 관련 주요법률을 추가하여 초급간부들이 군법을 이해하고 병사들이 질문하면 답변할 수 있을 정도의 내용을 수록 하였으며, 일부 새롭게 바뀐 법령과 규정부분을 수정·보완하여 장교 및 부사관 교육과정 뿐만 아니라 임관 후 실무임무 수행에 직접적인 업무참고 자료로도 활용할 수 있도록 하였다.

아무쪼록 이 교재가 활용되어 군의 간부가 되기 위해 공부하는 학생들로 하여금 군의 초급간부로서 부대적응과 임무수행에 도움은 물론 사고예방과 군 기강 확립에 기여하여 우리 군의 발전에 보탬이 되기를 바란다.

**2011. 1월 안양에서 편집자 일동**

# 차 례

## 제1장 법과 제도

## 제2장 형사절차/ 징계제도



## 제3장 군 형 법

# 부 록

# 제1장

# 법과 제도

제1절 법의 의의(意義)
제2절 법 기관의 종류
제3절 법의 기본개념과 원리
제4절 국방관련법규

## 제1절 법의 의의(意義)

### 1. 사회와 법과의 관계

시간과 장소를 초월하여 모든 사회에 적용될 수 있는 법과 관련된 격언을 하나 고른다면, 그것은 아마도 "사회가 있는 곳에 법이 있다."라는 격언일 것이다. 물론 각 사회마다 입법례의 내용은 다르다. 예를 들면, 어떤 사회에서는 일부다처제를 인정하지만 어떤 사회에서는 이를 인정하지 않고, 또 어떤 사회에서는 낙태를 법으로 허용하고 있는 반면, 어떤 사회에서는 법으로 금지하고 있다. 이렇게 내용이나 입법례는 다르지만, 어떤 사회든지, 심지어 원시사회에서도 법은 존재했다. 법을 필요로 하지 않는 사회란 있을 수 없기 때문이다.

만약 법이 없다면, 사람들은 저마다 자신의 이익만을 주장하게 되어 서로의 의견이 조정되지 않아 사회가 큰 혼란에 빠질지도 모른다. 또, 법의 내용이 자신의 가치관이나 취향에 맞지 않는다는 이유로 사람들이 법을 지키지 않는다면, 사회의 질서는 유지될 수 없을 것이다.

영국의 철학자 로크(Loke)는 "자신의 권리를 보다 효율적으로 누릴 수 있기 위해서는 법과 정부가 필요하다."라고 하였다. 즉, 사람들 사이의 분쟁을 해결하여 진정한 권리를 보호받기 위해서는 먼저 분쟁을 해결할 수 있는 기준이 있어야 하고(법의 필요성), 그 기준을 적용하여 진정한 권리자를 가려 줄 사람이 있어야 하며(법관의 필요성), 나아가 진정한 권리자의 권리를 보호하고 보장해 줄 권력이 있어야 한다(집행력의 필요성)는 것이다. 이를 달리 표현해보면, 사회는 '법의 지배(rule of law)' 위에서만 유지, 존속될 수 있다고 말할 수 있다.

법의 지배는 공동체 구성원들이 민주적인 입법 과정에 따라 고민한 규범이 있고, 모든 구성원들이 그 규범을 존중하여 따를 때 이루어진다. 공동체 구성원 중 누구라도 이 틀에서 벗어나려 한다면 법의 지배는 원활히 이루어질 수 없다. 따라서 고위 공직자나 대기업 경영자등 권력과 부를 소유한 그 누구도 법위에 군림할 수는 없는 것이다.

## 2. 법의 기능

### 가. 분쟁의 해결

법은 분쟁을 해결한다. 분쟁의 당사자들은 저마다 나름의 논거를 제시하면서 분쟁을 자신에게 유리한 방향으로 해결하고자 할 것이므로, 판단 기준은 객관적이고 공정해야 한다. 그러한 기준으로 '도덕'이나 '관습', '종교' 등을 생각해 볼 수도 있지만, 공동체 구성원들이 일반적으로 공유하는 도덕, 관습, 종교 등의 가치를 확인하는 작업은 그리 수월하지 않을 뿐 아니라, 설령 확인한다 하더라도 오늘날의 복잡 다양한 사회 현상에서 비롯되는 각종 형태의 분쟁을 합리적으로 해결하기란 불가능하다.

왜냐하면 도덕이나 관습, 종교는 그 내용이 명확하지 않고 상대적인 경우가 많아서 일반적으로 모든 경우에 일관되게 적용되기 힘들기 때문이다. 따라서 객관적인 분쟁처리 기준으로 이성에 따라 제정된 법이 필요한 것이다.

### 나. 질서의 유지

법은 사회의 평화와 질서를 유지하는 기능을 한다. 넓은 의미에서 보면, 이는 법의 분쟁 해결기능과도 관련이 있다. 왜냐하면, 구성원들 사이의 분쟁이 원만하기 해결되지 않고서는 그 사회의 평화와 질서가 유지되기를 기대할 수 없기 때문이다. 법을 통한 질서 유지 양상을 보여주는 단적인 예로는 범죄로부터 시민의 생명과 재산을 보호하는 형법이 있다.

형법은 일차적으로 범죄행위로 인해 사회의 질서가 흔들리는 것을 막을 뿐 아니라, 나아가 형벌권을 국가가 독점함으로써 범죄의 피해자가 사적으로 보복하려 할 때 발생할 수 있는 혼란과 무질서도 막는다. 또한 민사법이 사회의 경제질서를 유지하고, 헌법은 헌정 질서를 유지하는 등의 질서 유지기능은 법의 기본적인 기능이다.

### 다. 공익의 추구

법은 공익과 공공복리를 추구한다. 법치주의 원리는 법을 마련하는 것 그 자체가 곧 공익을 달성하기 위한 적합한 수단이라는 생각을 담고 있다. 상식적으로 생각해 보아도 공동체 구성원의 합의에서 비롯된 법이 아닌 특정 개인이나 소수 집단의 판단에 입각하여 공동체 전반의 이익을 추구한다는 것은 쉽지 않은 일이다. 역사적으로도 권력자가 공적인 힘을 남용해서 권력자 자신의 개인적 이익만을 추구하거나 국민의 뜻과는 다른 국가 정책을 펴서 큰 혼란을 불러일으킨 사례가 적지 않다.

더 큰 문제는 그러한 사회적 손실에 대해 누구도 책임을 지지 않는다는 점이다. 법을 통해 공익을 추구하려는 발상은 이러한 문제점들을 극복하고자 했던 과거의 노력과 시행착오의 산물이라고 할 수 있다. 따라서 법이 공익에서 일탈하여 사적인 이익에 봉사하는 것은 일종의 법의 타락으로서 경계하여야 할 것이다.

### 라. 정의와 인권의 수호

법은 정의와 인권을 수호하는 기능을 한다. 일찍이 근대 시민 혁명에서 시민들이 정의와 인권을 법의 형식으로 약속받았던 것에서도 볼 수 있듯이, 전통적으로 법의 역사는 인권 보장의 역사이기도 했다. 특히 법이 정하고 있는 각종 재판제도와 청원제도 등은 정의와 인권의 수호를 위한 공식적인 절차라고 할 수 있다. 공권력에 의한 중대한 인권 침해에서부터 일상적인 거래 관계에서 발생할 수 있는 부당한 금전적 손해에 이르기까지, 시민들은 이러한 공식적 절차에 따라 국가 등의 권력 기구로부터 정의와 인권을 보장받을 수 있다.

# 제 2 절 법 기관의 종류

## 1. 입법(立法) 작용을 하는 기관

입법 작용이란 국가의 통치권에 의해 국가와 국민, 그리고 국민 상호간의 관계에 관한 법률을 제정하는 것이다. 헌법은 법을 제정하는 입법권이 국회에 있음을 밝히고 있다. 국회가 입법권을 가지는 것은 국민의 재산과 자유에 관한 기본적인 사항은 민주적 정당성이 있는 국민의 대표기관에서 정하는 것이 바람직하기 때문이다.

하지만 오늘날의 사회는 복잡하고 빠르게 변화하여 전문성을 요구하기 때문에 국회에서 제정하는 법률만으로는 이러한 사회적 요구를 충족하기 어렵다. 따라서 국회의 입법권 외에 행정부 및 기타 헌법 기관, 그리고 지방 자치 단체도 헌법과 법률이 인정하는 범위 내에서 법규를 정할 수 있다. 국회도 특정 소관 분야를 담당하는 다양한 위원회를 중심으로 운영되면서 전문성의 제고를 꾀하고 있다.

## 2. 사법(司法) 작용을 하는 기관

사법 작용이란 구체적인 분쟁 해결 절차에서 법관이 법적인 내용을 선언하는 것을 말한다. 즉 사법 작용은 재판을 의미하고, 재판을 담당하는 기관은 법원이다. 법원에서 재판을 할 때 관여하는 법률 전문가로는 판사, 검사, 변호사 등이 있는데, 이들은 흔히 '법조삼륜(法曹三輪)'이라고 부른다.

판사는 재판의 모든 절차를 주재하며, 최종적으로 사건에 관한 법적 판단을 내리는 역할을 한다. 변호사는 소송 당사자의 의뢰를 받아 변론 등 소송 과정을 대신 진행한다. 검사는 범죄 혐의자를 수사한 뒤 그를 기소함으로써 형사 재판 절차가 시작되도록 이끌고, 형사 재판 중에는 스스로 원고가 되어 직접 소송을 수행하며, 재판이 끝나면 판결을 집행한다. 검사는 국가가 재판의 당사자가 될 경우에는 국가를 대표하여 소송을 수행하며, 기타 인권을 보호하고 공익을 대표하는 역할을 수행한다.

그 밖에 사법 작용과 관련하여 관심을 가져야 할 법 기관으로는 헌법재판소가 있다. 헌법재판소는 대법원을 정점으로 하는 법원 조직과는 별개의 기관으로서 헌법 제6장에 의하여 헌법재판권한을 행사함으로써 헌법질서를 수호하고, 국민의 기본적 자유와 권리를 보호하고 있다. 즉, 헌법재판소는 헌법재판을 통하여 헌법을 구체적으로 실현하고, 공권력이 남용되는 것을 방지하며, 공권력 행사에 의하여 침해된 국민의 기본권을 회복하고, 나아가 정치세력간의 극한투쟁을 예방함으로써 사회질서를 평화적으로 유지하는 역할을 수행한다. 특히, 최근에 와서는 국민의 기본권을 보호하기 위한 여러 가지 의미있는 결정을 내리면서 헌법재판소가 더욱 주목받고 있다.

## 3. 행정(行政)작용을 하는 법기관

행정 작용이란 국회에서 만든 법률에 근거하여 직접 국민들에게 이를 집행하는 국가의 활동을 말한다. 행정 작용을 하는 기관에는 경찰, 군인, 세무 공무원, 동사무소에서 근무하는 공무원, 중앙 행정기관의 공무원 등 다양하며, 우리는 일상생활에서 행정 작용을 하는 기관을 가장 많이 접하게 된다.

실제로 일반 시민들이 거의 매일 만나게 되는 사람인 경찰관이나 1년에 단 몇 번씩이라도 꼭 들르게 되는 장소인 관공서 등을 떠올려 보면, 행정 작용이 시민들의 일상에 얼마나 직접적으로 관여하고 있는지를 느낄 수 있다.

그래서 때때로 행정 기관이 시민들의 자유와 권리를 침해하는 경우도 생길 수 있다. 이런 경우에 대비해서 우리 법은 각종 보상 및 배상제도를 포함하여 행정심판, 행정소송, 헌법소원 등 침해에 대한 구제 절차를 잘 정비해 놓고 있다.

## 제 3 절　법의 기본개념과 원리

일반 국민들이 맞닥뜨리게 되는 법률문제는 크게 민사관계와 형사관계로 나뉜다. 이러한 민사관계와 형사관계 위에, 헌법재판제도의 활성화와 함께 시민들의 삶에 영향을 끼치고 있는 헌법적 관계를 더하면, 우리의 법제도가 어떤 기본 방향에 따라 마련된 것인지 이해할 수 있다.

아래에서는 이와 같은 문제들을 처리하는 원칙, 즉 법의 기본개념과 원리를 살펴보고, 민사관계와 형사관계를 구별하는 방법에 대하여 알아보기로 한다.

### 1. 법의 분류

#### 가. 성문법(成文法)과 불문법(不文法)

법을 분류하는 가장 일반적인 방식은 입법기관이 소정의 절차에 따라서 제정한 법인 성문법과 그렇지 않은 불문법으로 나누는 것이다. 성문법에는 헌법과 법률이 있으며, 법률로부터 권한을 받아 행정 기관이나 지방 자치단체가 정하는 명령, 조례, 규칙 등도 이에 속하고, 그 외에 조약 등의 성문으로 된 국제법도 이에 속한다.

불문법의 종류로는 관습법과 판례법이 있다. 관습법이란 일정한 사회에서 그 구성원들에 의해 오랫동안 반복적으로 행해지던 행위가 그 구성원들 사이에 구속력을 얻어 법적인 효력을 가지는 것으로 확신된 규범을 의미한다. 판례법은 법원에서 법관이 행한 판결의 내용이나 취지가 반복적으로 여러 판결을 통해 확인된 경우 그 판결의 내용이나 취지를 일컫는 말이다. 관습법이 법으로 확신되었는지 여부도 결국 법원이 결정하므로, 불문법은 주로 법원에 의해 선언되고 확인된다고 할 수 있다.

#### 나. 공법(公法), 사법(私法), 사회법

역사적으로 법은 공법과 사법으로 구분된 상태에서 발달해 왔기 때문에, 공법에 적용되는 원리와 사법에 적용되는 원리는 다소 독자적으로 형성되어 왔다. 뿐만 아니라 우리나라에서 현실의 재판 제도는 크게 형사재판과 민사재판으로 나뉘어 존재한다. 사실상 형사와 민사 이외의 재판은 특별한 규정이 없는 한 이들 재판의 원리를 준용하기 때문에 형사재판과 민사재판을 구분하는 것은 실제적인 의의가 있다.

공법은 기본적으로 국가와 국민 사이의 관계를 규율하는 법규범이다. 형법은 가장 오래 된 공법이며, 국가와 정부가 발달하면서 헌법이나 행정법, 그리고 소송법 등의 공법이 발달하기 되었다. 사법은 개인과 개인 사이의 관계를 규율하는 법규범이다. 사법으로는 재산과 가족에 대한 일반적인 규율을 하는 민법이 대표적이며, 상거래 등 특수한 거래에 적용되는 상법 등도 사법에 속한다.

사회법은 기본적으로는 사법에 속해야 하는 것이지만 자본주의의 진전에 따른 폐해 때문에 국가가 간섭하게 된 법규범을 말한다. 사회법에는 근로기준법 등 노동과 관련된 법과 사회보장에 관련된 법, 그리고 독점규제 및 공정거래에 관한 법류 등 경제 활동을 규율하는 법들이 이에 속한다.

## 2. 법의 기본 개념

### 가. 법률관계와 권리능력

법은 사람과 사람 사이의 관계를 규율하는 규범이다. 따라서 무인도에 홀로 남은 '로빈슨 크루소'에세 법의 의의는 매우 절감될 것이다. 그런데 사람과 사람 사이의 관계는 대단히 광범위해서, 어떤 관계를 법이 관여할 필요가 없는 경우도 있다. 따라서 사람과 사람 사이의 관계 중 법적으로 의미 있는 관계를 법률관계라고 부른다.

법률관계를 관계를 맺고 있는 사람들이 서로 권리와 의무라는 것으로 묶여 있다고 상정한다. 권리란 상대방에게 무엇인가를 요구하거나 행하도록 함으로써 이익을 누리는 것이며, 의무는 반대로 상대방이 요구하는 바를 해 주어야 하는 것을 의미한다. 그런데 권리는 세상 만물이 모두 가질 수 있는 것은 아니다. 권리를 가질 수 있는 자격은 법적으로 살아 있는 사람만이 취득할 수 있는 것이다. 이처럼 즉 사람으로 태어나서 죽을 때까지 누리는 권리를 가질 수 있는 자격을 권리능력이라고 한다.

권리능력은 살아 있는 사람이 가지는 것이 원칙이지만, 사회적 · 경제적 필요성이 있는 경우 일정한 사람의 모임이나 재산에게도 권리 능력을 부여할 수 있다.

이렇게 특별히 권리능력을 인정받는 주체를 "법이 정한 사람", 즉 법인이라고 한다. 주변에서 흔히 볼 수 있는 회사는 상법상 인정된 법인의 특별한 경우이며, 살아있는 사람은 아니지만 계약도 맺고 재산도 가질 수 있게 된다.

### 나. 법률행위와 행위능력

사람들이 살아가기 위해서는 의식주를 해결하기 위해 필요한 재화를 획득해야 한다. 이는 법률적으로 재화에 대한 권리를 취득하는 것을 의미한다. 권리를 취득하기 위해서는 누군가의 재화를 자기의 것으로 옮겨 와야 하는데, 이는 결국 권리가 변동된다는 것이다. 이렇게 권리를 변동시키기 위하여 하는 대표적인 행위가 법률행위이다 우리가 흔히 하는 계약은 법률행위의 대표적인 유형이라고 할 수 있다.

그런데 법률행위는 가장 기본적인 삶을 영위하기 위한 행위이기 때문에, 신중하고 사려 깊게 행해져야 한다. 만일 자기가 하는 계약의 의미를 제대로 알지 못하는 사람이 있다면, 그 사람은 곧 삶을 영위하기 곤란한 상황에 빠질 것이다. 이처럼 법률행위는 아무나 하는 것이 아니라 일정한 지적 능력이 되는 사람만 할 수 있는 것이며, 이러한 능력을 행위능력이라고 부른다. 행위능력이 없는 사람은 제대로 된 법률행위를 할 수 없는 것이며, 부모나 후견인 등 다른사람의 도움을 받아서만 법률행위를 할 수 있다.

이는 행위능력이 없는 사람을 특별히 보호하기 위한 것인데, 민법에서는 이런 행위 무능력자를 크게 세 가지로 구분하고 있다. 하나는 만 20세가 안 된 "미성년자"이며, 다른 둘은 성인이 되었지만 법률행위를 할 만한 지적 능력이 안 된다고 인정한 "한정치산자"와 "금치산자"이다.

한정치산자는 지적능력이 다소 모자란 정도이므로 한정치산자가 한 재산상 약속은 후견인이 취소하지 않으면 효력이 있다.

그러나 금치산자는 지적능력이 상당히 떨어지는 사람이므로 금치산자가 한 재산상 약속은 애초부터 무효가 된다. 한정치산자와 금치산자의 선고는 법원에서 한다.

### 다. 범죄와 형벌

형법상 범죄가 성립되기 위해서는 일차적으로 형법 등 법류에 정해 놓은 범죄에 해당해야 한다. 이를 범죄구성요건에 해당한다고 부른다. 그러나 범죄구성요건에 해당한다 하더라도 항상 범죄가 되는 것은 아니다. 범죄가 되기 위해서는 그 행위가 위법해야 하고, 행위자에게 범죄 결과에 대한 책임을 물을 수 있어야 한다.

범죄구성요건에 해당하는 행위가 위법해야 한다는 것은 범죄구성요건에 해당하지만 위법하지 않은 행위 유형도 있다는 것을 뜻한다. 대표적인 것이 정당방위나 긴급피난과 같은 것이다. 예를 들어 사람을 죽였다면 이는 일차적으로 살인죄의 구성요건에 해당하지만, 자신을 살해하려는 사람으로부터 자기 생명을 지키기 위해 어쩔 수 없이 한 행동이라면 비록 외형은 살인이지만 법은 정당방위에 의한 행위로서 위법하지 않다는 판단을 내릴 수 있으며, 따라서 이는 범죄가 되지 않는다.

범죄구성요건에 해당하고 또 위법하다 하더라도 범죄가 성립되기 위해서는 행위자에게 범죄 결과에 대한 책임을 물을 수 있어야 한다. 예를 들어 아무것도 모르는 5살 어린이가 가게 물건을 깨뜨린 것을 재물 손괴죄에 해당한다고 할 수는 없는 것이다.

범죄가 성립된다고 하기 위해서는 책임을 질 만한 지적 능력과 인간적 성숙도가 필요하다. 그런 지적 능력과 성숙도가 있는 인간이 비난받을 만한 행위를 저질렀다면 그 때에야 비로소 그에게 책임을 물을 수 있는 것이다. 책임을 물을 수 없는 또 다른 경우로서 저항할 수 없는 폭력에 의해 강요된 행위나 자기의 행위가 법령에 의하여 죄가 되지 않는 것으로 오인하였는데 이에 정당한 이유가 있는 경우 등이 있다.

범죄가 성립하면 여기에 형벌이 부가된다. 형법이 규정하고 있는 형벌에는 사형, 징역, 금고, 자격 상실, 자격 정지, 벌금, 구류, 과료, 몰수의 9가지가 있다. 징역, 금고, 구류는 수형자를 교도소에 구치하는 것인데, 징역은 일정한 일을 시키는 데 반해 금고는 일을 하지 않고 수형된다. 구류는 1일 이상 30일 미만을 교도소에 있는 경우이다. 벌금과 과료는 일정한 금액을 강제적으로 납부하게 하는 형벌로 과료는 경미한 범죄에 대해 부과되어 금액이 적다는 점에서 벌금과 구별된다.

과료는 과태료와도 구별해야 하는데, 과태료는 범죄에 대한 제재가 아니라 행정상 제재에 불과하다.

## 3. 법의 기본 원리

### 가. 비례의 원칙

오늘날 공법과 사법 전반에 걸쳐 널리 통용되는 법의 일반 원칙으로 비례의 원칙을 들 수 있다. 비례의 원칙은 두 이해관계가 충돌할 경우에 어느 한쪽에 치우치지 않고 균형 있게 양자를 보장하기 위한 원칙이다. 특히 헌법재판소에서 법률의 위헌성을 판단함에 있어, 당해 법률이 국민의 기본권을 제한하는 정도를 결정하는 기준으로써 사용된다. 헌법재판소는 비례원칙의 내용을 다음과 같이 정하고 있다. 먼저 국가가 정책 등의 달성을 위해 국민의 기본권을 법률로 제한할 경우에는 목적이 정당해야 하고, 그 방법이 적절해야 하며, 국민의 피해를 최소화하는 수단을 사용해야 한다. 또 이러한 요건이 모두 충족된다고 하더라도, 국민의 권리 침해로 인한 마이너스 효과와 정책 달성으로 인한 플러스 효과를 최종적으로 저울질해 보아 국민의 권리 침해의 비중이 더 크다면 비례원칙에 위배된다는 것이다.

### 나. 적법절차 원칙

적법절차원칙이란 법령의 내용은 물론 그 집행절차도 정당하고 합리적이어야 한다는 원칙으로, 헌법에 명시되어 있다. 원래 이 원칙은 국가의 형벌권으로부터 국민의 신체의 자유를 보장하기 위한 목적에서 출발한 것이지만, 오늘날에는 공권력과 관련된 모든 행위에서 꼭 지켜져야 할 기본원리로 인정되고 있다.

### 다. 죄형법정주의

죄형법정주의란 아무리 사회적으로 비난받을 만한 행위라 할지라도 국회에서 제정한 법률이 그러한 행위를 범죄로 규정하고 있지 않으면 처벌할 수 없고, 범죄에 대해 법률에 규정한 형벌 이외에는 부과할 수 없다는 원칙으로, 법치국가 형법의 기본원리이다. 이에 따라 국가는 형벌권을 자의적으로 행사할 수 없고, 국민은 자유과 권리를 보호받을 수 있다.

죄형법정주의에 따르면, 법이 만들어지기 이전의 사건을 법이 만들어진 뒤에 소급하여 처벌할 수 없다. 선고를 할 때에는 반드시 형의 기간을 정해 피고인에게 기약 없는 수감조치를 내려서는 안 되며, 법률에 있는 명확한 내용으로 처벌하고, 비슷한 내용을 유추해석해서는 안 된다. 다만 이 원리는 국가에 대해 개인의 인권과 권익을 보장하기 위한 것이므로, 피고인에게 유리한 소급적용이나 유추해석은 허용될 수 있다.

### 라. 신의와 성실의 원칙

민법은 권리의 행사와 의무의 이행은 신의에 따라 성실하게 할 것을 규정하고 있다. 예를 들면 채무자가 채권자를 골탕 먹일 의도로 일부러 수십 개의 동전자루로 빚을 갚는 경우처럼 일반적인 상식이나 거래 관념에 비추어 납득하기 어려운 행동은 허용할 수 없다는 것이다. 따라서 신의성실의 원칙은 법을 공유하는 법 공동체 구성원들이 가져야 할 공동체 의식을 강조하는 원리라고 할 수 있다.

### 마. 권리남용 금지의 원칙

권리 남용 금지의 원칙은 겉으로 보기에는 권리를 행사하는 것 같지만 실제로는 타인에게 고통을 주기 위한 행위를 막기 위한 원칙이다. 헌법에서도 권리의 행사는 공공복리에 어긋나지 않도록 해야 한다고 정하고 있다. 이 원칙을 지키지 않는 권리 행사는 법이 보장하지 않으며, 경우에 따라서는 권리 행사 자체를 불법행위로 보고 상대방에게 손해 배상을 하도록 한다.

# 제 4 절 국방관련법규

## 1. 일반적인 법규의 체계

인간생활을 규율하는 법규는 단순한 조문의 집합체가 아니라 헌법을 정점으로 법률, 명령, 행정규칙으로 이어지는 통일적인 체계를 이루고 있다.

**◆ 법규의 체계 ◆**

**헌 법**
〈국군의 사명(제5조), 대통령의 국군통수권(제74조) 등〉

**법 률**
〈국군조직법, 병역법, 군 인사법, 군인연금법, 군사법원법 등〉

**대 통 령 령**
〈군 인사법시행령, 군인복무규율 등〉

**국 방 부 령**
〈군 인사법시행규칙 등〉

⇩

**행 정 규 칙**
〈발령권자에 따라〉
- 대통령 : 대통령훈령
- 국무총리 / 국방부장관 : 훈령, 예규, 통첩, 지시
- 육군참모총장 : 육군규정, 육본내규, 예규, 지시
- 군사령관 / 육직 장관급부대 : 규정, 내규, 예규, 지시
- 군단장 이하 지휘관 : 내규, 예규, 지시

## 2. 국방관계 법규의 체계

국방관계 법규도 일반적인 법규와 같이 헌법을 최상위로 하여 [헌법 → 법률→ 대통령령 → 총리령/부령 → 행정규칙]의 단계적인 상하관계를 이루고 있다.

### 가. 헌법(최상위법) : 국가의 권력구조와 국민의 권리, 의무를 규정한 근본법

1) 헌법은 국가의 기본조직과 작용, 국민의 권리 · 의무에 관하여 규정하고 있는 모든 법의 모법(母法)이며 기본법이다. 헌법은 법률과 명령은 물론 국가기관의 행위보다 상위에 있으며 국가기관의 권력발동의 근거가 된다.
2) 헌법에는 군에 관한 기본적인 사항을 규율하는 규정이 포함되어 있는데 국군의 사명과 정치적 중립성(헌법 제5조), 국방의 의무(제39조), 대통령의 국군통수권(제74조), 계엄(제77조), 군사법원(제110조) 등에 관한 규정이 그것이다. 이들 헌법 규정은 국방관계 법령의 가장 중요한 법원(法源)이며 이들을 근거로 하여 각종 국방관계 법규가 제정되어 시행되고 있다.

### 나. 법률(국회제정): 국회의 의결을 거쳐 대통령이 공포한 법

1) 법률이란 국회의 심의절차를 거쳐 제정한 법형식이다. 권력분립을 기초로 하는 법치국가에서는 법규범을 제정하는 작용인 입법권은 원칙적으로 국민의 대표기관인 의회에 속한다. 특히 국민의 권리와 의무에 관한 사항은 법률로 정하여야 한다.
2) 국방에 관한 법률로는 국군조직법, 군인사법, 군인보수법, 군인연금법, 군무원인사법, 병역법, 향토예비군설치법 등이 있다.

### 다. 명령(행정입법) : 발령권자에 따라 대통령령/총리령/부령(국방부령) 등

1) 대통령령 : 법률에서 위임받은 사항이나 법률을 집행하기 위하여 대통령이 발하는 법적 성격의 문서
2) 총리령/부령 : 법률 및 대통령령에서 위임받은 사항이나 법령의 집행을 위하여 총리 / 각 부 장관이 발하는 법적 성격의 문서로서 대통령령 · 총리령 · 부령이 일반 국민을 구속하는 효력을 가지기 위해서는 법률의 위임이 있어야 할 뿐 아니라(법률유보의 원칙), 상위법령이 위임한 범위 내에서 제정되어

야 하고 상위법령에 직접 또는 간접적으로 저촉되어서는 안 된다(법률우위의 원칙).

* 법 령 : 법률과 명령

* 법 규 : 법률, 명령과 행정규칙

## 라. 행정규칙: 법적 성격을 가지지 아니한 행정조직 내부의 규정

### 1) 의 의

일반적으로 행정규칙은 행정기관이 하급행정기관에 대하여 법률의 수권 없이 그의 권한 범위 내에서 발하는 일반적·추상적 규율을 말한다.

### 2) 내용에 따른 분류

가) 조직규칙 : 행정기관이 그 보조기관 또는 소속관서의 설치, 조직, 내부적 권한 분배 등을 정하기 위하여 발하는 규칙
예 육군본부직제, 법무규정 등

나) 근무규칙 : 상급기관이 하급기관의 근무에 관한 사항을 계속적으로 규율하기 위하여 발하는 규칙
예 장교보직관리규정, 징계규정 등

다) 영조물규칙 : 시설의 관리 및 이용에 관한 규칙
예 군숙소관리규정, 시설관리규정 등

### 3) 형식에 따른 분류(정부공문서규정시행규칙 제3조)

가) 훈령 : 상급기관이 하급기관에 대하여 상당한 장기간에 걸쳐 그 권한의 행사를 일반적으로 지휘·감독하기 위하여 발하는 명령

나) 지시 : 상급기관이 하급기관에 대하여 개별적·구체적으로 발하는 명령

다) 일일명령 : 당직, 출장, 특근, 휴가 등의 일일업무에 관한 명령

라) 예규 : 행정사무의 기준을 정하는 문서

### 4) 내부적 효력만 보유

행정규칙은 법률이 제정권한을 특별히 위임하지 않았더라도 제정할 수 있고 군 조직 내부에서는 효력을 미치나, 국민의 권리·의무에 영향을 미치는 내용은 규정할 수 없다. 따라서 행정처분이 행정규칙에 위반하였다고 하여

반드시 위법하다고는 할 수 없고, 이에 따랐다고 하여 반드시 적법하다고도 할 수 없다.

## 마. 육군규정

### 1) 규정과 내규

#### 가) 규정

규정이란 군의 정책시행과 운용관리에 필요한 임무, 책임, 방침 또는 업무절차를 기술한 일상명령이다.

규정은 육군본부에서만 제정함을 원칙으로 하고 다만 군사급 및 육직 장관급 부대는 부대 특성상 육군규정에 포함시킬 수 없는 사항에 한하여 필요시 규정을 제정할 수 있다.

규정에는 연례적으로 변동되는 잠정적인 사항, 상위법규 및 법규에 명백히 기술되어 있어 이를 참조하여 시행이 가능한 사항은 규정할 수 없다.

#### 나) 내규

각급 제대 내부운용 및 관리에 필요한 임무, 책임, 방침, 업무절차를 기술한 일상명령이다.

각급 제대의 본부 및 부서(참모부) 단위와 연대급 이하의 소 단위 부대에만 적용되는 사항은 자체 내규로 제정하여 시행할 수 있나.

### 2) 육군규정

#### 가) 의 의

육군규정은 육군의 정책시행과 운영관리에 필요한 임무, 책임, 방침과 업무절차를 기술한 일상명령으로서 참모총장이 군복무관계 상의 명령권에 기하여 제정한다.

육군규정은 행정규칙이므로 상위법에 규정되어 있는 사항은 육군규정에 다시 규정할 필요가 없다. 그러나 육군규정 자체의 체계상 완결성이라는 측면과 상위의 법령이나 행정규칙은 일선 부대와 실무 부서까지 배부되지 않는 반면 육군규정은 널리 보급되어 일선 실무자들이 손쉽게 참고하며 일종의 업무편람의 기능까지 하고 있는 측면을 고려하여 볼 때 상위법령에 규정되어 있는 것까지 중복하여 규정하는 것도 어느 정도 필요할 수 있다.

#### 나) 효 력

육군규정도 행정규칙의 일종이므로 육군에 속한 각급 부대 및 부대원의 활동을 규율하는 효력만 있고 일반국민, 상급기관, 타 국가기관에 관한 효력은 없다.

육군규정은 개별적ㆍ구체적 지시와 형식적 효력에는 아무런 차이가 없으므로 참모총장은 기존의 육군규정에 구속되지 않고 육군규정과 다른 내용의 구체적 지시를 할 수 있다. 다만 군 행정의 계속성, 안정성, 신뢰보호를 위하여 참모총장도 육군규정에 따르는 것이 바람직하다.

육군규정은 규범체계상 육군의 행정규칙에 불과하므로 상위 법령에 반하지 아니하는 범위에서, 육군의 내부적인 행정처리에 절차ㆍ기준 등에 관하여 육군운영이라는 목적달성에 필요한 한도 내에서만 규정할 수 있고 이를 벗어난 경우는 효력이 없다.

## 3. 법령 입법절차

가. 초안작성 국방부 건의(육군)

나. 당정협의 → 관련국실 의견수렴 → 국방부안 확정 → 관계부처 협의 → 입법예고

다. 법제처 심사 → 국무회의 대통령 재가

라. 법률안 국회제출 → 국회 본회의 보고 → 국방위원회 심사 → 법제사법 위원회 심사 → 국회본회의 의결

마. 정부 후속 조치 : 국무회의 의결 후 대통령 재가를 받아 공포 시행

# 제2장

# 형사절차 / 징계제도

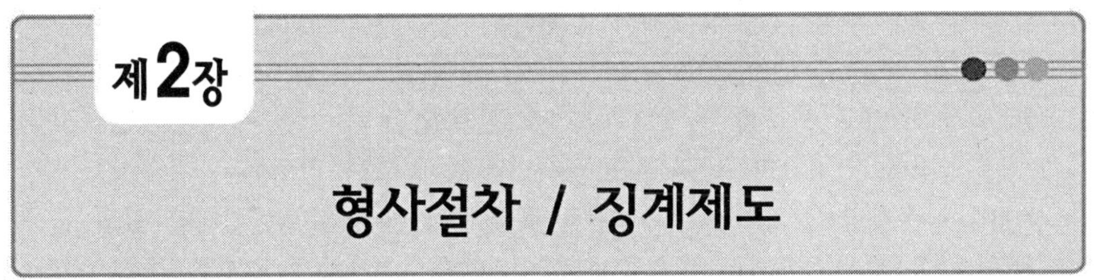


## 제1절 형사절차

### 1. 형사절차의 의의

형법에 규정된 범죄를 범한 때에는 국가형벌권이 발생하게 된다. 그러나 형법이 구체적 사건에 적용되고 실현되기 위해서는 형법을 적용·실현하기 위한 일정한 법적 절차가 필요하다. 범죄를 수사하여 법원에 재판을 구하고, 법원이 피고인의 유·무죄를 판단하여 유죄가 인정된 경우에는 형벌을 과하고, 선고된 형벌을 집행하게 되는데, 이러한 제반절차를 형사절차라고 한다.

### 2. 수사의 과정

형사절차는 수사에 의하여 개시된다. 수사는 범인을 발견하고 증거를 수집하는 수사기관의 활동이다. 수사기관은 스스로 범죄의 혐의를 발견하여 수사를 시작할 수도 있으나 피해자의 고소, 목격자나 기관에 의한 고발 등에 의하여 수사를 하는 경우도 많다. 군 수사기관에는 군 검찰과 군 사법경찰관이 있고 군 사법경찰관은 검찰관의 지휘를 받아 수사를 한다. 이와 같은 수사기관이 수사를 개시하여 형사사건이 되는 것을 입건(立件)이라고 한다.

군 수사기관이 수사를 개시할 때 먼저 피의자의 지문을 채취하고 피의자의 인적사항과 죄명등을 기재한 수사자력표를 작성하여 경찰청으로 송부하고 경찰청에서는 이를 전산입력하여 관리한다(형의 실효 등에 관한 법률 제5조).

수사는 구속을 하지 않은 상태에서 진행하는 것이 원칙이나 군 수사기관은 수사를 받는 군인 또는 군무원(이하 피의자라 한다)이 범죄를 범하였다고 의심할만한 상당한 이유가 있고 도주할 우려나 증거를 인멸할 우려가 있는 경우에는 군판사에게 구속영장을 청구하고, 군판사가 구속영장을 발부한 경우에는 피의자를 구속한 상태에서 수사할 수 있다. 형사사건을 종결할 권한은 검찰관에게만 있고 군 사법경찰관 같은 수사관에게는 이러한 권한이 없다. 수사관은 수사를 마친 경우에 수사기록과 증거물을 검찰관에게 모두 보내야 하는데, 이를 송치(送致)라고 한다.

## 3. 공소(公訴)의 제기

검찰관의 수사결과 범죄의 혐의가 인정되고 유죄의 판결을 받을 수 있다고 판단할 때 공소를 제기한다. 공소의 제기는 군사법원에 형사사건의 재판을 요구하는 행위를 말한다(공소의 제기를 줄여서 '기소(起訴)'라고도 한다).

군검찰관의 공소제기가 없는 때에는 법원이 그 형사사건에 대해 심판을 할 수 없다. 군형사절차에서 공소의 제기는 오로지 검찰관만이 할 수 있는데 이를 기소독점주의라고 한다.

반면 검찰관이 사건을 수사한 결과 일정한 사유에 해당할 경우 피의자를 재판에 회부하지 않고 사건을 종결할 수 있는데 이를 불기소처분이라고 한다.

불기소 처분에는 기소유예, 공소권없음, 혐의없음, 기소중지 등이 있다. 기소유예는 범죄혐의가 충분하여 유죄판결을 받을 수 있으나 피의자의 연령, 환경, 피해보상 등의 사정을 고려하여 검찰관이 기소를 하지 않는 것을 말한다. 공소권 없음은 간통죄 등과 같이 피해자의 고소가 있어야 처벌할 수 있는 범죄나 폭행죄·명예훼손죄처럼 피해자가 처벌의사를 표시해야 처벌할 수 있는 범죄의 경우 고소나 처벌의사가 없는 경우에 검찰관이 하는 결정이다. 혐의 없음은 범죄가 인정되지 않거나 증거가 불충분할 경우 검찰관이 하는 결정이다. 기소중지는 피의자의 소재불명 등의 사유로 수사를 종결할 수 없는 경우에 검찰관이 하는 결정이다.

유의할 것은 검찰관이 불기소 처분을 하여 피의자를 재판에 회부하지 않았다 하더라도 기소유예, 공소권 없음의 경우에는 과사실 보고 대상이 되어 진급 등에 있어 불이익을 받을 수 있고 징계위원회에 회부될 수도 있다(육군방침 '06-05호 처벌기록 인사관리 적용 방침).

## 4. 재판

### 가. 재판과정

검찰관이 피의자를 기소하면 군사법원이 재판절차(공판절차)를 진행하게 된다. 공판절차라 함은 검찰관이 피의사실에 대하여 공소를 제기할 때부터 군사법원이 그 소송절차를 종결할 때까지의 모든 절차를 말한다. 이 공판절차에서 검찰관과 피고인(피의자가 기소되면 피고인이 된다)이 피고사건에 대하여 주장과 입증을 하고 군사법원이 형사사건에 대하여 심리·재판하게 된다. 공판절차는 판결이 선고될 때 종결된다. 이러한 1심의 공판절차는 보통 군사법원이 담당한다. 보통군사법원의 1심 판결에 불복하는 검찰관이나 피고인은 상급법원인 고등군사법원에 2심을 신청할 수 있고, 고등군사법원의 2심 판결에 불복하는 검찰관이나 피고인은 상급법원인 대법원에 3심을 신청할 수 있는데 이를 상소(上訴)라고 한다. 1심 판결에 대한 상소를 항소(抗訴)라고 하고, 2심판결에 대한 상소를 상고(上告)라고 한다.

### 나. 재판결과

군사법원은 범죄의 종류, 법정형, 범인의 연령, 환경, 범죄의 동기, 범행 후의 정황 등 기타 여러 사항을 고려하여 형법에 규정된 형의 종류 범위내에서 형벌을 선고하고 검찰관이 이를 집행한다. 이때 군사법원은 형의 집행을 유예하거나 선고를 유예할 수도 있다.

집행유예는 유죄를 인정하여 3년 이하의 징역 또는 금고형을 선고할 경우에 형을 선고하되 일정기간 형의 집행을 유예하는 제도이다(형법 제62조). 예를 들어 징역 1년에 집행유예 2년이 선고되는 경우, 피고인에게 부과되는 형은 1년 징역형이나 2년간 형의 집행을 유예하는 것으로써 이 기간 동안 범죄를 범하지 않고 기간이 경과하면 확정적으로 형을 면제하여 주는 것이다.

## 5. 형의 집행

판결이 확정되면 검찰관의지휘에 의하여 형을 집행한다. 징역형의 실형이 확정된 경우에는 육군교도소에 수감하게 된다.

# 제 2절 형사처벌

## 1. 형벌의 의의와 종류

형벌은 범죄에 대한 제재로 범죄자에 대하여 과하는 법익의 박탈을 말한다. 형벌에는 중한 순서대로 사형, 징역, 금고, 자격상실, 자격정지, 벌금, 구류, 과료, 몰수의 9종이 있고 그 중 사형은 생명형이고, 징역·금고·구류는 자유형이며, 자격상실·자격정지는 명예형이고, 벌금·과료·몰수는 재산형이다. 이러한 형의 종류는 형법에 규정되어 있다(형법 제41조).

## 2. 형사처벌의 불이익

### 가. 신분 박탈

장교, 준사관, 부사관이 재판에 회부되어 금고 이상의 형을 선고받아 확정된 경우 군인사법상 당연 제적사유에 해당되어 전역을 하여야 한다(군인사법 제40조 제1항 제4호, 제10조 제2항 제4호, 제5호). 제적된 후에는 보충역의 장교, 준사관, 부사관에 편입된다(병역법 제66조 제1항).

종전에는 선고유예의 경우에도 당연 제적 사유로 규정되었으나 군인사법 개정으로 집행유예 이상의 형을 선고받아 확정된 경우에만 당연 제적 사유에 해당된다(군인사법 제40조 제1항 제4호 단서, 제10조 제2항 제6호). 그러나 선고유예를 받은 경우에도 제적사유는 해당하지 않지만 선고유예기간동안 장교, 준사관, 부사관의 임용이 제한된다(군인사법 제10조 제2항 제6호). 뿐만 아니라 선고유예 이상의 형을 받은 경우에는 현역복무부적합자로 조사받을 수 있고, 나아가 이로 인해 강제전역조치를 당할 수 있다(군인사법 시행규칙 제57조 제1항).

### 나. 금전상 불이익

장교, 준사관, 부사관이 형사사건으로 기소된 때에는 임용권자는 휴직을 명할 수 있다(군인사법 제48조 제2항). 휴직기간에는 봉급의 50%만 지급되고(군인사법 제48조 제2항, 제4항), 호봉승급이 지연된다(공무원 보수규정 제14조 제1항 제1호). 휴직기간은 당해 사건의 계속기간이다(군인사법 제49조 제2항).

복무 중의 사유로 금고 이상의 형을 받아 제적되면 퇴직금의 50%를 감액하여 지급한다(군인연금법 제33조 제1항, 군인연금법 시행령 제70조). 만약 형법상 내란의 죄, 외환의 죄, 군형법상 반란의 죄, 이적의 죄, 국가보안법위반죄(제10조 제외)를 범하여 금고 이상의 형을 받은 경우에는 급여를 지급하지 않는다(군인연금법 제33조 제3항). 또한 명예전역수당을 지급받았다면 이미 지급받은 명예전역수당도 환수된다(군인사법 제53조의 2 제4항 제1호).

따라서 재판 결과가 집행유예 이상이 나오면 당연 제적사유에 해당되어 전역을 해야 하고 퇴직금의 50%만 받을 수 있다. 선고유예를 받은 경우에는 제적사유에 해당하지 않고 그 직위를 계속 유지할 수 있으나 휴직한 기간 동안은 봉급의 50%만 지급받는다(군인사법 제48조 제4항).

### 다. 진급상 불이익

장교, 준사관, 부사관이 형사사건으로 기소되어 임용권자가 휴직을 명한 경우에 휴직기간은 의무복무기간과 진급최저복무기간에 산입되지 않는다(군인사법시행령 제6조 제4항 제2호, 제19조 제1항).

또한 진급예정자가 휴직된 때에는 복직될 때까지 진급의 발령이 보류된다(군인사법 시행령 제40조). 군사법원에 기소된 자는 진급 발령전이면 진급시킬 수 없는 사유에 해당하여 진급권자가 진급예정자 명단에서 삭제할 수 있고(군인사법 제 31조 제2항, 군인사법시행령 제38조 제1항 제1호), 임시계급을 부여받은 자는 원 계급으로 복귀된다(군인사법 제34조, 군인사법 시행령 제42조 제2항 제1호).

재판결과 벌금형(약식명령은 제외)이나 선고유예를 선고받은 경우에는 현역복무부적합자 조사위원회에 회부될 수 있고(군인사법 제37조, 군인사법 시행령 제49조, 군인사법 시행규칙 제57조 제1호) 진급선발시 1회에는 낙천사유가 되며 2회부터는 감점 5점을 받게 된다(육군방침 '06-5호 처벌기록 인사관리 적용 방침).

또한 벌금 이상의 형이 확정된 경우(약식명령은 제외)에는 형확정명령이 내려지고 장교 및 부사관 자력표에 기록이 남게 된다. 그러나 재판 진행결과 무죄판결이 선고되면 진급예정자는 예정대로 진급할 수 있고 진급권자는 휴직 등을 이유로 인사상 불리한 처우를 할 수 없다(군인사법 제48조 제5항, 군인사법 시행령 제38조 제1항 제1호 단서). 약식명령을 받게 되는 경우에는 진급선발 기준상 감점 3점을 받게 된다(육군방침 '06-05호 처벌기록 인사관리 적용 방침).

### 라. 법률상 제약

| | |
|---|---|
| 선거권·피선거권 제한 | 금고 이상의 형의 선고를 받은 자는 일정기간 선거권과 피선거권이 제한된다(공직선거법 제18조, 제19조). |
| 공무원 임용결격사유 당연퇴직사유 | 국가공무원, 지방공무원, 군무원, 경찰 등의 결격사유(국가공무원법 제33조, 제69조, 지방공무원법 제31조, 제61조, 군인사법 제10조, 제40조, 군무원 인사법 제10조, 제27조, 경찰공무원법 제7조, 제21조) |
| 각종 자격 취득의 제한 | 변호사, 공증인, 변리사, 공인회계사, 공인노무사, 법무사, 세무사, 공인중개사, 감정평가사, 건축사, 관세사, 의사, 간호사, 약사 등의 결격사유 |
| 해외여행의 제한 | 금고 이상의 형의 선고를 받고 그 집행이 종료되지 아니하거나 집행을 받지 아니하기로 확정되지 아니한 자 등에 대한 여권발급, 기재사항 변경, 유효기간 연장 또는 재발급을 제한할 수 있다(여권법 제8조). |
| 약혼의 해제사유 | 약혼 당사자 일방이 약혼 후 자격정지 이상의 형을 선고받은 경우 상대방은 약혼을 해제할 수 있다(민법 제804조). |
| 복무기간 불산입 | 징역, 금고, 구류의 형을 받은 때와 군무이탈한 때에는 그 형의 집행일수 또는 복무이탈일수를 현역복무기간에 산입하지 아니한다.(병역법 제18조 제3항). |

### 마. 전과기록의 관리

자격정지 이상의 형을 받게 되면 수형인명부와 수형인명표에 기재되어 관리되는데 수형인명부는 검찰청 및 군검찰부에서 관리되고 수형인명표는 수형인의 본적지 시·구·읍·면사무소에서 관리된다(소위 말하는 '호적에 빨간줄이 간다'라는 말은 이것을 의미한다.).

### 바. 형의 실효(失效)

전과가 있는 경우에도 자격정지 이상의 형을 받음이 없이 형의 집행을 종료하거나 그 집행이 면제된 날부터 일정한 기간(3년을 초과하는 징역·금고는 10년, 3년 이하의 징역·금고는 5년, 벌금은 2년)이 경과한 때에는 그 형은 실효된다. 구류·과료의 경우에는 형의 집행을 종료하거나 그 집행이 면제된 때에 그 형이 실효된다(형의 실효 등에 관한 법률 제7조 제1항). 형이 실효되면 호적조회를 하여도 전과사실이 나타나지 않는다.

## 사. 형사처벌의 불이익

| 구분 | | 불이익 |
|---|---|---|
| 형사입건 | | •수사자료표 작성 송부 : 경찰청 컴퓨터 등재<br>•금고 이상의 형에 처벌 범죄행위로 인한 경우<br>- 퇴직급여 및 퇴직수당의 1/2 지급정지 가능 |
| 불기소 처분 | | •기소유예, 공소권 없음, 공소기각의 경우 과사실 보고 대상<br>•징계위원회 회부 가능 |
| 공소제기 | 공판청구 | •휴직명령 가능<br>- 휴직기간은 당해사건의 계속기간<br>- 휴직기간 봉급의 1/2 지급<br>- 휴직기간 호봉승급 지연<br>- 휴직기간 의무복무기간 불산입<br>- 휴직기간 진급최저복무기간 불산입<br>- 휴직기간 진급발령 보류<br>•진급예정자 명단에서 삭제<br>•임시계급 부여받은 자는 원 계급 복귀 |
| 형사처벌 | 벌금형 | •현역복무부적합자조사위원회 회부 가능(약식명령 제외)<br>•진급선발기준 1회 낙천, 2회부터 감점 5점 |
| | 실형·집행유예 | •장교/준사관/부사관 임용결격사유 및 당연제적사유(금고 이상의 형)<br>- 보충역의 장교/준사관/부사관에 편입<br>•퇴직급여 및 퇴직수당의 제한(현역 복무중 사유로 금고 이상의 형)<br>- 금고 이상의 형의 선고(집행유예 포함) : 퇴직급여 1/2 지급<br>- 형법상 내란의 죄, 외환의 죄, 군형법상 반란의 죄, 이적의 죄, 국가보안법(제10조 제외)위반죄를 범하여 금고 이상의 형을 받은 경우 : 급여를 지급하지 않음<br>•명예전역 수당환수(현역 복무 중 사유로 금고 이상의 형)<br>•수형인명부 기재(자격정지 이상의 형)<br>•수형인명표 작성, 본적지 시·구·읍·면사무소 송부(자격정지 이상의 형) |
| | 선고유예 | •선고유예기간 동안 장교/준사관/부사관 임용결격사유<br>•현역복무부적합자조사위원회 회부 가능<br>•퇴직급여 및 퇴직수당의 제한<br>- 선고유예기간 동안 퇴직급여 1/2 지급<br>- 선고유예기간 경과 후 잔여금 지급<br>•진급선발기준 1회 낙천, 2회부터 감점 5회 |

## 제 3 절 징계제도

### 1. 징계의 의의

징계는 군의 지휘체계를 확립하고 질서를 유지하기 위하여 군기문란자에 대하여 과하는 형벌 이외의 행정적인 제재로서 군인 또는 군무원이 직무상의 의무를 위반하거나 직무를 태만히 한 때, 품위를 손상시키는 행위 등을 한 때에 징계권자가 징계의결 요구를 하여 징계의결의 결과에 따라 징계처분을 하게 된다(군인사법 제56조).

### 2. 징계와 형사처벌의 구분

형사처벌은 국민 인권의 법익을 보호하기 위하여 형사법 위반행위를 국가형벌권으로 처벌하는 것이고, 징계는 지휘관이 군내부 질서를 유지하기 위하여 군인사법상의 의무위반행위를 행정적 권한에 의하여 행정상 제재를 하는 것이다.

위와 같이 징계는 형사처벌과 성질을 달리하기 때문에 동일한 행위에 대하여 징계와 형사처벌을 모두 부과할 수 있다.

예컨대 군인이 원조교제를 한 경우 청소년의성보호에 관한 법률 위반죄로 형사처벌을 받았다고 하더라도 군인의 품위유지위반으로 징계를 받을 수 있다.

이렇게 동일한 사안에 관하여 징계와 형사처벌을 함께 받은 경우에도 징계는 행정벌이기 때문에 형사처벌의 경우에 적용되는 이중처벌이라거나 일사부재리원칙에 반하는 것이 아니다. 그러나 징계권자는 동일한 행위에 대하여 두 번 징계할 수는 없다(징계규정 제2조의 2).

# 3. 징계의 종류 및 효과

## 가. 장교, 부사관 징계

| 구 분 | 종 류 | 내 용 |
|---|---|---|
| 중징계 | 파 면 | •제적, 관직 및 예우 박탈<br>•퇴직금 50% 감액<br>•5년간 공무원 및 장교·준사관·부사관 임용불가 |
| 중징계 | 해 임 | •제적, 관직 및 예우박탈<br>•관직에서 해임하여 강제퇴직<br>•퇴직금의 삭감 없음(단, 금품·향응수수 및 공금 횡령·유용으로 징계 해임된 경우에는 퇴직금 25% 감액)<br>•3년간 공무원·군무원 임용불가<br>•5년간 장교·준사관·부사관 임용불가 |
| 중징계 | 강 등 | •당해 계급에서 1계급 내림<br>(장교에서 준사관으로, 부사관은 병으로 강등은 불가)<br>•진급시킬 수 없는 사유에 해당<br>•임시계급 부여받은 자는 원계급으로 복귀<br>•현역복무부적합 심사대상 |
| 중징계 | 정 직 | •1개월 이상 3개월 이내 기간 동안 직무종사의 금지<br>•정직기간 중 현역복무기간 불산입<br>•정직기간 중 봉급의 2/3 감액조치<br>•호봉승급 지연(18개월)<br>•진급시킬 수 없는 사유에 해당<br>•임시계급은 원계급으로 복귀<br>•현역복무부적합 심사대상<br>•장교, 부사관 진급선발시 1회 낙천, 2회부터 감점 5점 |
| 경징계 | 감 봉 | •1개월 이상 3개월 이내 기간 동안 봉급의 1/3 감액조치<br>•호봉승급 지연(12개월)<br>•동일계급에서 2회 이상 처분받은 경우 현역복무부적합 심사대상<br>•장교, 부사관 진급선발시 감점 4점 |
| 경징계 | 근 신 | •10일 이내의 기간 동안 평상근무 후 징계권자가 지정한 영내의 일정한 장소에서 비행을 반성<br>•호봉승급 지연(6개월)<br>•동일계급에서 2회 이상 처분받은 경우 현역복무부적합 심사대상<br>•장교, 부사관 진급선발시 감점 3점 |
| 경징계 | 견 책 | •비행을 규명하여 장래를 훈계<br>•호봉승급 지연(6개월)<br>•동일계급에서 2회 이상 처분받은 경우 현역복무부적합 심사대상<br>•장교, 부사관 진급선발시 감점 2점 |
| 징계유예 | | •근신·견책에 한하여 6월 동안 조치의 유예<br>•중징계를 경징계로 감경 후 유예 불가<br>•과사실 통보대상 |

### 나. 병 징계

| 종 류 | 내 용 |
|---|---|
| 강 등 | •당해 계급에서 1계급 내림<br>•현역복무부적합 심사대상<br>•진급선발대상 제한 |
| 영 창 | •15일 이내의 범위에서 일정장소에 구금함<br>•영창처분기간은 군복무기간 미산입<br>•진급선발대상이 될 자격 1회 정지<br>※ 징계의결 요구된 사실로 이미 구속되었다가 불기소처분된 경우나 유죄판결(약식명령 포함)을 받는 경우에는 영창의결 불가 |
| 휴가제한 | •휴가일수를 비위정도에 상응하여 1회 5일 이내로 하여 복무기간 중 총 제한일수는 15일을 초과할 수 없고, 휴가회수(매 휴가시 최소 5일은 보장)의 박탈은 불가함<br>•진급선발대상이 될 자격 1회 정지 |
| 근 신 | •15일 이내의 범위에서 훈련 또는 교육의 경우를 제외하고는 평상근무에 복무함을 금하여 징계권자가 지정하는 일정장소에서 비행을 반성하게 함<br>•징계권자는 얼차려, 노역의 부과, 군기교육 기타 이에 상응하는 조치 병과 가능<br>•진급선발대상이 될 자격 1회 정지 |

## 4. 징계의 절차

징계권자의 징계지시, 타기관의 징계의뢰 등으로 징계사건이 개시된다.

징계사건이 개시되면 징계간사는 징계사건에 대해 조사를 하고 증거를 수집한다. 조사가 끝나면 징계간사는 징계권자에게 징계사건에 대한 징계의결요구(회부)나 불요구(불회부)를 건의하게 된다.

징계권자가 징계사건에 대해 징계위원회에 징계의결을 요구(회부)하게 되면 징계위원회가 소집되어 징계사건을 심의하는데 원칙적으로 징계심의대상자(징계혐의자)를 징계위원회에 출석시켜 징계심의대상자로 하여금 자기에게 이익이 되는 사실을 진술하거나 증거를 제출할 수 있는 기회를 제공해야 한다. 심의결과 징계심의대상자에게 비행사실이 인정되면 징계위원회는 징계벌목을 결정한다.

징계권자는 원칙적으로 징계위원회의 결정대로 확인 후 처분하여야 하나, "징계심의대상자가 훈·포상, 국무총리이상의 표창(부사관이나 병의 경우 참모총장 이상의 표창)"을 받은 경우 및 비행사실이 적극적 업무처리과정 중 우발적으로 발생한 경우에는 1단계 감경이나 징계처분의 유예가 가능하다.[1] 또한 인권담당군법무관의 영창처분에 대한 감경의견을 통보받은 경우에도 의견을 존중하여 영창처분기간의 감경 및 경한 처분으로의 감경을 하여야 한다.

징계처분을 받은 자는 그 징계처분이 위법하거나 부당하다고 인정할 때에는 징계처분의 통지를 받은 날부터 30일 이내에 장관급 장교가 지휘하는 징계권자의 차상급부대장에게 항고할 수 있다(중징계에 대하여는 장교·준사관은 국방부장관, 부사관은 참모총장에게 직접 항고할 수도 있음).

항고심사위원회의 결정에 대해서도 불복할 때에는 법원에 행정소송을 제기할 수 있다.

## 5. 결정처분의 적법성 심사

국방부는 군인사법을 개정하여(2006. 9. 22) 징계에 관한 규정을 정비하여 징계사유를 구체화하고 징계항고 절차를 보완하였으며 징계권의 적정한 행사를 도모하기 위해서 인권담당 군법무관제도를 도입하였다(군인사법 제59조의 2).

인권담당 군법무관제도를 살펴보면 징계위원회에서 병사에 대하여 징계벌목으로서 영창처분을 하달하는 경우 징계권자는 인권담당 군법무관에게 심사의뢰서와 징계의결기록을 제출하고 적법성 심사를 의뢰하여야 하며 인권담당 군법무관은 징계사유·징계절차 및 양징의 적정성 등 영창처분의 적법성을 검토한 후 심사 의견을 징계권자에게 통보하여야 한다. 징계권자는 인권담당 군법무관의 의견을 존중하여야 하고, 인권담당 군법무관이 징계위원회의 징계의결 사유가 징계사유에 해당되지 아니한다는 의견일 때에는 징계권자는 영창처분을 하여서는 안된다.

또한 인권담당군법무관이 징계대상자에 대하여 진술기회를 부여하지 아니한 경우 등 징계위원회 의결과정에서 중대한 절차상 하자가 있다는 의견인 경우에는 징계권자는 다시 징계위원회에 회부할 수 있다.

---

1) 유예에는 징계심의대상자의 평소 품행이나 복무태도만으로도 징계권자의 감경(불문감경 포함)이나 유예가 인정되었으나 군인징계령의 제정(2007. 11. 23 시행)으로 징계권자의 감경 및 유예는 제한된 경우에만 인정되도록 하였다.

# ※ 영창처분 적격성심사 절차도

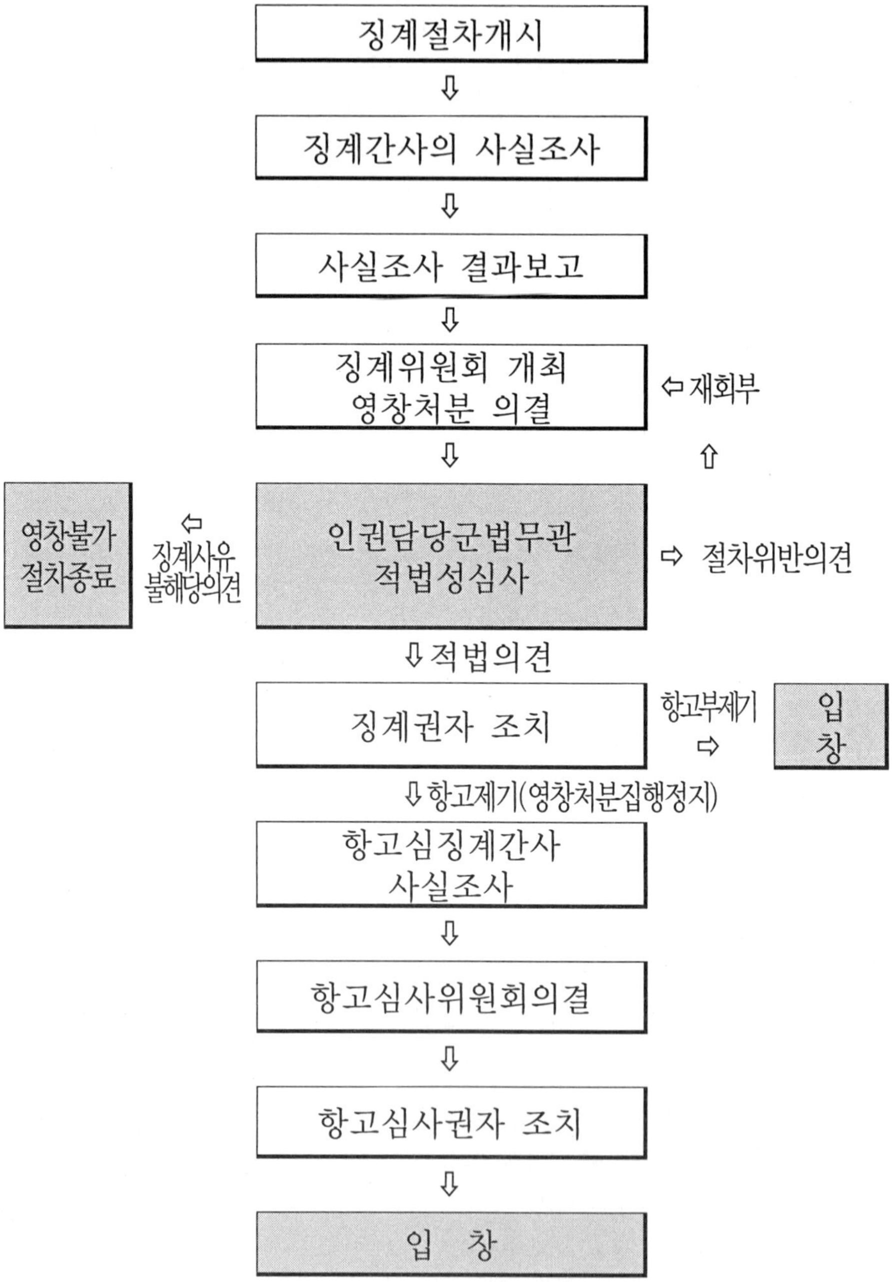

징계절차개시

⇩

징계간사의 사실조사

⇩

사실조사 결과보고

⇩

징계위원회 개최
영창처분 의결 ⇦ 재회부

⇩ ⇧

영창불가 절차종료 ⇦ 징계사유 불해당의견 | 인권담당군법무관 적법성심사 | ⇨ 절차위반의견

⇩ 적법의견

징계권자 조치 | 항고부제기 ⇨ | 입창

⇩ 항고제기(영창처분집행정지)

항고심징계간사
사실조사

⇩

항고심사위원회의결

⇩

항고심사권자 조치

⇩

입 창

# 제3장

# 군 형 법

## 제1절 군 형법의 의의와 특징

**1. 군 형법의 의의 :** 군 형법이란 군사범죄와 형벌에 관한 법이다.

**2. 군 형법의 목적 :** 군 형법은 군기유지, 전투력 보존, 발휘를 목적으로 한다.

**3. 군형법의 특징**

**가. 범죄유형의 특수성 :** 군사범을 규율대상으로 하며, 군사범은 순정, 불순정 군사범으로 분류한다.

1) 순정 군사범

다른 형벌법에 의해서는 죄가 되지 않고 군형법에서만 특별히 규정한 범죄를 말한다.

예) 반란죄, 지휘권남용의 죄, 지휘관의 항복과 도주의 죄, 수소이탈죄, 군무이탈죄 등

2) 불순정 군사범

다른 형벌법에 의해서도 죄로 되어 있지만 군사 목적상 그 구성요건의 중요부분에 변경을 가해서 그 죄의 실질을 바꾸어 군형법에 규정한 범죄를 말한다.

예) 이적죄, 폭행, 협박, 상해와 살인죄, 모욕죄, 군용물에 관한 죄 등

### 나. 보호객체의 특수성

군형법에 의하여 보호되는 객체는 오로지 군의 질서와 규율의 유지, 전투력 보존, 발휘 등이므로 행위의 객체가 일치하지 않는 것이 일반적이다. 따라서 친고죄라든가 반의사불벌죄와 같은 것이 인정되지 않는다.

### 다. 과실범의 확대

일반형법에 비하여 업무상 과실범으로서 중한 주의의무를 요구하며(군용시설 등에의 방화죄, 군용시설 등 손괴죄, 노획물 손괴죄 등) 과실범의 유형을 확대한다(군용물분실죄).

### 라. 형벌의 준엄성

상관에 대한 폭행협박죄는 일반 폭행협박죄에 비해 중형이며, 군용물 등 범죄에 대한 형의 가중규정 등 일반형법에 비해 형이 가중된다.

### 마. 상황에 따른 형벌의 차이

적전, 전시, 사변 또는 계엄지역, 기타(평시)로 구분하여 형량을 가변성 있게 규정한다.

## 4. 군형법 구성

군형법은 제1편 총칙과 제2편 각칙으로 구성되어 있으며 총칙편에는 4개 조문을 규정하고 있다. 즉, 제1조에는 군형법전의 대인적 효력 및 공간적 효력에 관한 규정, 제2조에는 군형법상의 용어의 정리에 관한 규정. 제3조에는 사형집행에 관한 규정. 그리고 제4조에는 군형법 미적용자의 타 형벌법규 적용에 관한 규정 등이다.

제2편 각칙은 제1장 반란의 죄로부터 제15장 기타의 죄까지 5조로부터 94조까지 90개의 조문으로 구성되어 있다.

# 제 2 절 군형법의 효력

## 1. 시간적 효력

### 가. 형벌불소급의 원칙

형법 제1조 제1항은 "범죄의 성립과 처벌은 행위시의 법률에 의한다"고 규정하여 형벌불소급의 원칙을 선언하고 있으므로 군형법의 적용에 있어서도 형벌불소급의 원칙이 적용이 된다. 그러므로 군형법은 동법 부칙 제1조에 의해서 그 시행시기인 1962년 1월 20일부터 효력을 발생하고 그 이전의 행위에 대해서는 효력을 미치지 않는다. 이것은 형사사후법을 금지함으로써 국민생활의 법적 안정성을 보장하는 것이다.

### 나. 행위시와 재판시 사이에 형벌법규의 변경이 있는 경우

#### 1) 행위자에게 유리하게 법률 적용

형법 제1조 제2항은 "범죄후 법률의 변경에 의하여 그 행위가 범죄를 구성하지 아니하거나 형이 구법보다 경한 때에는 신법에 의한다"라고 규정하고 있고 형법 제1조 제3항은 "재판의 확정 후 법률의 변경에 의하여 그 행위가 범죄를 구성하지 아니하는 때에는 형의 집행을 면제한다"라고 규정하고 있으므로 군형법의 적용에 있어서도 형법 제1조 제2항, 제3항이 적용된다.

그리고 군형법 부칙 제3조는 "본법 시행전에 범한 죄에 대하여는 형의 경중에 관한 것이 아니더라도 범인에게 유리할 때에는 국방경비법 또는 해안경비법을 적용한다"라고 규정하여 군형법 시행전에 범한 범죄에 대하여는 형의 경중에 관한 것이 아니더라도 군형법과 국방경비법 또는 해안경비법 중 범인에게 유리한 법률을 적용한다는 것이다.

## 2. 공간적 효력(장소적 효력)

### 가. 원 칙

형벌의 장소적 효력이라 함은 어떤 지역에서 발생한 범죄에 대하여 그 형벌법규를 적용할 것인가의 문제로서, 이에 대하여는 일반적으로 다음과 같은 네 가지 입장이 있다.

1) 속지주의

범죄행위지를 표준으로 하여 자국 영역내에서 발생한 범죄에 대하여는 행위자의 국적여하를 막론하고 자국형법을 적용하고 그 이외의 영역에서 발생한 범죄에 대해서는 일체 불문에 부치는 주의이다.

2) 속인주의

범죄행위지가 어느 국가의 영역이냐를 불문하고 범죄행위자의 국적을 표준으로 해서 행위자가 자국민이면 자국의 형법을 적용하는 반면에 자국영역 내에서 발생한 범죄에 대해서도 행위자가 외국인이면 이를 불문에 부치는 주의이다.

3) 보호주의

자국민의 이익을 표준으로 해서 범죄지가 외국이고 범인이 외국인인 경우에도 자국 또는 자국민의 이익에 침해될 때에는 자국의 형법을 적용한다는 주의이다.

4) 세계주의

범죄는 문명사회의 공통된 해악이니 만큼 범인의 현재지를 표준으로 해서 그 국적이나 행위지를 불문하고 범죄행위 후 범인의 현재지의 형벌법규를 적용한다는 주의이다.

※ 각국의 입법례를 보면 속지주의와 속인주의를 원칙으로 하고 보호주의를 가미하는 일종의 절충주의를 택하는 것이 보통이다.

### 나. 군형법의 규정

#### 1) 속인주의의 원칙

군형법 제1조 제1항에 "본 법은 대한민국의 영역내외를 불문하고 본법에 규정된 죄를 범한 대한민국 군인에게 적용한다"라고 규정하고 있으므로 속인주의를 원칙으로 하고 있다. 즉, 군형법은 군인, 준군인에게만 적용되는 일종의 신분법이므로, "군인은 법전을 휴대하고 다닌다"는 원칙에 의하여 그가 어느 곳에 주둔하고 있건 간에 군형법이 적용되는 속인주의를 원칙으로 하고 있는 것이다.

#### 2) 보호주의와 속지주의 가미

그런데, 군형법은 이러한 속인주의적 태도에다 간접적으로 속지주의적 태도와 보호주의적 입장을 보완가미하고 있다. 즉, 군형법 제1조 제4항 후단의 취지는 군형법에 규정된 약간의 범죄에 대해서는 내국인, 외국인을 불문하고 이를 적용한다는 것인데 외국인이 대한민국 영역에서 범한 범죄에 대해서 동법을 적용한다는 것은 곧 군형법의 속지주의적 성격을 말하는 것이고, 반면 외국인이 대한민국 영역외에서 범한 범죄에 대해서까지 동법을 적용한다는 것은 군형법이 보호주의적 성격도 가지고 있다는 것을 말한다.

#### 3) 군사재판권과 구별

군형법의 효력과 군사재판권과는 구별하여야 한다. 군사재판권은 재판을 행하는 국가권력을 의미하므로 그 국가권력을 행사할 수 있는 범위는 조약과 국제법의 제약을 받게 되므로 군사재판권에는 일정한 제한이 있을 수 있다.

소위 한미 행정협정에서는 합중국군대의 구성원, 군속 및 그들의 가족의 범죄에 대하여는 우리 형사재판권행사에 일정한 제한을 두고 있다.

## 3. 대인적 효력

군형법의 대인적 효력이란 군형법이 누구에게 적용되는가의 문제이다. 군형법은 일종의 신분법으로서 군인 또는 군인에 준하는 신분을 가지는 자에게 적용함을 원칙으로 하고 다만 군형법은 군에 유해하다고 인정되는 일정한 행위를 한 내외국인에 대해서까지 그 적용을 확대하고 있다.

### 가. 군 인

군형법은 일종의 신분법으로서 군인에게 적용됨을 원칙으로 한다. 군형법 제1조 제1항에 "이 법은 대한민국의 영역내외를 불문하고 이 법에 규정된 죄를 범한 대한민국 군인에게 적용한다"라고 규정하고 있다. 군형법 제1조 제2항은 "군인이라 함은 현역에 복무하는 장교, 준사관, 하사관 및 병을 말한다"고 하여 현역에 복무하고 있는 자에 한한다. 군인으로서 신분 취득시기는 입영부대에 도착한 때부터라고 함이 타당할 것이다.

### 나. 준군인

군형법 제1조 제3항은 대한민국 현역군인이 아닌 자로서 이에 준하는 군형법의 적용을 받는 준군인을 규정하고 있다.

1) 군무원 : 군무원이라 함은 군에 복무하는 문관을 말한다.(군무원 인사법 제2조)
2) 군적을 가진 군인학교의 학생, 생도와 사관후보생, 부사관후보생 및 병역법 제57조의 규정에 의한 재영중인 학생 : 병역법 제57조의 규정에 의한 재영중인 학생이란 R.O.T.C를 말한다. R.O.T.C 훈련 중인 학생은 군적을 가지고 재영중인 때에 한하여 군형법 피적용자가 된다.

3) 소집 중에 있는 예비역, 보충역 및 제2국민역의 군인 : 소집중이란 소집영장을 받고 지정된 장소에서 현실적으로 병역의무에 복종하는 자로서 소집이 해제될 때까지의 기간 중에 있는 자를 말한다. 실제로 소집에 응하여 소집부대에 도착하여 군의 지배권 아래 있어야 하며, 소집영장을 받았으나, 그에 응하지 아니한 자는 포함하지 아니한다.

### 다. 내 · 외국 민간인(비군인)

군형법은 원칙적으로 군인 또는 준군인에게만 적용되는 것이나, 예외적으로 약간의 범죄에 대해서는 내 · 외국의 민간인에도 적용된다. 즉 제13조 제3항(요새지 등 안에서의 간첩), 제42조(유해음식물 공급), 제54조 내지 제59조(초병에 대한 범죄), 제66조 내지 제71조, 제75조(군용물에 관한 죄), 제78조(초소침범), 제87조 내지 제91조(포로에 관한 죄)의 죄를 범한 내 · 외국인에게도 군형법을 적용한다(제1조 제4항). 이는 비군인에 의해서도 군의 조직과 기능이 파괴 내지 침해될 수 있는 것이므로 그 범위 안에서는 민간인에 대해서도 군형법을 적용하려는 취지이다.

### 라. 신분의 변동과 군형법의 적용

군형법은 비군인에게 군형법을 일반적으로 적용하는 특별규정을 두고 있다. 즉 제1조 제1항 내지 제3항에 규정된 자가 군복무중이나 재학 또는 재영중에 군형법이 정한 죄를 범한 때에는 전역, 소집해제, 퇴직 또는 퇴교 후나 퇴영 후에도 군형법을 적용한다(제1조 제5항). 이는 군인이나 준군인이 그 신분을 상실하게 되면 비군인으로 되어 군법의 적용대상에서 제외될 것인바, 이러한 신분의 변동으로 인하여 법률적용에 변동이 생겨 면책이 될 수 있다는 모순을 제거하기 위하여 설정된 특별규정이다.

## 4. 군형법상의 용어정리

### 가. 상관

군형법 제2조 제1호는 "상관이란 명령 복종관계에 있는 자간에서 명령권을 가진 자를 말한다. 명령 복종관계가 없는 자간에서의 상계급자와 상서열자는 상관에 준한다"라고 규정하고 있다. 전자를 순정상관이라고 하고, 후자를 준상관이라고 한다.

#### 1) 순정(純正)상관

명령 복종관계에 있는 자간에서 명령권을 가진 자를 말한다. 명령복종의 관계란 법령에 의하여 설정된 상하의 지휘계통 관계를 말한다. 명령권을 가진 자는 고유한 명령권만을 의미하는 것이 아니라 직무대리나 권한의 위임에 의하여 명령권을 행사하는 자를 포함한다.

순정권자는 명령권만 가지면 상관이므로 하명자와 수명자간의 계급 서열은 문제가 되지 않는다.

#### 2) 준(準)상관

명령 복종관계가 없는 자 사이에서의 상계급자와 상서열자를 말한다. 상계급자는 계급적으로 상위에 있는 자를 말하며, 상서열자란 같은 계급에 있는 자간에서 서열이 앞선 자를 말한다. 군인의 서열은 동계급인 경우 진급 일자순에 의한다.

### 나. 지휘관

군형법 제3조 제2호는, "지휘관이라 함은 중대 이상의 단위부대의 장과 함선부대의 장, 또는 함정 및 항공기를 지휘하는 자를 말한다"라고 규정하고 있다.
따라서, 중대 이상의 단위부대의 장이라야 지휘관이다. 그러므로 중대 이하의 단위 부대의 장, 예컨대 소대장이라면 지휘관이 아니다. 또, 중대 이상의 단위를 지휘하는 자라도 해당부대의 장의 자격으로 이를 지휘하지 않는 한 지휘관이 될 수 없다.

### 다. 초 병(哨兵)

군형법 제2조 제3호는 "초병이라 함은 경계를 그 고유의 임무로 하여 수지, 수해, 수공에 배치된 자를 말한다"라고 규정하고 있다. 그러므로 초병이란 경계를 그 고유의 임무로 하고 있는 자로서, 현실적으로 일정한 장소의 경계임무에 배치된 자를 말한다. 초병은 경계임무에 당한 자로서, 이와 같은 임무를 수행하는 자라면 그 주체에 제한을 가할 필요 없이 장교, 하사관 및 병을 포함한다.

### 라. 부 대

군형법 제2조 제4호는 "부대라 함은 군대, 군의 기관 및 학교와 전시 또는 사변시에 있어서 이에 준하는 특설기관을 말한다"라고 규정하고 있다.
군대, 군의기관 및 학교등 상설적인 것 이외에, 전시 또는 사변에 있어서 이에 준하는 임시적인 특설기관도 포함한다(예, 계엄사무소, 민사 군정청).

### 마. 적전(敵前)

군형법 제2조 제5호에 의하면 "적전이라 함은 적에 대하여 공격방어의 전투행동을 개시하기 직전과 개시후의 상태 또는 적과 직접 대치하여 그 내습을 경계하는 상태를 말한다"라고 규정하고 있다. 시간적으로는 적에 대하여, 전투행동을 개시하기 직전부터 전투행동 개시후 종료시까지의 상태를 말하고 공간적으로는 적의 내습을 경계하여야 할 정도의 거리를 두고 적과 직접 대치해 있는 상태를 말한다.
적전이란 반드시 전시를 전제로 하는 개념은 아니다. 그러므로, 현재 비록 휴전이 성립되어 있다 하더라도 적과 대치하고 있는 이상 군의 모든 태세가 교전중의 경계태세와 실질적으로 차이가 없고, 휴전선 근처에서 일시적으로 교전도 있는바, 객관적인 상황에 따라서는 적전이라 볼 수 있는 것이다.

### 바. 전 시(戰時)

군형법 제2조 제6호에 의하면 "전시라 함은 상대국이나 교전단체에 대하여 선전포고를 하였거나 대적행위를 취한 때로부터 당해 상대국이나 교전단체에 대한 휴전협정이 성립될 때까지의 기간을 말한다." 라고 규정하고 있다.

### 사. 사 변(事變)

군형법 제2조 제7호에 의하면 "사변이라 함은 전시에 준하는 동란상태로서 전국 또는 지역별로 계엄이 선포되는 기간을 말한다."라고 규정하고 있다.

# 제 3 절 군형법의 주요내용

## 1. 이탈(離脫)에 관한 죄

### 가. 의 의

군형법은 군인, 준군인이 자기의 직분을 버리고 부대 또는 직무를 이탈하는 행위를 범죄로 규정하고 있다. 즉 군무를 기피할 목적으로 부대 또는 직무로부터 이탈함으로써 성립하는 군무이탈의 죄, 허가 없이 근무장소 또는 지정장소를 일시 이탈함으로써 성립하는 무단이탈의 죄 등이 바로 그것이다.

국가의 영토 및 국법질서를 지키고 수호하며 외부의 적으로부터 국가를 방위해야만 하는 군의 존립이유에서 볼 때 신성한 국토방위임무를 수행함에 있어 임무를 저버리고 부대나 직무에서 이탈함은 군인의 기본을 저버린 것이며 그와 같은 행위는 바로 국가의 안전보장을 위태롭게 하는 중대한 결과를 가져오는 바, 이와 같은 이탈행위를 범죄로 규정하고 엄히 처벌하고 있는 것이다.

특히 북한과 대치상황에서 징병제를 근간으로 하고 있는 우리 군에 있어서 군무이탈죄는 사고자 자신이 국가방위의 한 부분임을 망각한 채 직무를 내던짐으로써 군조직에 피해를 입히고, 다른 동료들의 사기를 크게 저하시키며, 전시 등 비상시에 국가방위를 위하여 작전에 참여해야 할 경우에 군무이탈자가 속출한다면 국가수호라는 국군의 사명을 제대로 수행할 수 없다는 점에서 엄벌하고 있다.

### 나. 범죄유형 및 사례

#### 1) 군무이탈죄

군무이탈죄란 군인이 군무를 기피할 목적으로 부대 또는 직무를 이탈하거나, 부대 또는 직무에서 이탈된 자가 정당한 사유 없이 상당한 기간내에 복귀하지 아니한 경우 성립하는 범죄(군형법 제30조)를 말한다. 흔히들 부대에서 현재 복무하고 있는 중에 부대를 벗어나는 것만을 '탈영'이라 하여 군무이탈에 해당하는 것으로 생각하는 사람이 있으나 가령 부대 밖으로 나가 대민지원 활동을 하던 중 이탈하여도 군무이탈죄가 되며 특히 휴가, 외박, 외출을 허가받고 부대를 벗어난 자가 정해진 복귀시간내에 복귀하지 아니한 경우도 군무이탈이 된다는 것을 기억해야 한다. 군에서 현재 복무를 하면서 부대를 벗어나는 것을 '현지탈영'이라고 하고, 휴가 등을 얻어 나간 후 복귀시간내에 복귀하지 않는 것을 '미귀탈영'이라고 한다.

이 범죄는 군무를 기피할 목적이 있어야 성립하는데 우리 대법원은 "군인이 소속부대에서 무단이탈하였다면 다른 사정이 없는 한 그에게 군무기피의 목적이 있었던 것으로 추정된다."고 하고 있어 허가 없이 부대나 직무에서 이탈하거나 휴가시 복귀시간내 복귀하지 않으면 특별한 사정이 없는 한 그 사실 자체만으로 군무이탈죄가 성립하는 것이다. 다만 군무를 기피할 목적이 없었다고 보아 군무이탈죄가 성립하지 않는다고 한 사례가 있는데 외박을 나갔다가 복귀시간이 되어 위병소 앞까지 왔으나 복귀 전 음주로 인하여 입에서 술냄새가 나자 술을 깬 상태로 부대에 들어가려고 근처 상가 계단에 앉아 쉬다가 그만 잠이 들어 다음날 잠에서 깨자마자 바로 부대로 복귀한 사안에서 군무기피의 목적이 있었다거나 있었던 것으로 추정할 만한 사정이 있다고 볼 수 없다고 하여 무죄로 된 사례가 있다.

### 2) 무단이탈죄

무단이탈죄란 허가 없이 근무장소 또는 지정장소를 일시 이탈하거나 지정한 시간내에 지정한 장소에 도달하지 못한 경우 성립하는 범죄(군형법 제79조)를 말한다. 이탈범죄라는 점에서 군무이탈죄와 유사하지만 군무이탈죄는 군무를 기피할목적이 있어야 하지만 무단이탈죄는 군무기피의 목적이 없어도 성립하는 범죄라는 점에서 차이가 있다. 무단이탈죄는 허가 없이 일시 이탈하는 경우 성립하는데 여기서 허가라 함은 허가권자의 정당한 허가를 말한다. 따라서 허가권자가 아닌 자의 허가나 허가권자라 하여도 부당한 허가를 얻어 이탈하게 되면 무단이탈죄가 되는 것이다(선임병이나 간부의 허가를 받아 일시 이탈하였다고 해도 그가 정당한 허가권자가 아니면 무단이탈죄가 된다). 또한 지정한 시간내에 지정한 장소에 도달하지 못하는 것이 불가항력의 사유(예를 들어 천재지변이 생겨 교통이 마비된 경우)가 아닌 한 무단이탈죄가 되는데 따라서 복귀일시를 착각하여 복귀하지 못한 경우에도 무단이탈죄가 되는 것이다. 예를 들면 취침시간 이후에 부대 밖으로 나가 음주하고 귀대하거나, 교육시간중에 내무실에 들어가 낮잠을 자는 행위, 부정 유출된 외출증으로 외출하는 경우 등은 무단이탈이 된다.

### 3) 실제사례 / 교훈

#### 가) 총기휴대 군무이탈

사고자는 199*. 1. 2. 소속대에 전입 후 피해자 상병 김00으로부터 내무생활을 소홀히 한다는 이유로 4회에 걸쳐 몽둥이 등으로 구타를 당한데 대한 불만을 품고 있던 중, 같은 해 1.29. 24:00 경 근무교대시간이 되어 취침 중인 피해자를 깨웠으나 일어나지 않고 욕설을 하자 이에 격분하여 초소안에 방치되어 있던 총기에 자신이 휴대하고 있던 M16 실탄 15발들이 탄창 1개를 삽탄 장전하여 피해자를 향하여 2발을 발사, 피해자를 현장에서 사망케 하고 소속대 탄약고에서 M16 실탄 153발과 수류탄 6발을 절취하여 이를 휴대하고 추00을 인질로 현지를 이탈하여 소속대 인근 묘지에서 은신하다가, 다음날 08:00 경 수색중인 소속대 헬기의 선무방송과 헌병 특경대 차량의 확성기를 이용한 중대장 홍00의 선무방송에 의해 심경변화를 일으키고, 인질로 잡혀있던 추00의 계속적인 자수권유에 마음이 동요되어, 위 추00와 함께 도로상으로 내려와 자수할 때까지 약 6시간 동안 군무이탈을 함.

#### 나) 사례의 교훈

(1) 선임병에 의한 폭력과 가혹행위를 합리적으로 극복하지 못하고 살인과 군용물절도, 군무이탈이라는 극단적 방법을 택함으로써 돌이킬 수 없는 행위를 함.

(2) 위와같이 총기휴대 현지이탈의 경우 필연적으로 군용물 절도와 살인 또는 상해 등의 더 큰 범죄가 발생하게 되어 단순군무이탈과는 비교할 수 없는 무거운 처벌을 받게 됨. 참고로 위 사고자는 사형을 선고받음.

(3) 사고자의 경우 위와 같이 우발적으로 행동할 것이 아니라 지휘관과의 면담 등 합리적방법을 통해 문제를 해결했어야 함.

## 다. 처 벌(법정형)

### 1) 군무이탈

**가) 평시** : 2년 이상 10년 이하의 징역 (군형법 제30조)

**나) 전시, 사변 또는 계엄지역** : 5년 이상의 유기징역(군형법제30조)

**다) 적전** : 사형, 무기 또는 10년 이상의 징역(군형법 제30조)

### 2) 무단이탈 : 1년 이하의 징역 또는 금고 (군형법 제79조)

### 라. 군무이탈 등 죄의 주요 발생유형 및 예방대책

#### 1) 음주 등으로 인한 단순 미귀사고

가) 휴가시 복귀일에 과음을 하는 것은 미귀사고 및 다른 사고를 유발할 위험이 매우 크므로 이러한 사고가 발생하지 않도록 휴가 전 반드시 사고예방 교육을 실시할 것.

나) 휴가, 외출, 외박시에 음주 등으로 인하여 복귀시간을 넘기게 된 경우 부대에 즉각적으로 연락하고 바로 부대에 복귀하면 군무이탈죄로 처벌을 받지 아니하므로 두려움 등으로 순간 판단착오를 일으키고 복귀를 미루거나 단념함으로써 더 큰 죄를 저지르지 않도록 교육할 필요가 있음.

다) 비록 한 순간 잘못 생각하여 군무이탈죄를 범하였다 하더라도 빨리 마음을 고쳐먹고 자수를 하게 되면 선처를 받을 수 있지만 그렇지 않으면 계속 도망을 다녀야 하고 죄는 더 무거워질 뿐이라는 것을 강조.

#### 2) 가정문제 또는 여자문제 등의 신상문제로 인한 군무이탈

가) 병사들에 대한 기본적인 신상파악 후 문제 있는 병사에 대한 지속적인 지휘관심 필요.

나) 개인적인 신상문제로 인한 군무이탈 사고의 대부분은 지휘관이나 간부, 선임병, 동료들의 관심과 격려 등으로 사전예방이 가능하므로 이러한 병사들에 대한 이해심과 전우애를 발휘할 수 있는 부대 분위기 형성에 노력할 필요가 있음.

다) 가정이나 여자관계로 인하여 고민사항이 있더라도 군무이탈은 아무런 해결책이 되지 않고, 오히려 또 하나의 어려운 상황만을 만들 뿐임을 주지시킬 것. 또한 가정이나 여자문제로 인하여 부대 밖에 긴급한 일이 생긴 경우에는 지휘관이나 간부들과 상의한 후 정식절차에 의하여 휴가 등을 얻도록 강조할 것.

#### 3) 군복무에 적응하지 못하여 군무이탈하는 경우

가) 징병제의 특성상 군복무에 대하여 병사들은 기본적으로 거부반응을 보이고 있다. 특히 병무비리가 근절되지 못하고 있는 상황하에서는 현역복무자의 피해의식이 확산되고 복무염증이 내재되어 있다.

나) 군복무가 크게는 국토방위의 임무를 수행하는 고귀한 것이지만 개인적으로

도 어떤 어려움이 닥쳐도 이겨낼 수 있는 토대를 만들어 주는 소중한 기간임을 인식시켜 어렵다고 도피할 것이 아니라 자신의 발전을 위해 당당히 맞설 수 있는 용기와 성숙한 자세를 갖도록 교육할 것.

다) 부적응 병사에 대한 지속적 관심과 면담 등을 통해 격려를 아끼지 말아야 하고, 부적응 병사의 경우 단독 외출과 외박을 지양하고 부대원들과 함께 군생활에 적응할 수 있는 여건을 조성.

#### 4) 영내폭력, 선임병 횡포 등에 의하여 군무이탈이 유발되는 경우

가) 사고예방교육 등을 통해 병 상호간 5대 금지사항을 교육하고 특히 영내폭력의 경우 어떠한 경우라도 정당화될 수 없으며 이를 반드시 색출하여 강력히 처벌한다는 점을 강조.

나) 병사들의 고충을 처리할 수 있는 합리적 방안을 마련하고 항상 의사소통이 될 수 있는 병영을 만들도록 노력할 것.

다) 구타 등 병영생활 중 불합리한 점은 정식적인 절차를 통한 문제제기로 반드시 해결될 수 있음을 강조하고 또한 엄정하게 시행함으로써 신뢰를 구축해야 함. 구타나 가혹행위 등을 정식절차에 의해서 해결하지 못하고 군무이탈로 해결하려는 것은 자신의 권리를 포기하고 피해자 스스로 범죄인의 길을 선택하는 어리석은 행위임을 인식시킴.

## 2. 구타(毆打) 및 가혹(苛酷)행위에 관한 죄

### 가. 의 의

군의 영내폭행은 말 그대로 영내에서 군인상호간에 발생하는 폭행, 상해 등의 범죄로 군은 이를 일반 폭행관련 범죄와는 달리 취급하고 있다.

영내생활 및 계급조직으로 대표되는 군의 특수성으로 인해 영외에서 대 민간인과 사이에 발생한 폭행 등과는 달리 영내에서의 폭행은 상급자의 하급자에 대한 폭행이 거의 대부분을 차지하게 되므로, 이와 같은 폭행행위는 군의 전투력을 약화시키고, 폭행 피해자의 군무이탈 내지는 자살 등 제2, 제3의 강력사고로 이어지며, 군에 대한 국민의 신뢰가 추락하게 되는 등의 심각한 해악이 있어 일반의 폭행 등과는 달리 특히 그 근절의 필요성이 보다 강하게 요구되는 결과 그 처리에 있어 영외폭행과 구분하여 엄히 처벌하여야 할 필요 때문에 사용되는 개념이다.

예를 들면 일반적인 폭행사고의 경우 상해가 크지 않고 합의가 되었다면 구속이 되지 아니하나 영내 폭행사고의 경우는 일단 구속수사를 원칙으로 하게 된다.

## 나. 범죄 유형 및 사례

### 1) 폭행죄, 상해죄

가) 폭행죄(형법 제260조)나 상해죄(형법 제257조)는 신체의 불가침성 내지 신체의 완전성을 보호하기위해 타인의 신체에 대한 침해를 금지하기 위해 규정된 범죄이다. 인간의 모든 활동은 신체의 안전이 확보되는 상황에서 비로소 가능하기 때문이다.

나) 폭행이란 타인의 신체에 대해 직·간접적인 일체의 물리적 유형력을 행사하는 것을 말한다. 유형력의 행사는 사람의 신체에 가하여지면 족하고 반드시 신체에 직접적인 접촉이 있어야 하는 것은 아니다.

다) 상해란 타인의 신체에 대한 생리적 기능을 훼손시키는 것으로서 육체적·정신적 병적상태의 야기와 이를 증가시키는 것을 말한다.

### 2) 가혹행위죄

가) 가혹행위죄는 직권을 남용하여 학대 또는 가혹한 행위를 함으로써 성립하는 범죄이다.(군형법 제62조)

나) 직권을 남용한다는 의미는 직권을 빙자해서 부당한 행위를 하는 것을 말하는 것이다. 따라서 명령이나 지시를 할 수 있는 권한이 없는 병사의 가혹행위는 군형법상 가혹행위죄가 아니라 형법상 강요죄로 처벌된다.

### 3) 실제사례 / 교훈

#### 가) 군기확립을 이유로 한 영내폭행

사고자는 소속중대 81m박격포 사수직에 근무하는 자로서, 2003년 11월 초순 소속대 휴게실에서 피해자 일병 김○○이 준비태세훈련에 대하여 물어보았으나 모른다는 이유로 전투화 발로 정강이를 1회 폭행하고, 같은 해 12월 초 14:00경 소속대 휴게실에서 피해자 일병 김○○이 아침 체력단련 시간에 기준을 잘못 잡았다는 이유로 손바닥으로 뺨을 1회 폭행하고, 04년 5월 초순 18:00경 소속대 휴게실에서 피해자 일병 이○○이 연대전술훈련준비를 제대로 하지 않았다는 이유로 주먹으로 머리를 2회 폭행하고, 2004년 5월 초순 소속 대대 영점사격장에서 공용화기 사격술 예비훈련 중 피해자 일병 김○○에게 훈련수준이 미달되었다는 이유로 구보를 시키는 의무 없는 행위를 강요하고, 2004. 5.19. 내무실에서 장구류 정리하다가 자신의 장비를 챙기지 않았다는 이유로 피해자 일병 유○○을 체력단련실로 불러내어 차려자세를 약 40분간 시켜 움직이지 못하게 하여 의무 없는 행위를 강요하면서 욕설한 사실임.

**나) 사례의 교훈**

(1) 구타는 결코 군기확립의 수단이 될 수 없으며 법과 규정에 따르는 엄정한 신상필벌의 원칙이 철저히 지켜질 때 군기강이 바로 설 수 있음. 따라서 군기확립 등 어떠한 명분으로도 폭행 및 가혹행위는 정당화 될 수 없으며 엄히 처벌받게 됨.

(2) 한번 구타를 하게 되면 계속하여 구타를 하게 되고, 이렇게 상습적으로 구타하는 자는 폭력행위 등 처벌에 관한 법률위반죄로 가중처벌됨을 교육시킬 것.

(3) 암기사항 강요는 군에서 금지되고 있음을 주지시킬 것.

### 다. 처벌(법정형)

1) 폭행죄 : 2년 이하의 징역 또는 200만원 이하의 벌금(형법 제260조)
2) 상해죄 : 7년 이하의 징역 또는 1,000만원 이하의 벌금(형법 제257조)
3) 가혹행위죄 : 5년 이하의 징역(군형법 제62조)

## 3. 상관에 대한 죄

### 가. 의 의

대상관범죄란 상대방이 상관임을 알면서도 그에 대하여 폭행, 협박, 상해, 살인, 면전모욕, 명예훼손 등의 행위를 하는 것이다.

여기서 상관이란 명령복종관계에 있어서의 상급자만 의미하는 것이 아니고 일체의 상계급자 및 상서열자를 포함한다. 예컨대 동일한 계급에 있어서도 그 계급의 진급일자의 전후에 따라 상서열자가 정하여지고, 자기보다 먼저 진급한 자에 대하여 폭행 등 범죄를 저지른 경우에는 상관폭행죄 등이 성립하는 것이다.

형법에도 폭행, 협박, 명예훼손죄, 모욕죄를 규정하여 타인을 폭행, 협박하거나 타인의 명예를 훼손하거나 모욕하는 자를 처벌하고 있다. 그러나 형법상의 폭행, 협박, 명예훼손죄는 반의사불벌죄로 피해자가 가해자의 처벌을 원하지 않는다는 의사를 표시하면 가해자를 처벌할 수 없고, 모욕죄는 친고죄로 피해자가 가해자를 처벌해 달라고 하는 고소가 있어야 가해자를 처벌할 수 있는데 반하여 군형법에 규정된 대상관범죄는 피해자의 의사와 관계없이 처벌되고 일반범죄의 형보다 훨씬 무겁다.

다만 대상관범죄로 처벌받기 위해서는 범인이 범행당시 피해자가 자신의 상관임을 알고서 범행을 했어야 한다.

## 나. 범죄 유형 및 사례

### 1) 상관 폭행 · 상해 · 협박 · 살해죄

협박이란 일반적으로 보아 사람으로 하여금 공포심을 일으킬 수 있을 정도의 해악을 고지하는 것을 의미하고, 살해란 고의로 사람의 생명을 끊는 것을 말한다.

### 2) 상관모욕죄, 상관 명예훼손죄

상관모욕죄란 상관을 모욕하는 범죄를 말한다. 모욕이란 구체적인 사실을 밝힘이 없이 상관의 명예(인격에 대한 사회적 평가)를 손상시키는 말이나 행동을 하는 것을 말한다. 예를 들어 욕을 하거나, 상관의 이름을 함부로 부르는 등의 행동이 이에 해당된다. 상관모욕죄에는 상관공연모욕죄(군형법 제64조 제2항)와 상관면전모욕죄(군형법 제64조 제1항)가 있다. '공연히 모욕한다'는 의미는 불특정 또는 다수인이 인식할 수 있는 상태에서 모욕을 하는 것을 말하고 상관을 공연히 모욕한 경우에는 상관공연모욕죄가 성립한다. 형법상 모욕죄의 경우 불특정 다수인이 인식할 수 있는 상태에서 타인을 공연히 모욕하는 경우에만 모욕죄가 성립하는데 군형법상 상관모욕죄에는 상관면전모욕죄가 규정되어 있어 상관을 공연히 모욕한 경우뿐만 아니라 상관과 단둘이 있는 상황에서 상관을 모욕한 경우에도 상관면전모욕죄가 성립한다. 면전의 의미는 얼굴을 마주한 상태를 의미한다. 상관명예훼손죄란 상관의 명예를 훼손하는 범죄를 말한다(군형법 제64조 제3항). 명예훼손이란 불특정 또는 다수인이 인식할 수 있는 상태에서 상관의 명예를 훼손시킬수 있는 진실 또는 허위의 사실을 구체적으로 들어 상관에 대한 사회적인 평가를 훼손시키는 것을 말한다.

### 3) 실제사례 / 교훈

#### 가) 상관모욕죄

사고자는 소속중대 행정보급관으로 근무하는 자로, 2003. 3. 일자불상 17:00경 창원시 소답동 소재 소속대 운영과 사무실에서 보급장교인 소위 정○○의 엉덩이 부분을 손바닥으로 1회 때리고, 이에 피해자가 "내가 행보관님 엉덩이를 이렇게 때리면 기분이 좋겠냐"고 말하였는데도 다시 피해자의 엉덩이 부분을 손바닥으로 1회 때려 동인을 면전에서 모욕하고, 같은 해 6. 일자불상 11:45경 점심식사를 하기위해 사고자 소유의 차량인 경남00나0000호 아반떼 승용차로 영내 간부식당으로 동승해 이동하던 중 군인가족으로 보이는 여러명의 여자들이 지나가는 것을 보고 피해자에게 "오늘 조개들이 많구먼"이라고 말하여 상관을 면전에서 모욕하고, 같은 해 9. 8. 위 소속대 운영과 사무실에서 외박을 다녀온 피해자가 감기 몸살 기운이 있어 몸이 안 좋다고 하자 "외박기간 중에 얼마나 했길래"라고 말하고, 이에 피해자가 무슨 뜻으로 한 말이냐고 반문하자 "생각이 비뚤어졌으니까 이상한 생각을 하지, 그냥 데이트 얼마나 했느냐는 말이었다"라고 말하여 상관을 면전에서 모욕하였다.

#### 나) 사례의 교훈

초급 여군장교와 이들보다 군경력이 앞서는 부사관 사이의 관계가 군경력의 선 후배와 같은 사이로 허물없이 지내다가 군에서 용납될 수 있는 한계나 정도를 넘어가게 되면 점점 관계가 나빠지거나 감정을 상하게 하는 경우가 있어 상관모욕죄를 저지르게 되는 경우가 있다.

## 다. 처벌(법정형)

1) 상관폭행·협박죄 : 5년 이하의 징역(군형법 제48조)
2) 상관상해죄 : 1년 이상의 징역(군형법 제52조의2)
3) 상관살해죄 : 사형(군형법 제53조 제1항)
4) 상관면전모욕 : 2년 이하의 징역이나 금고(군형법 제64조 제1항)
5) 상관공연모욕 : 3년 이하의 징역이나 금고(군형법 제64조 제2항)
6) 상관명예훼손 : 3년 이하의 징역이나 금고(군형법 제64조 제3항)

### 라. 지휘관심 및 강조사항

#### 1) 고참병사들과 초급간부들의 갈등으로 인한 대상관범죄

고참병사들이나 분대장 직책을 수행하는 병사의 경우에 당연히 각종 근무나 작업에서 열외되어야 한다는 특권의식은 잘못되었다는 것을 지적하고, 이러한 내무부조리가 신병들의 군복무 부담을 가중시키고 다른 여러 사고의 원인이 될 수 있음을 이해시킨 뒤 군생활 경험이 많은 선임병이 더 많은 일을 수행하여야 한다는 책임감과 참여감을 고취시킬 것

분대장이나 선임병들이 자신보다 후임병에 대하여 가지는 자존심이나 책임감 등을 무시하는 것보다는 그러한 자존심이나 책임감이 부대운영에 있어서 긍적적인 면을 가지고 있다는 점도 인정하여 이들을 대할 때에는 이러한 자존심을 어느 정도 인정해 주는 여유를 가질 필요가 있음.

초급간부들의 경우 상급자 앞에서는 자세를 엄정하게 하다가도 병사들을 대할 때에는 자세를 바로하지 못하는 경우가 종종 있으므로 병사들 앞에서일수록 간부로서의 기본자세를 유지하여야 할 필요가 있음.

#### 2) 영외에서의 대상관범죄

부대 내에서 뿐만 아니라 부대 밖에서의 군대예절에 대하여 꾸준한 교육이 필요하고 일부 간부들의 경우 병사들에게 욕설을 하는 등 스스로가 예절에 어긋나는 행위를 하여 병사들의 반감을 유발하는 경우가 있는 바, 간부들 스스로도 부적절한 언행이 없었는지 자신들의 행위를 되돌아볼 필요가 있음.

## 4. 명령(命令)에 관한 죄

### 가. 의 의

군대사회의 가장 큰 특징중의 하나는 “명령복종 관계가 다른 어떤 사회보다도 엄한 것”이다. 그것은 군대란 국가의 유사시 생명을 걸고 국가수호의 임무에 종사하는 운명공동체적인 성격을 가진 단체이므로 명령복종관계의 확립 없이는 그 본연의 임무를 수행할 수 없는 것이기 때문이다. 그러므로 상관의 명령에 복종하지 아니하는 행위를 군에서는 범죄로 인정하여 벌하고 있는 것이며 또한 상관의 개

별적인 명령은 아니더라도 일반적 규범으로서의 명령에 위반한 행위를 벌하고 있는 것이다.

### 나. 범죄 유형 및 사례

#### 1) 항명죄

항명죄란 상관의 정당한 명령에 불복종하는 것을 말한다(군형법 제44조).

본죄에서의 상관이란 모든 상관을 의미하는 것이 아니라 명령복종관계에 있는 자 사이에서 명령권을 가진 자(순정상관)만을 의미하며 단순히 상계급자나 상서열자는 항명죄에서의 상관에 해당하지 아니한다. 따라서 본죄에서의 상관이란 주로 지휘계통상의 상관을 의미한다고 하겠다.

정당한 명령이란 상관의 직무권한내의 명령으로서 적법한 명령을 의미하고, 부당한 명령이라도 이를 위반한 경우에는 본죄에 해당한다.

#### 2) 명령위반죄

명령위반죄란 정당한 명령 또는 규칙을 준수할 의무가 있는 자가 이를 위반하거나 준수하지 않는 것을 말한다(군형법 제47조).

본죄에서의 명령 또는 규칙이란 항명죄에서 말하는 상관의 개별적이고 구체적인 명령이 아니라 누구에게나 적용되는 일반적인 규범을 말하는 것으로 군통수작용상 중요하고도 구체적인 사항에 관한 내용이어야 한다.

명령위반죄의 정당한 명령에 해당하는 것의 예를 들면 ①참모총장의 군무이탈자 자수명령, ②사격장 규정, ③DMZ 운영내규, ④GOP 근무내규 및 초급간부 근무지침, ⑥전원감시를 규정한 사단장 명의의 GOP 경계근무치침서, ⑦GOP 지역에서의 중대장의 명령, ⑧북한군과 접촉을 금지하라는 중대장의 명령, ⑨해안경계순찰근무시 소총 및 실탄을 휴대하라는 사단장의 해안경계 실무지침 등이다.

정당한 명령에 해당하지 않는 경우는 ①군인복무규율, ②군사보안업무시행규칙, ③육군참모총장의 음주에 관한 명령, ④일반명령 제37호(1979.12.22. 자. 구타엄금), ⑤육군규정 141-4(총기안전관리규정), 141-5(탄약 및 폭발물 취급), 410(탄약처리안전), 403-1(예비군보급지위규정) 등이다.

#### 2) 실제사례 / 교훈

**가) 특정종교를 이유로 훈련거부한 항명**

훈련병 이○○는 어릴 때부터 여호와 증인을 신봉하면서 그 전도 및 신도 확보에 열성을 다하던 중 군입대 영장을 받고 1996. 4. 2. 군에 입대하여 군사교육을 받다가 여호와증인의 교리중 평화를 중시하라는 교리에 따라 집총군사교육에 대한 갈등을 품어오다 군사교육을 거부할 것을 결심하고, 1996. 4. 8. 10:00경 소속대 병기수여식장에서 중대장이 집총군사교육을 받을 것을 명했으나 이를 거부하였고, 같은 해 4.23. 10:00경 다시 중대장이 집총군사교육을 받을 것을 명했으나 자신의 양심의 자유에 따라 집총교육을 받을 수 없다고 계속 버티어 상관의 정당한 명령을 이행하지 않은 것임.

**나) 사례의 교훈**

여호와 증인 신자의 경우  대한민국 국민으로서의 국방의 의무를 이행하여야 할 당위성을 설명하고, 입대기간 동안 한시적으로 국방의 의무를 이행하는 것이 신앙과 궁극적으로 모순되는 것이 아니라는 취지로 설득하며, '양심의 자유가 국방의 의무에 우선할 수 없다'는 대법원 판례의 취지를 잘 설명할 것.

### 다. 처벌(법정형)

1) 항명 : 3년 이하의 징역(군형법 제44조)
2) 집단항명 : 수괴는 3년 이상의 징역, 기타의 자는 7년 이하의 징역(군형법 제45조)
3) 상관제지불복종 : 3년 이하의 징역(군형법 제46조)
4) 명령위반 : 2년 이하의 징역이나 금고(군형법 제47조)

## 5. 군용물(軍用物)에 관한 죄

### 가. 의 의

군용물이란 군의용도에 쓰기 위하여 군에서 관리하고 있는 것으로서 군의 필요에 의해 사용될 가능성이 있는 일체의 물건을 말한다. 개인화기인 소총, 대검은 물론 군부대에서 장병들이 사용하는 모든 물건이 군용물이라고 할 수 있다.

군용물은 군의 물적요소로서 군대의 존립과 완벽한 임무수행을 위한 가장 중요한 기본요소이다. 또 군용물 중 총포, 폭발물 등은 그 목적이 인명살상을 목적으로 제조된 것이므로 이들이 부대 밖으로 유출될 경우 총기강도 등 심각한 범죄를 유발할 수도 있다. 따라서 군용물의 관리 및 보존 유지를 위하여 군형법에서는 군용물에 대해 특별한 보호를 하고 있고 군용물과 관련한 여러 범죄에 대해 일반법에서 규율하는 것보다 가중하여 처벌하고 있다.

예를 들어 일반적으로 타인의 물건을 실수로 훼손하거나 분실하게 될 경우 이에 대해 손해배상을 해줄 책임을 부담하는 것 이외에 어떤 다른 책임을 지거나 그 행위가 바로 형사상 범죄를 구성하지는 않으나, 군용물의 경우 과실군용물손괴죄 내지 군용물분실죄의 처벌을 받게 된다. 일반 절도의 경우 처벌을 받는 것은 군도 동일하나 군용물의 경우 물건을 실수로 훼손할 경우에도 처벌받게 된다.

## 나. 범죄 유형 및 사례

### 1) 군용시설등에의 방화, 노적군용물에의 방화

군용시설등에의 방화죄는 불을 놓아 군의 공장, 함선, 항공기 또는 전투용에 공하는 시설, 기차, 전차, 자동차, 교량이나 군용에 공하는 물건을 저장하는 창고를 소훼하는 경우에 성립한다(군형법 제66조). 소훼의 의미는 화력에 의한 물건의 훼손을 말한다. 위 시설 등에 고의적으로 불을 놓는 경우뿐만 아니라 과실로 불을 낸 경우에도 처벌을 받는다.

노적 군용물에의 방화죄는 불을 놓아 노적한 병기, 탄약, 차량, 장구, 기재, 식량, 피복, 기타 군용에 공하는 물건을 소훼함으로써 성립한다(군형법 제67조).

군용물 실화죄란 과실로 군용물을 소훼하는 것을 말한다(군형법 제73조).

### 2) 군용물 · 군용시설 손괴

군용물 · 군용시설 손괴죄란 군의 공장, 함선, 항공기 또는 전투용에 공하는 시설, 기차, 전차, 자동차, 교량이나 군용에 공하는 물건을 저장하는 창고 또는 군용에 공하는 철도, 전선, 기타의 시설이나 물건을 부서뜨리거나 기타의 방법으로 못쓰게 하여 그 효용을 해하는 것을 말한다(군형법 제69조). 따라서 군용시설 등을 부수는 것 이외에도 실탄을 이유 없이 발사한다든가 총기를 발견하기 어려운 곳에 숨겨두는 것 등의 행위도 역시 군용물 · 군용시설손괴죄가 된다. 과실군용물·군사시설손괴죄란 실수로 군용물·군사시설의 효용을 해하는 것을 말한다. 군용물의 보호를 위해 과실로 군용물·군용시설을 훼손한 경우에도 군형법은 처벌하고 있다(군형법 제73조).

### 3) 군용물분실죄

군용물분실죄란 개인에게 지급된 총기나 철모 등을 잃어버린다거나, 불침번 중 내무실에 보관된 총기 등을 도둑맞는 경우와 같이 총포, 탄약 등 군용물을 보관할 책임이 있는 자가 이를 분실하는 행위를 처벌하는 죄이므로 과실범을 처벌하는 죄라 할 것이다(군형법 제74조). 원래 물건의 보관책임이 있는 자가 물건을 분실하였을 경우 민사상 손해를 배상할 책임만을 지는 것으로 충분하고 형사적으로 범죄가 되지는 않는다. 그러나 군형법에서는 군의 전투력과 밀접한 관계에 있는 군용물을 강력히 보호하자는 취지에서 범죄로 규정하여 처벌하고 있다.

### 4) 군용물 대상 재산범죄

군용물을 대상으로 일반 형법상의 재산범죄인 절도, 강도, 사기, 공갈, 횡령, 배임, 장물죄를 저지르는 경우에는 군형법에 의하여 가중 처벌되고 있다(군형법 제75조). 군용물이 총포, 탄약, 또는 폭발물인 경우에는 사형, 무기 또는 5년 이상의 징역에, 기타 군용물인 경우에는 사형, 무기 또는 1년 이상의 징역에 처하고 있다. 이는 일반 절도죄가 6년 이하의 징역 또는 1000만 원 이하의 벌금에 처해지는 것에 비교하면 그 법정형의 가중 정도가 매우 크다고 할 것이다. 따라서 지휘관은 군용물에 대한 절도, 횡령 등의 경우에 그 처벌 수위가 매우 높다는 것을 강조함과 더불어 이에 대한 경각심을 고취 시킬 필요가 있다. 또한, 일반인이 군용물 중에 총포, 탄약, 또는 폭발물에 대하여 형법상의 재산범죄, 즉 절·강도, 사기나 공갈, 횡령과 배임 및 장물죄를 범할 경우에는 일반인도 군형법의 적용을 받게 된다. 실제 사건을 예로 들면 2002. 2.경 민간인 4명이 군부대에서 총기와 탄약을 강취하여 이를 가지고 은행에서 현금을 강취한 사건이 발생하였는바, 이들은 군사법원에서 재판을 받았다. 민간인이 범죄에 이용할 목적으로 군용물을 절취하는 경우가 간혹 있는데 지휘관은 총기, 탄약 등 군용물의 관리 및 경계근무를 철저히 해야 함을 강조할 필요성이 있다.

### 5) 실제사례 / 교훈

가) 개인신병과 복무염증으로 인한 탄약절취 및 절도: 사고자일병 박OO은 소속대 병기계원으로 근무하는 자인바, 2004. 2. 4. 07:00경 파주시 문산읍 마정리 소재 소속대 행정반에서 계속된 우울증과 복무염증으로 소속대에 보관된 총기와 실탄을 이용하여 자살할 것을 결심하고 통합열쇠보관함 안에 들어있던 병기보관함 열쇠 묶음 1개, 탄약통 열쇠 묶음 1개 및 1-1 내무실 열쇠 묶음 1개를 꺼내어 피고인의 야전 상의 우측주머니에 넣어 간 다음 각 열쇠를 사용하여 병기보관함 안에 있던 보통탄 30발들이 탄창 3개, 수류탄 3발, K-3탄 200발이 들어있는 탄약통 1개를 꺼내어 자살 실행 장소로 계획한 화장실 맨 안 쪽 간에 가져다 두고, 다시 1-1 내무실에서 K-2 소총(총번: 453848) 1정을 꺼내어 화장실로 가져가 같은 장소에서 위 탄약과 소총을 사용하여 자살을 기도함으로써 군용에 공하는 물건인 위 실탄이 든 탄약통 1개, K-2 소총 1정을 절취한 것이다

나) 사례의 교훈

총기 및 탄약 관리를 간부들이 늘 확인·감독하고 취약시간대에 경계근무에 만전을 기해야 함

## 다. 처벌(법정형)

1) 군용물실화죄 : 5년 이하의 징역 또는 300만원 이하의 벌금(군형법 제73조)

2) 군용물손괴죄 : 무기 또는 2년 이상의 징역(군형법 제 69조)

3) 과실군용물손괴죄

- 단순과실로 인한 경우 : 5년 이하의 징역 또는 300만원 이하의 벌금
- 업무상과실 또는 중과실로 인한 경우 : 7년 이하의 징역 또는 500만원 이하의 벌금(군형법 제73조)

4) 군용물분실죄 : 5년 이하의 징역 또는 300만원 이하의 벌금(군형법 제74조)

## 6. 초병(哨兵) 및 초소(哨所)에 관한 죄

### 가. 의 의

#### 1) 초병의 의의

군형법 제2조 제3호에 의하면 "초병이라 함은 경계를 그 고유의 임무로 하여 수지(守地), 수해(守海), 수공(守空)에 배치된 자를 말한다"라고 규정하고 있다.

그러므로 초병이란 경계를 그 고유의 임무로 하고 있는 자를 말하고, 다른 임무수행과정에 부수적으로 경계임무도 수행하는 자는 초병이 아니다.

경계임무를 고유의 임무로 하는 직책을 가진자라도 실제로 수소에 배치되지 않는 한 초병이 아니다.

초병에 해당하는 자를 예를 들면 위병소근무자, 전방초소 또는 해안초소 근무자, 탄약고·지휘소·대공초소 근무자, 동초근무자, 비무장지대에 배치된 매복근무자 등이 있다. 불침번근무자, 부대 밖에서 근무중인 헌병, 경계순찰근무자 등은 초병에 해당하지 않는다.

#### 2) 경계의 의의

경계란 초병 및 부대가 전투력을 보존하고 안전 및 행동의 자유를 도모하기 위하여 적의 공격·기습·관측 및 기타 위협으로부터 우군부대를 보호하는데 취하는 제반 근무활동 및 수단을 말한다.

### 나. 범죄 유형 및 사례

1) 초병에 대한 범죄 : 초병의 신체상 안전과 명예를 보호하기 위하여 군형법 제54조부터 제59조까지 초병에 대한 폭행, 상해, 살인 등의 범죄를 처벌하는 규정을 두고, 제65조에서 초병에 대한 모욕죄를 규정하고 있으며, 초병 임무수행을 보장하기 위하여 군형법 제78조에서는 초병을 기망하여 초소를 통과하거나 초병의 제지에 불응하는 행위를 처벌하는 규정을 두고 있다. 군형법은 군인 및 준군인에게만 적용되는 것이 원칙이지만 이상의 범죄(단, 초병모욕죄는 제외)에 대해서는 민간인에게 동일하게 적용된다. 즉 민간인이 초병에 대하여 군형법 제54조부터 제59조까지 범죄 및 제78조의 범죄를 행한 경우 군 수사기관이 수사권을 가지며 군사법원에서 재판을 받게 된다.

2) 초병의 범죄 : 초병은 군의 눈과 귀의 역할을 하므로 그 임무의 중요성을 강조하기 위해서 군형법 제28조와 제40조는 초병이 수소를 이탈하거나 직무태만 행위를 한 경우에 이를 처벌하고 있다.

**가) 초병수소이탈죄**

초병이 정당한 사유 없이 수소를 이탈하거나 지정된 시간내에 수소에 〈수소란 초병이 지켜야 할 장소, 즉 초병이 경계근무를 서는 곳을 말한다〉 임하지 아니하는 것이다(군형법 제28조).

**나) 초령위반죄**

초령위반죄의 유형은 두가지이다(군형법 제40조). 첫째는 정당한 사유없이 소정의 규칙에 의하지 않고 초병을 교체시키는 경우이며, 둘째는 초병이 수면 또는 음주를 한 경우에 성립한다.

3) 실제사례 / 교훈

**가) 복무부적응으로 인한 초병의 수소이탈**

사고자는 소속중대 경계병으로 근무하는 자인 바, 평소 군생활 부적응 및 향수심으로 인해 군복무 염증을 느껴오던 중, 2001. 9. 27. 08:30경 선임병 상병 유○○와 소속대 초소 경계근무중 선임병이 초소내에서 자고 있는 틈을 타 개인화기(M16A1소총)등을 초소 내에 벗어놓고 근무지를 이탈, 경계용 철조망을 넘어 군무이탈 한 사실임.

**나) 사례의 교훈**

초병이 군무이탈을 하게 되면 군무이탈죄로 처벌받는 것은 물론이고 초병수소이탈죄가 같이 성립되어 보다 가중처벌 됨.

## 다. 처벌(법정형)

1) 초병폭행·협박죄 : 적전은 7년 이하 징역, 기타의 경우에는 3년 이하 징역(군형법 제54조)

2) 초병상해죄 : 적전은 무기 또는 3년 이상, 기타의 경우 1년 이상의 징역

3) 초병살해죄 : 사형 또는 무기징역

4) 초소침범죄 : 적전은 1년 이상 5년 이하 징역, 전시·사변 또는 계엄지역에서는 3년 이하 징역, 기타의 경우 1년 이하의 징역

5) 초병 수소이탈죄 : 적전은 사형, 전시·사변 또는 계엄지역에서는 7년 이하 징역, 기타의 경우 2년 이하의 징역

6) 초령위반죄 : 적전은 사형, 무기 또는 2년 이상의 징역, 전시·사변 또는 계엄지역은 5년 이하 징역, 기타의 경우 3년 이하 징역

## 7. 성(性)에 관한 범죄

### 가. 의 의

20대 초반의 나이는 성적 호기심과 성적 욕구가 가장 왕성할 때이다. 더욱이 군생활을 하는 병사들은 대부분 어느 정도 민간인과 격리된 채 통제된 생활을 하면서 욕구불만을 해소할 통로가 막혀있기 때문에 억압된 욕구가 잘못된 방향으로 분출될 가능성이 크다.

본래 성욕은 거부할 수 없는 인간의 본능적 욕구 중의 하나이지만 상대방의 의사와 무관하게 강요된다면 당하는 사람의 입장에서는 참을 수 없는 모욕이요 불행이 아닌 수 없다.

그러므로 성의 자기결정권(自己決定權)을 침해하는 행위는 처벌대상이 되는 것이다. 여기에서 성범죄에는 어떠한 것이 있으며 어떤 처벌을 받게 되는 것인지 구체적인 사례를 들어 알아보겠다.

### 나. 범죄 유형 및 사례

1) 추행죄 : 군형법상 계간 기타 추행을 한 자는 추행죄를 구성하여 처벌받게 된다. 여기서 계간은 동성연애(同性戀愛), 즉 남자끼리 또는 여자끼리의 성행위를 말하고, 추행은 음란한 행위로서 군기를 문란시키고, 군인 각자의 건전한 성도덕 관념을 침해하여 수치심을 일으키는 일체의 행위를 말한다. 예를 들어 후임병의 성기를 만진다든지 자신의 성기를 입으로 애무하게 하는 행위 등이 있을 수 있다. 원래 형법상으로는 동성연애를 처벌하는 규정이 없고, 다만 폭행 · 협박을 수반한 추행에 대해서만 강제추행죄로 처벌하고 있다. 그러나 군형법은 폭행·협박이 없이 상호간의 합의에 의한 동성연애행위도 추행죄로 처벌하는 점이 특징이다. 병사들은 여성을 접할 기회가 없이 군생활을 남자들끼리 해나가기 때문에 성질서가 문란해지는 것을 방지하기 위하여 계간 등 동성끼리의 성행위를 금지하고 있는 것이다.

2) 간통죄 · 혼인빙자간음죄 : 간통이란 배우자가 있는 사람이 배우자가 아닌 다른 사람과 간음한다든지 배우자가 있는 사람과 간음하는 것을 말한다(형법 제241조 제1항). 여기서 배우자 있는 사람이란 혼인신고를 하여 법률상 혼인한 사람을 의미하고, 간음한다는 것은 남성의 성기를 여성의 성기에 삽입하는 성행위를 말한다. 즉, 유부남 또는 유부녀가 배우자 이외의 다른 사람과 성행위를 하는 경우이다. 혼인빙자간음이란 혼인할 의사가 없음에도 혼인을 빙자하거나 기타 위계로써 음행의 상습 없는 부녀를 속여 간음하는 경우를 말한다(형법 제304조). 음행의 상습 없는 부녀란 직업적 매춘부 또는 퇴폐적 성생활을 하는 여자와 같이 정조관념이 약하고 특정의 개인이 이닌 자를 상대로 성생활을 하는 자 이외의 부녀를 말하는데 처녀일 것을 요하지 않는다.

3) 강간 · 강제추행죄 : 강간이란 부녀자를 폭행하거나 협박하여 반항을 억압한 다음 강제로 성교하는 행위에 의해 성립한다. 강간의 대상은 부녀자만 해당되므로 남자는 강간죄의 대상에서 제외한다. 여성으로 성전환 수술을 한 남성의 경우에도 여성으로 볼 수 없기 때문에 강간죄의 행위객체가 될 수 없다. 이때 폭행 · 협박은 피해자의 항거를 불능하게 하거나 현저히 곤란하게 할 정도의 것이어야 한다(형법 제297조). 강제추행이란 다른 사람(남녀를 불문)을 폭행, 협박하여 강제로 성적인 수치심을 유발하는 일체의 행위(예컨대, 입을 맞추거나 강간과정에서 상대방에게 상처를 입히거나 사망에 이르게 한 경우에는 강간(강제추행)치사상죄가 되어 가중처벌된다(형법 제301조). 주거침입, 야간주거침입절도, 특수절도, 흉기 또는 위험한 물건을 휴대하거나 2인 이상이 합동하여 성범죄를 저지르는 경우에는 성폭력범죄의처벌 및 피해자보호등에관한법률위반죄가 성립되어 가중처벌된다. 군인이 전투지역 또는 점령지역에서 부녀를 강간하는 경우 그 행위는 정의와 인도에 반하는 행위이며 군기와 군의 위신을 손상시키는 정도가 극심하기 때문에 군형법은 특히 전지강간죄를 형법상의 강간죄에 대한 특별범죄로 규정하여 피해자의 고소 없이도 사형에 처하도록 하고 있다(군형법 제84조).

### 4) 실제사례 / 교훈

#### 가) 간부의 병사에 대한 강제추행

사고자는 소속중대 제3소대 부소대장으로 근무하는 자로서, 2001. 12. 10.

22:00경 내무실에서 취침하기 위해 침상에 누워있는 피해자 상병 김○○에게 부소대장실에서 함께 자자며 데리고 들어가 팔베개를 해주고 성기를 만지면서 잠을 자는 등 추행하고, 2002. 4. 중순부터 같은 해 6.까지 약 5회에 걸쳐 피해자 일병 이○○를 부소대장실로 데리고 가 술을 먹인 뒤 "술만 먹으면 이상해지는 것 같다"고 하면서 신체를 더듬고 성기를 만지고, 자신의 성기를 피해자의 다리에 문지르는 등 추행한 사실임.

나) 사례의 교훈

간부들에 의한 성추행행위가 발생하는 경우 피해자가 범죄사실을 지휘계통에 보고하거나 수사기관에 고소하는 것이 어려워지게 되고 추행행위가 지속적으로 이어질 가능성이 크므로 추행을 당한 경우에는 유사사례의 재발 방지를 위해서라도 반드시 보고나 고소를 할 것을 교육시키고 적절한 신고제도를 마련할 것.

### 다. 처벌(법정형)

<table>
<tr><th>사고유형</th><th colspan="2">처벌내용</th><th>관련법조항</th></tr>
<tr><td>강제추행죄</td><td colspan="2">10년 이하의 징역 또는<br>1,500만원 이하의 벌금</td><td>형법 제298조</td></tr>
<tr><td>강간죄</td><td colspan="2">3년 이상의 유기징역</td><td>형법 제297조</td></tr>
<tr><td>전지강간죄</td><td colspan="2">사형</td><td>군형법 제84조</td></tr>
<tr><td>강간(강제추행)치사상</td><td colspan="2">무기 또는 5년 이상의 징역</td><td>형법 제301조</td></tr>
<tr><td rowspan="2">흉기 또는 위험한 물건을 휴대하거나 2인 이상이 합동하여</td><td>강제추행</td><td>3년 이상의 징역</td><td rowspan="2">성폭력범죄의처벌및피해자보호등에관한법률 제6조</td></tr>
<tr><td>강 간</td><td>무기 또는 5년이상의 징역</td></tr>
</table>

## 8. 절도(窃盜) 및 강도(强盜)의 죄

### 가. 의 의

언론을 통하여 흔히 접할 수 있는 대표적인 범죄유형들이 절도나 강도다. 요즘의 절도, 강도 등은 빈곤층이 생활비를 마련하기 위한 생계형범죄가 아니라 유흥비 마련을 위해 끔찍한 일도 서슴지 않는 심각한 정도에 이르고 있다. 일명 '퍽치기', '아리랑치기' 등 그 유형이 많이 늘어가고 있다. 특히 군복무 중 영내에서의 절도는 함께 근무하는 동료 상호간의 신뢰를 해하는 군기저해사범이다.

### 나. 범죄 유형 및 사례

#### 1) 절도, 야간주거침입절도, 특수절도

절도란 다른 사람이 가지고 있는 다른 사람의 재물을 훔치는 것을 말한다(형법 제329조). 재물이라 함은 일반적으로 사회에서 통용되고 있는 '물건'이라는 개념이라고 보면 된다. 절도죄에서 말하는 재물은 일반적인 의미와 달리 반드시 경제적인 가치가 있어야 하는 것은 아니므로 예컨대, 부모의 사진이나 애인의 사진 등과 같이 가지고 있는 사람의 주관적인 가치만 있는 물건을 훔치는 경우에도 절도죄가 성립한다. 영내에서 내무생활을 하는 타병사의 물건에 대한 절도행위의 경우 병사 상호간의 신뢰를 무너뜨려 부대의 단결을 저해하며 절도행위가 수회에 걸쳐 반복적으로 행해질 개연성이 높다는 측면에서 비록 소액의 사소한 절도행위라도 엄벌된다.

절도죄에는 다음과 같은 여러 유형이 있다. 야간주거침입절도란 야간에 사람의 주거 등에 침입하여 다른 사람의 재물을 훔치는 것을 말한다. 야간의 의미는 일몰후 일출전까지를 의미한다고 해석하고 있다. 특수절도는 ①야간에 다른 사람의 잠겨진 주거의 자물쇠나 방문 고리를 뜯고 침입하여 물건을 훔치거나, ②흉기를 휴대하거나, ③2인 이상이 합동하여 다른 사람의 물건을 훔치는 것을 말한다. 이러한 경우에는 위의 단순절도나 야간주거침입절도에 비해 행위 방법이 피해자에게 위험하다고 하여 가중처벌된다. 여기서 흉기란 사람을 살상하는데 적합한 칼이나 총 이외에 널리 위험하다고 생각되는 물건을 의미한다. '휴대한다'라는 의미는 범행시에 소지하는 것을 말하는데 반드시 몸에 지니고 있어야 하는 것은 아니고 범행시에 쉽게 잡을 수 있는 상태이면 된다.

#### 2) 강도, 특수강도, 준강도

단순강도죄는 폭행 또는 협박으로 상대방의 반항을 불가능하게 한 다음 재물을 빼앗는 경우에 성립한다(형법 제 333조). 여기서 폭행이라 함은 사람의 신체에 대해 유형력을 행사하는 것을 말하고 협박이라 함은 겁을 주어 사람으로 하여금 두려움을 갖게 하는 것을 말한다. 예를 들어 지나가던 행인을 폭행하여 재물을 빼앗는 경우가 있다. 재물의 개념은 절도죄의 경우와 같다. 특수강도죄는 야간에 사람의 주거 등에 침입하여 강도하거나 흉기를 휴대하고 강도하거나 또는 2인 이상이 함께 강도한 경우에 성립한다(형법 제334조). 준강도죄란 절도범이 절도의 기회에 훔친 재물을 빼앗기지 않으려고 또는 체포를 피하거나 증거를 없앨 목적으로 폭행, 협박을 하는 경우에 성립한다(형법 제335조). 절도의 기회란 절도범인과 피해자측이 절도의 현장에 있는 경우와 절도에 잇달아 또는 절도의 시간·장소에 접착하여 피해자측이 범인을 체포할 수 있는 상황, 범인이 죄적인멸에 나올 가능성이 높은 상황에 있는 경우를 의미한다. 준강도죄에서의 폭행, 협박도 강도죄에서와 마찬가지로 상대방의 반항을 억압할 수 있는 정도일 것을 요한다(대법원 2001. 10. 23. 2001도4142). 강도가 강도의 기회에 사람을 상해나 사망에 이르게 한 때에는 강도치사상죄(형법 제337조, 제338조)가, 강도가 사람을 살해한 경우에는 강도살인죄(형법 제338조)가, 강도가 사람을 상해한 경우에는 강도상해죄(형법 제337조)가, 강도가 부녀를 강간한 경우에 강도강간죄(형법 제339조)가 성립한다.

### 3) 실제사례 / 교훈

#### 가) 개인목적을 위한 특수절도

사고자는 전역자의 선물준비 및 자신의 용돈을 마련하기 위하여 금품을 절취할 것을 결심한 다음, 2002. 8. 4. 22:00경 시건 장치가 되어 있는 소속대 행정과 사무실 출입문을 간판 위에 있는 열쇠를 이용하여 열고 들어가, 시건 장치가 되어 있는 경리계원의 책상서랍 속에 보관 중인 현금 300,000원 중 100,000원을 꺼내어 가 이를 절취하고 다시 금품을 절취할 목적으로 다음 날 20:00경 위 행정과 사무실을 위와 같은 방법으로 열고 들어가 손전등을 이용하여 피해자의 책상서랍을 뒤지던 중 그 시각 행정과 사무실에 들어오는 행정과장 대위 김00의 인기척에 놀라 옆 창문을 통하여 도주함으로써 미수에 그친 사실임.

#### 나) 사례의 교훈

자신의 형편에 맞지 않는 무절제한 사생활은 절도 등 제2, 제3의 범죄로 이어질 수 있고 이로 인해 전과자가 되어 자신의 미래에 부정적인 영향을 미칠 수 있음을 주지시킬 것

### 다. 처벌(법정형)

1) 단순절도 : 6년 이하의 징역 또는 1,000만원 이하의 벌금
2) 야간주거침입절도 : 10년 이하의 징역
3) 특수절도 : 1년 이상 10년 이하의 징역
4) 단순강도죄 : 3년 이상의 유기징역
5) 특수강도죄 : 무기 또는 5년 이상의 징역
6) 준강도죄 : 강도죄에 준하여 처벌
7) 상습강도죄 : 사형, 무기 또는 10년 이상의 징역
8) 강도상해죄 : 무기 또는 7년 이상의 징역
9) 강도살인죄 : 사형 또는 무기징역
10) 강도강간죄 : 사형 또는 10년 이상의 징역

## 9. 근무기피목적 사술(詐術)죄

### 가. 의 의

대한민국의 성년남자는 모두 병역의 의무를 지고 있기 때문에 신체 건강하고 일정수준 이상의 학력을 가진 사람들은 군에 복무함으로써 병역의무를 이행하게 된다. 따라서 대한민국 국민으로서 건전한 정신과 신체를 갖춘 성년 남자가 성실하게 군복무를 해야 하는 것은 아주 당연한 일이다. 그런데 일부 병사들은 꾀병을 부리는 등의 거짓말을 하거나 심지어 자신의 몸을 일부러 다치게 해서라도 쉬거나 군복무를 기피하려고 하는 경우가 있다. 또한 거짓 전보나 전화, 편지 등을 이용하여 휴가, 외출, 외박을 나가 근무를 기피하는 경우도 있다.

### 나. 범죄유형 및 사례

#### 1) 근무기피목적상해, 근무기피목적위계

근무기피목적사술죄란 근무를 면제받거나 군복무 자체를 면제받기 위하여 속임수를 쓰는 것을 말하는데, 근무기피목적상해죄와 근무기피목적위계죄로 구성된다. 근무기피목적은 군인으로서 담당하는 일반적인 직무를 기피하려는 목적을 말한다.

근무기피목적상해죄는 근무를 기피할 목적으로 자신의 신체를 자해하는 것을 말한다. 자신의 신체를 자해하는 행위는 일반적으로 처벌의 대상이 아니지만 근무기피목적상해죄는 군의 정상적인 임무를 보호하고 군인의 비겁행위를 처벌하기 위하여 규정된 것이다.

근무기피목적위계죄의 "위계"란 타인의 부지(不知) 또는 착오를 이용하여 타인으로 하여 정당한 판단을 못하게 하는 것으로, 이른바 거짓말을 하여 상대방을 속이는 것을 말하는데 근무를 기피하기 위해 꾀병으로 입실허가 내지 청원휴가를 받거나, 집안에 경조사가 있는 것처럼 거짓말을 하여 외박이나 청원휴가를 받는 행위들이 그 예이다.

### 2) 실제사례 / 교훈

#### 가) 군복무염증으로 인한 자해행위

사고자는 소속대 운전병으로, 평소 소속대 선임병들이 자신을 부당하게 대우한다고 생각하며 고민하다가 군복무에 염증을 느껴 근무를 기피할 목적으로 2003. 12. 8. 14:40경 소속대 수송부 창고에서 그 곳 공구상자 안에 있던 전지용 가위를 이용하여 피고인의 왼쪽 새끼발가락부분을 절단하여 약 12주간의 치료를 요하는 상해를 가한 사실임.

#### 나) 사례의 교훈

자신의 신체에 상해를 가하는 행위는 군인으로서 명예심을 저버리는 것으로 다른 동료병사들과의 유대감을 해하여 군의 사기를 저하시키고 군의 정상적 임무수행에 장애가 되므로 엄벌됨을 교육할 것.

## 다. 처벌(법정형)

1) 근무기피목적 신체상해 : 적전인 경우에는 사형, 무기 또는 5년 이상의 징역(군형법 제41조 제1항 제1호), 기타의 경우에는 3년 이하의 징역(군형법 제41조 제1항 제2호)

2) 근무기피목적 꾀병기타 속임수 : 적전인 경우에는 10년 이하의 징역(군형법 제41조 제2항 제1호) 기타의 경우에는 1년 이하의 징역(군형법 제41조 제2항 제2호

## 10. 군기안전(軍紀安全)사고(업무상과실 치사상죄)

### 가. 의 의

군은 인명살상용 무기류와 조작에 고도의 주의를 요하는 고가의 장비를 많이 다루고 있으므로 이들을 조작할 때 안전수칙에 따라 최선의 주의를 다하지 않을 경우 막대한 인적·재산적 피해를 가져올 위험이 매우 크다. 특히 총기오발 등의 사고는 적을 살상하기 위한 무기에 동료가 피해를 입는 어처구니없는 결과를 가져온다는 점에서 군의 사기를 크게 떨어뜨리는 요인이 되고, 그러한 사고가 군 기강이 해이해신 결과가 아니냐는 질책을 받게 되어 군의 대국민 신뢰도를 크게 떨어뜨리는 결과를 가져온다.

### 나. 범죄 유형 및 사례

#### 1) 업무상과실치사상죄

군기안전사고라는 죄명이 별도로 있는 것은 아니지만 이 책에서는 통상 총기나 폭발물 등을 취급하다가 부주의로 인하여 인적·재산적 피해를 발생시키는 사고, 화재사고, 기타 특별한 주의를 요하는 군용장비 등을 다루다가 부주의로 인적·재산적 피해를 발생시키는 사고, 기타 이와 유사한 사고 등을 총칭하여 군기안전사고라고 부르기로 한다. 군기안전사고를 일으켜 사람에게 상해를 입히거나 사망에 이르게 한 경우에는 업무상과실치사상죄로 처벌받게 된다. 이중 특히 사람에 대해 상해를 입히거나 사망에 이르게 한 경우를 업무상 과실치사상죄로 처벌하고 있다.

과실이라 함은 보통의 일반인으로서 기울여야 할 주의를 소홀히 한 것을 말하는데, 업무상과실은 업무를 담당하는 자가 기울여야 할 주의를 소홀히 한 것을 말하는 것으로 일반인보다 세심한 주의를 기울여야 할 업무담당자의 부주의라는 점에서 단순과실범죄보다 가중하여 처벌한다. 여기서 업무는 사람이 사회생활상의 지위에 기하여 계속하여 행하는 사무라고 정의된다. 업무상과실의 예를 들면 운전병은 군용차량의 운전을 업무로 하는 자이고, 주행 중에는 교통신호와 제한속도, 안전거리 및 앞지르기 방법 등 교통규칙을 준수해야 할 주의의무가 있으며 이를 지키지 않은 경우에 업무상과실이 있다고 한다. 군인은 총기, 폭발물 등을 사용하거나, 군용차량 등을 운전하는 경우 모두 업무에 해당하게 된다.

### 2) 실제사례 / 교훈

**가) 총기관리 부주의로 인한 동료상해**

사고자는 소속대 1분대장직에 근무중인 자로서, 2002. 1. 13. 00:35경 소속대 초소 옆 철수로에서, 먼저 근무를 마치고 철수하여 대기중이던 피해자 박병장에게 25발들이 탄창이 삽탄된 K-2 소총을 겨누고 "쏜다, 쏜다"하며 장난을 치다가 피해자가 겁내지 않자 총기를 이용하여 장난을 치면서 조정간의 '안전'상태를 확인하지 않은 채 노리쇠를 후퇴전진한 뒤 방아쇠 뒤에 끼어 있던 안전목을 우측손으로 제거하고 조종간이 안전에 위치하고 있는지 확인하지 않은 채 피해자를 향하여 방아쇠를 당겨 피해자로 하여금 치료일수 미상의 기관지 총창 등의 상해를 입게 한 사실임.

**나) 사례의 교훈**

총기를 가지고 장난을 하는 것은 목숨을 걸고 장난하는 것과 마찬가지이며 피해자들에게 최소한 중상 이상에 이르게 하는 결과를 초래함으로써 불필요한 비전투손실과 부대 전투력의 약화를 가져온다는 것을 교육할 것.

### 다. 처벌(법정형)

업무상과실치사상죄 : 5년 이하의 금고 또는 2천만원 이하의 벌금(형법 제268조)

## 11. 자살(自殺)사고

### 가. 의 의

자살은 인명경시 풍조와 이기주의 만연에서 나타나는 사회병리적 현상이지만, 특히 군에서는 생명존중과 전투력 보존의 측면, 그리고 사기에 미치는 영향을 생각해 볼 때 반드시 예방되어야 한다.

또한 우리나라는 전통적으로 부모로부터 물려받은 신체의 훼손을 금기시하는 유교문화가 뿌리 깊기 때문에 자살은 엄청나게 죄악시 되어왔고 자식이 부모에게 할 수 있는 가장 큰 불효로 간주되어 왔다.

자살은 욕구좌절로 인한 불안감, 소외감, 자신감 상실, 고립감 등으로 현실의 참담한 상황에만 몰입되어 정상적인 생각과 판단을 못함으로써 야기된다.

## 나. 범죄 유형 및 사례

### 1) 자살교사죄, 자살방조죄

자살교사죄는 사람을 교사하여 자살하게 함으로써 성립하는 범죄이다. 교사란 자살의사가 없는 자에게 자살을 결의하게 하는 것이다. 그 수단과 방법은 제한이 없으며 명시적, 묵시적인 방법을 불문한다(형법 제252조 제2항).

자살방조죄란 자살을 방조하여 자살하게 함으로써 성립하는 범죄이다. 방조란 이미 자살을 결의하고 있는 자를 원조하여 자살을 용이하게 하는 것을 말한다. 그 수단, 방법에는 제한이 없으며 소극적, 적극적, 물질적, 정신적 방법을 불문한다. 구체적으로 자살행위를 도와주기 위해서 그 방법으로 자살도구인 총, 칼 등을 빌려주거나, 자살에 관한 조언내지 격려를 하는 것 등이다.

### 2) 실제사례

가) 사망자 일병 김OO은 고등학교 때부터 동성연애를 해오다가 군에 입대하여 2004. 5. 6.~10.25.까지 우울증 증세로 18회에 걸쳐 국군 대전병원 및 일동병원 정신과 입원 및 외래진료를 받아오다가 정기휴가(2004.10.28.~11. 6.)를 얻어 자가에서 쉬던 중 2004. 11. 2. 10:30경 신경정신과 의원에서 진료를 받고 자가로 귀가하여 쉬다가 "동성연애자로 살아가야 한다는게 너무 힘들었어…" 등 A4지에 유서형식의 메모를 컴퓨터 워드로 작성, 출력하여 자신의 방 책상 위에 올려놓고 13:12경 자가 아파트 106동 13~14층 아파트 옆 비상계단 난간에서 약 32m 아래로 투신, 다발성 골절 등으로 현장사망해 있는 것을 인근 노점상이 발견함.

나) 사망자 일병 박OO는 전입후 잦은 자살의사 표현으로 2004. 3.12~4. 6. 국군 철정병원 정신과 입원치료를 받은 후 적응장애로 현역복무부적합처리 건의 및 사단 비젼캠프입소 등 보호관심병사로 선정되어 특별관리를 받아오던 중, 1차 정기휴가(2004. 7. 6.~15.)를 얻어 대구시 O구 OO동 소재 자가에서 쉬다가, 휴가 복귀일인 7.15. 00:00경 자가 아파트 거실에서 TV를 보다 평소 통제된 군생활에 대한 군복무 부적응 등으로 고민끝에(추정), 04:10경 자가 아파트 20층 복도 창문에서 50m 아래로 뛰어내려 두개골 골절 등으로 현장사망함.

다) 사망자 이병 권OO는 20**. 5.15. 소속대 위병소 경계근무 중 구토증세 등이 심해 근무를 마치고 소속대 의무실에 입실하여 치료를 받던 중, 같은 달

17. 14:30경 의무실을 나와 약 40미터 떨어진 내무실 화장실에 다녀온 후 주위를 돌아다니다가 같은 날 15:30경 의무실로 다시 돌아온 후, 행정업무에 대한 부담 등 군복무 부적응으로(추정) "부모님 및 친구들에게 미안하다"라는 내용의 유서2매를 남기고 사용이 중지된 위 의무실의 2내무실 화장실 알루미늄 재질의 상단 문틀에 야전상의 끈을 이용하여 목매어 사망해 있는 것을 소속대 병장 김OO 외 1명이 같은 날 17:45경에 발견

※ 사망자는 평소 말이 거의 없고 행정업무에 상당한 부담감을 느끼고 있었으며 최근 감기 등의 증세로 체력이 약화되어 자살을 결심한 것으로 추정됨

## 다. 사례의 교훈

### 1) 자살의 원인

#### 가) 심리적 요인

(1) 병사들의 경우 거의가 20대 초반의 청년들로서 미완성의 성인이므로 자기주장이 철저하며 자기 자신을 자기가 책임지려는 성향이 강한데, 자살은 이와 같은 강한 욕구의 좌절에서 나올 수 있으며, 자신의 생명을 자신이 책임진다는 것의 극단적인 한 형태이다.

(2) 욕구불만 : 인간은 생활을 하는 동안 여러 가지 욕구를 충족시키고자 하나 이에 실패한 경우에는 그 결과가 욕구 불만으로 나타나는데, 욕구불만에 대하여 체념하거나 도피하려고 하는 사람들은 자살로 연결되기 쉬움

(3) 스트레스 : 정신적으로 심한 스트레스는 우울증 및 욕구불만의 큰 원인이 되고 스트레스를 받았을 경우 발생하는 각종 증상의 하나로 자살을 선택하려는 경우가 있는 바, 교육훈련 및 근무로 인한 힘든 생활이 스트레스로 작용하고, 아직도 부대에 잔존하고 있는 폭력과 억압적인 분위기는 대상자로 하여금 심각한 분노를 야기 시켜 자살로 연결될 가능성이 있음

(4) 우울증 : 장병들은 중증 우울증을 유발시키는 빈도가 높은 청년기에 있고, 군의 통제된 환경이 장병들의 우울증을 더욱 촉발할 수 있으며, 그 우울증이 선도되지 않은 채 심각하게 발전하면 분노와 직접적 연관을 맺을 수 있기 때문에 자살로 연결될 가능성이 있음

#### 나) 가족관계에 문제가 있거나 가정형편이 어려운 경우

가족 중 한사람이 죽거나 큰 사고를 당한 경우, 본인이 가족의 생계를 전적으로 책임지다가 입대하여 가정의 안정이 위협받는 경우, 입대 후 가정의

우환, 재난으로 생계유지가 힘들어진 경우, 계모·계부 슬하의 동생들이 걱정되는 경우 등이 자살의 원인이 될 수 있으며 위와 같은 환경에 처해있는 병사들은 청원휴가를 자주 신청하고, 휴가·외박 귀대후 평소보다 더 우울한 모습을 보이며, 동료나 상급자에게 의존적인 태도를 보이고, 가정에 대한 걱정으로 업무능률이 저조한 경우가 많다

**다) 부대환경**

(1) 군생활에 대한 회의 : 삶에 대해 비관적인 시각을 갖고 있는 경우에는 군대생활의 의의를 깨닫지 못하고, 주위 동료들과의 관계가 원만하지 못하여 결국 군생활에 회의를 느끼게 되어 자살로 이어지는 경우가 있다. 이러한 병사들은 근무에 태만하고, 동료들에게 군대가 힘들다고 호소하며 매사 불평과 불만이 많으며 다투기를 잘한다.

(2) 입대로 인한 환경변화 부적응 : 가정 이외의 사회생활 경험이 별로 없거나 부모의 과잉보호 하에서 성장한 병사가 입대로 인한 급격한 환경의 변화에 적응하지 못하여 자신이 처한 위치와 역할에 대해 인식을 못하여 정서적으로 불안해 하다가 자살을 하게 되는 경우가 있다. 이러한 병사들은 의존적이고 미성숙한 태도를 보이고, 대인관계기술이 부족하며 자기중심적이다.

(3) 과중한 업무부담 : 개인적 능력으로는 감당할 수 없는 어려운 업무 등 현 부대업무 수행과정에서 좌절과 고통을 주는 요인이 있는 경우, 개인적 생활습관과 군복무가 상충하는 경우, 적성에 맞지 않는 업무를 수행하는 경우, 고난과 역경을 극복하는 인내력 부족 및 의존적 성격으로 인한 자립정신의 결여 등이 자살의 원인이 될 수 있는데 이러한 병사들은 갈등에 대하여 적극적인 도전보다는 회피하는 태도를 견지하고, 현재 맡고 있는 업무에 대한 의욕을 상실하며, 불평불만을 토로한다.

(4) 체력부족, 지병 등 건강문제 : 체력이 약하여 기초군사교육 능력이 부족하거나, 지병으로 고통 받고 있거나 치료를 받고 있는 경우, 건강상의 이유로 동료들과 어울리지 못하고 소외감을 느끼는 경우, 성장과정에서 인내력 극복, 극기 경험이 없는 경우에도 자살로 연결될 수 있는데 이러한 병사들은 자신감의 결여로 열등감을 느끼고 불안해하며, 상급자에게 계속 고통을 호소하고 의존적인 태도를 보이며, 매우 위축된 행동을 보이고 힘들어하며, 대인관계를 회피하거나 제한된 대인관계를 갖고, 적절한 치료를 받지 못해 고통이 계속되면 자포자기하는 태도를 보인다.

### 라. 자살 및 변사사고 발생시 조치사항

1) 신속한 보고(지휘계통 및 헌병대)
2) 응급환자는 응급처치후 의무대 후송
3) 사망자는 시신을 옮기거나 수습하는 행위를 금지하고 현장훼손을 방지하고 현장보존을 위해 경계병을 배치하고 불필요한 인원의 출입통제
※ 평소 전 장병을 대상으로 사건현장 보존에 대한 교육을 실시
4) 목격자 확보 및 사망자 개인사물함 등 유품의 보존

# 제4장

# 기타 군관련 주요 법률

# 제4장 기타 군관련 주요 법률

## 제1절 전쟁법

### 1. 전쟁법 의의

#### 가. 전쟁법 교육의 필요성 및 군작전과의 관계

전쟁에 무슨 법이 필요하고 과연 전쟁에 법이 있을 수 있는가라는 의문을 제기할 수도 있다. 그러나 과학기술의 발달로 가공할 위력을 지닌 무기들이 개발되고, 전쟁이 국가간 총력전의 양상을 띠게 되면서 민간인의 피해가 군인의 피해를 압도하기에 이르렀다. 이러한 현실하에서 전쟁 그 자체를 막지는 못하더라도 전쟁의 발발가능성을 최대한 억제하고 무력충돌의 불필요하고도 비참한 부작용을 감소시키는 것은 물론 평화의 회복을 촉진시키는 데 전쟁법의 존재의의가 있다고 할 수 있다.

또 급박한 전쟁상황에서 전쟁법 준수만을 강조하는 융통성 없는 태도를 취한다면 전쟁법이 군작전에 방해가 되는 경우도 있을 수 있다.

하지만 군사상 필요한 목표만을 공격하는 군사목표주의를 관철함으로써

첫째, 한정된 무력의 효율적인 사용을 기대할 수 있고,

둘째, 전쟁법 위반행위는 국내외 여론을 악화시키고 전쟁의 정당성에 의문을 가져오게 하여 민간인들로부터의 지지를 상실시키고 전투를 수행하는 아군의 사기마저 저하시킬 우려가 있으며,

셋째, 전쟁법을 준수하여야 도덕적 정당성을 확보하여 국제사회와 국제기구의 외교적 지지를 얻어낼 수 있으므로 전쟁법의 기본원칙을 준수하는 것은 인도주의적 요청을 충족시킬 뿐만 아니라 작전의 효율성에도 기여한다.

### 나. 국군의 전쟁법 준수방침 및 전쟁법의 국내적 효력

국제평화주의를 천명하고 침략전쟁을 부인하고 있는 헌법정신에 기초하여 국방부훈령 제391호 "전쟁법 준수보장을 위한 규정(1989. 5. 18.)"에서는 "대한민국 국군은 전쟁법과 동법하에서의 대한민국 정부의 의무를 준수한다"고 규정하여 전쟁법 준수방침을 확고히 밝히고 있고, 헌법 제6조 제1항에서 "헌법에 의하여 체결, 공포된 조약과 일반적으로 승인된 국제법규는 국내법과 동일한 효력을 가진다"고 규정하고 있기 때문에 우리나라가 가입한 전쟁법 관련 국제조약은 우리나라 법률과 같이 당연히 국민을 구속하는 효력이 있으며, 우리나라가 가입하지 아니한 전쟁법 관련 국제조약이라도 조약의 내용이 관습법을 성문화한 것이거나 제네바 4개협약, 집단살해 방지협약 등과 같이 대다수의 국가들이 가입하였고 그 정당성에 관하여 국제적으로 정당성을 인정받는 경우에는 "국제관습법"으로서 국내적 효력을 갖는다.

## 2. 전쟁법 개요

### 가. 전쟁법의 정의

전쟁법이란 국가간 또는 국가 내에서의 무력분쟁을 규율하는 국제법규를 총칭하는 것으로 특히 전쟁의 개시조건, 무력수단, 공격목표물 등을 각각 제한함으로써 전쟁으로 인한 불필요한 피해를 최소화하려는 것을 목표로 하는 국제법이라고 할 수 있다.

### 나. 전쟁법의 구성

전쟁법에 대한 조약체결은 1860년대에 들어서면서 시작되었는데 이들 조약들은 두가지 독특한 경향을 나타내고 있다.

하나는 제네바를 중심으로 성문화되어 "제네바법"으로 불리는 것으로 적군의 장악하에 들어간 전쟁희생자의 보호에 관한 조약들로 주로 적십자 정신에 입각하여 적대행위에 가담하지 않은 인원과 전투능력을 상실한 전투요원의 안전을 보호하려는 것이다. 제네바법의 보호대상은 전쟁포로 · 부상자 · 병자 · 난선자 등 무력충돌의 희생자가 된 자, 민간인, 무력충돌의 희생자를 돌보는 자(특히 의료요원) 등이다.

다른 하나는 헤이그를 중심으로 성문화되어 "헤이그법"이라고 불리는 것으로 전쟁에서 어떤 수단과 방법이 허용 또는 금지되는가를 구체적으로 규율하는 조약들이다.

오늘날에는 헤이그법과 제네바법 간의 명확한 차이는 점차 감소되고 있는데 예컨대 1977년 체결된 "1949년 제네바 4개 협약에 관한 제1추가의정서"는 전투행위의 규제와 전쟁희생자의 보호라는 두가지 측면을 모두 담고 있어 혼합법으로 분류되고 있다.

- 육전에 있어서의 군대의 부상자 및 병자의 상태개선에 관한 1949년 8월 12일자 제네바협약[제네바 제1협약] (1949. 8.12. 제네바에서 작성, 1966. 8.16. 조약 제211호로 대한민국에 발효)
- 포로의 대우에 관한 1949년 8월 12일자 제네바협약[제네바 제3협약] (1949. 8.12. 제네바에서 작성, 1966. 8.16. 조약 제217호로 대한민국에 발효)
- 전시에 있어서의 민간인 보호에 관한 1949년 8월 12일자 제네바협약[제네바 제4협약] (1949. 8. 12. 제네바에서 작성, 1966. 8.16. 조약 제218호로 대한민국에 발효)
- 1949년 8월 12일자 제네바협약에 대한 추가 및 국제적 무력충돌의 희생자 보호에 관한 의정서[제네바협약 제1추가의정서] (1978.12. 7. 서명, 1982. 7.15. 조약 제778호로 대한민국에 발효)
- 1949년 8월 12일자 제네바협약에 대한 추가 및 비국제적 무력충돌의 희생자 보호에 관한 의정서[제네바협약 제2추가의정서] (1978.12. 7. 서명, 1982. 7.15. 조약 제779호로 대한민국에 발효)
- 육전에 관한 법규 및 관습의 존중에 관한 1907.10.18. 헤이그협약 및 그 부속서 【이 부속서는 "육전규칙"이라 불리는 것으로 매우 중요하며, 2차대전 후 전범재판에서 국제관습법으로 선언되었음】

### 다. 전쟁법의 기본원칙

전쟁법이라 불리는 많은 조약 및 국제관습법 등은 추상적으로 기술되어 있어서 개별적·구체적인 경우에 전쟁법 위반여부를 판단하기가 곤란한 경우가 많다. 따라서 전쟁법의 기본원칙을 이해하고 이를 바탕으로 하여 개별적·구체적인 사례에 맞는 결론을 도출해야 한다. 전쟁법의 기본원칙은 전쟁법이라 불리는 수많은 조약과 국제관습법들로부터 전쟁법이 추구하는 목표와 전쟁수행 방법에 관한 공통적인 내용을 도출하여 기본원리화한 것으로 논자에 따라 내용이 다를 수 있으나 대략 다음과 같은 원칙들을 들고 있다.

#### 1) 인도주의 원칙

인도주의 원칙이란 그 종류와 정도를 막론하고 전쟁 목적상에 필요하지 않는 어떠한 폭력작용도 금지된다는 원칙이다. 상병자와 포로는 이미 적에 대한 위협이 되지 못한다. 때문에 이들에 대한 힘의 행사는 불필요하고 이들을 적대행위로부터 보호해 주어야 한다.

#### 2) 군사적 필요의 원칙

군사적 필요의 원칙이란 교전자는 각양각색의 힘을 발휘하여 최소한의 인명·시간손실과 비용으로 적을 항복시키는 것을 정당화하는 원칙이다.

#### 3) 기사도 원칙

기사도의 원칙이란 불명예스러운 방법, 수단 및 행위를 취하는 것을 금지하는 원칙이다. 따라서 인도주의 차원에서 보호를 받는 의료요원이나 항복자 등으로 위장하는 배신행위는 허용되지 않는다.

## 3. 교전자(전투행위의 주체 및 객체)

### 가. 교전자의 의의 및 구분

교전자[2]는 전쟁을 수행하는 국가의 기관으로 무력에 의한 해적수단(害敵手段)을

2) 교전자라는 용어는 전쟁의 주체인 국가 또는 교전단체, 즉 '교전자격자'를 지칭할 경우와 교전자격자의 병력, 즉 '교전당사자'를 의미할 경우가 있으나 전쟁법규상 교전자라 할 때에는

행사할 수 있는 전투행위의 주체인 동시에 객체이다.
해적행위(害敵行爲), 즉 무력행사를 할 수 있는 것은 교전자에 한하고, 적의 교전자에 대해서만 해적행위(害敵行爲)를 할 수 있다.

전쟁법의 주요 특징은 전투요원과 민간인의 구분이다. 전투요원은 합법적인 표적이고 무력충돌에 참여할 수 있으며 적에게 잡히면 전쟁포로로 대우를 받을 수 있으나 민간인은 공격목표가 될 수 없고, 무력충돌에 참여하는 민간인은 전쟁포로의 지위를 주장할 수 없으며 호전적 행동에 대하여 법원의 재판을 받고 처벌을 받을 수 있다. 따라서 전투요원과 민간인을 구분하는 것은 매우 중요한 사항이다. 이와 같이 교전자(전투요원)과 비교전자(민간인)을 구별하는 것을 구별의 원칙이라고 한다. 이 원칙은 무력행사를 교전자와 군사목표에 대해서만 하고 민간인 및 민간물자는 최대한 공격대상으로부터 면제하여 이들을 가능한 한 보호하려는 데에 그 목적이 있다.

교전자는 정규군과 비정규군으로 구분된다. 정규군이란 국가가 정식으로 임명한 지휘관의 지휘하에 일정한 조직을 갖추고 통상 제복을 착용한 상비군을 말하고, 비정규군이란 정규군이 아닌 자로서 전시에 임시로 군에 종사하는 비상비군을 말한다. 비정규군도 교전자격을 갖출 경우 교전자에 해당한다. 비정규군과 교전자격에 대해서는 항을 바꾸어 설명한다.

### 나. 비정규군의 종류

비정규군에는 비정규군이 소속된 국가나 교전단체에 의해 인정된 병력과 인정되지 않은 병력으로 나뉘는데, 인정된 병력에는 민병(民兵)과 의용병(義勇兵)이 있고, 인정되지 않은 병력에는 군민병(群民兵)과 '조직된 저항운동원'이 있다.

#### 1) 민병과 의용병

민병은 평시에 수시로 훈련을 받고 전시에 정부로부터 소집되어 조직되는 병력이며, 의용병은 전시에 본인들의 지원과 이에 대한 국가의 인정으로 조직되는 병력이다. 민병과 의용병은 정규군에 편입시킬 수 있다.

---

후자를 의미한다.

### 2) 군민병과 '조직된 저항운동원'

군민병은 미점령지역의 주민으로서 민병 또는 의용병으로서의 요건을 구비할 시간적 여유가 없어서 자발적으로 무기를 들고 적군에 대항하는 조직화되지 못한 주민집단이다. 이는 국가에 의해 인정된 병력이 아니고 정규군에 편입될 수 없다는 점에서 민병 및 의용병과 구별되고, 그 활동공간이 미점령지역이고 조직화되지 못한 병력인 점에서 '조직된 저항운동원'과 구별된다. 군민병에게 교전자격을 인정하는 것은 조국애에 불타 스스로 적의 공격에 저항하는 것을 국제법이 방해할 필요는 없고, 이들이 적에게 체포되었을 때 포로로서 대우받고 전범으로 처벌받지 않도록 하려는 인도주의적 고려에 입각한 것이다. '조직된 저항운동원'이란 조직화되었으나 국가의 인정을 받지 못한 게릴라를 의미하는데 활동공간은 영토의 내외, 영토의 점령여부를 불문한다.

## 다. 교전자격

교전자격자만이 해적행위(害敵行爲), 즉 무력행사를 할 수 있고 교전자격이 없는 자가 해적행위를 하였을 때에는 전쟁범죄인으로 처벌대상이 된다. 또한 교전자격자는 제네바협약상의 부상자·병자 및 포로로서의 보호를 받을 수 있다. 이러한 교전자격의 기본이 되는 것은 헤이그 육전규칙상의 4개 요건이다.

### 1) 헤이그 육전규칙상 자격조건

#### 가) 정규군, 민병, 의용병의 구성원

첫째 요건은 '그의 부하에 대하여 책임을 지는 자에 의하여 지휘될 것'이다. 지휘자는 그의 정부로부터 정규적 또는 일시적으로 임명되는 것이 일반적인 관례이다. 그러나 지휘자의 정부로부터의 임명은 필수적인 것은 아니며 따라서 지휘자와 그의 부대에 대한 국가의 승인도 필수적인 것이 아니다.

둘째 요건은 '멀리서 인식될 수 있는 고착된 표지를 할 것'[3]이다. 표지는 고

3) 원래 전쟁법은 전투에 참가하는 군인들을 보호하는 측면도 있지만 전투에 참가하지 않는 민간인을 보호하기 위한 측면도 있다. 만약 정규군이 민간인 복장을 하고 전투를 한다면 민간인과 군인을 구별하기가 쉽지 않아 불필요하게 민간인에게 피해를 주게 되는 경우가 발생될 것이다. 따라서 전쟁법은 정규군이든 민간인이든 불문하고 전투에 참가하기 위해서는 자신이 교전자임을 알리는 표지를 하여야 한다. 즉 휘장을 달거나 상대방에게 잘 보이도록 무기를 휴대하여야 한다. 만약에 그렇지 않으면 교전자로서의 대우를 받지 못하고 전쟁범죄자로 처벌될 수 있다. 그러나 주둔지역이 상대방에게 포위되었기 때문에 탈출을 하기 위해 민간인 복장으로 갈아입었을 경우에는 교전을 하기 위하여 갈아입은 것이 아니기 때문에 전쟁법을 위반하는 것이 아니다.

착된 것이어야 하므로 표지는 복장으로부터 제거하거나 임의로 변장할 수 없는 것이어야 한다. 육전에 있어서 전투원의 본질적 표지는 제복이므로 이 요건을 충족하는 가장 단순한 방법은 제복을 착용하는 것이다. 그러나 반드시 제복의 착용을 하는 것을 요구하는 것은 아니다.

셋째 요건은 '공연하게 무기를 휴대할 것'이다. 무기를 비밀리에 휴대하거나 적에게 접근해 올 때 그들의 무기를 은닉하는 것은 이 요건을 충족하는 것이 되지 못한다. 여기의 무기는 개인무기를 의미하는 것이다.

넷째 요건은 '전쟁에 관한 법규 및 관례에 따라 그들의 작전을 할 것'이다. 이 요건을 구비하지 못하면 교전자격이 없으므로 적에게 체포되면 포로로 대우받지 못하고 전쟁범죄인으로 처벌된다. 이 요건의 충족을 위해 교전당사자는 전쟁에 관한 법규와 관례를 교육할 의무를 진다.

#### 나) 군민병

군민병은 미점령지역의 주민으로서 적이 접근해 올 때 민병이나 의용병을 조직하여 교전자격을 갖출 시간적 여유가 없어 자발적으로 무기를 들고 침입군에 대항하는 주민집단이므로 상하의 지휘관계가 불가능하고, 고착된 식별표지를 갖출 수 없기 때문에 이러한 특수상황을 고려하여 위의 4개 요건 중 공연하게 무기를 휴대할 것, 전투에 관한 법규 및 관례를 준수할 것의 2개 요건을 충족하면 전투원의 자격이 인정된다고 규정하고 있다.

### 2) 1977년 제네바협약 제1추가의정서상 교전자격

'제1추가의정서'는 민간인 보호를 위해 모든 교전자에 대하여 민간인과 구별되게 해야 할 의무를 재확인하였으나, 그러한 의무를 이행할 기간을 "공격 또는 공격 전의 예비적 군사작전에 참여하고 있는 동안"으로 단축시켰다. 또한 조직적 저항운동원인 게릴라에 대해서는 고착된 특수표지의 의무를 해제하였고, 공연히 무기를 휴대할 기간도 교전기간 및 공격개시 전의 군사적 전개에 가담하면서 적에게 노출되는 기간 중으로 단축하였다. 즉 헤이그 육전규칙상의 4개 요건을 기본으로 하되, 게릴라의 경우 "교전 및 그 준비시"에만 무기를 휴대하여 민간인과 구별되면 되고 따로 고착된 특수표지는 할 필요가 없는 것으로 그 요건을 완화한 것이다. 원래 게릴라전의 특수성상 헤이그 육전규칙상의 비정규군으로서의 4개 요건을 갖추기를 기대할 수 없어 교전자로 인정될 수 없었으나 2차대전 이후 대다수 식민지 독립국가들은 이른바 민족해방전쟁에서 게릴라전만이 유일한 전투방법이라고 주장하여 게릴라 병사에게 교전자격을 줄 것을 요구한 결과 위와 같이 극히 완화된 요건만으로 게릴라 병사에게 교전자격을 인정하게 되었다. 미국은 베트남전쟁에서 민족해방전선의 부대(베트콩)에게 대체로 교전자의 자격을 인정하였다.

**※ 교전자격의 요약**

교전자격의 문제는 각 협약에 매우 복잡하게 규정되어 이를 이해하는 것이 쉽지 않다. 그러나 기본이 되는 것은 헤이그 육전규칙상의 4개 요건이다. 교전자격의 요건으로서는 헤이그 육전규칙상의 4개 요건이 원칙적으로 요구되며, 게릴라의 경우 "고착된 특수표지"가 없이도 교선시 무기를 휴대하는 등 민간인과 구분이 되면 교전자격이 있다고 알고 있으면 충분하다.

## 4. 공격목표 선정의 기본원칙

전쟁법상 합법적인 표적만을 공격해야 하고, 금지되는 표적은 공격하지 않아야 한다. 이를 군사목표주의라고 하는데 공격가능한 목표를 선정하여 이에 대해서만 공격을 하는 것은 전쟁법의 이념 측면에서뿐만 아니라 작전의 효율성 측면에서도 매우 중요한 문제이다. 제네바 협약 제1추가의정서 제48조는 "민간주민과 민간물자의 존중 및 보호를 보장하기 위하여 충돌당사국은 항시 민간주민과 전투원, 민간물자와 군사목표물을 구별하며 따라서 그들의 작전은 군사목표물에 대해서만 행하여지도록 한다."고 규정하고 있다.
공격목표를 선정할 때에는 전쟁이란 군대 사이의 문제이므로 민간인은 합법적인 표적이 될 수 없다는 전제하에 다음의 두 가지 원칙을 기초로 하여야 한다.

### 가. 차별의 원칙

공격은 전투원과 기타 군사적 목표에 한정되어야 하고 민간인과 민간 표적은 공격의 목표가 되어서는 안된다는 원칙을 말한다.
합법적인 공격목표는 교전국의 전투원과 군사목표물이다. 여기서 군사목표물이라 함은 적의 전쟁수행능력을 돕는 일체의 목표물로서 그것의 파괴가 아군에게 명백한 군사적 이익을 가져오는 군사적 중요성이 있는 목표물을 말한다. 제네바협약 제1추가의정서 제52조 제2항은 “공격의 대상은 엄격히 군사목표물에 한정된다. 물건에 관한 한 군사목표물은 그 성질, 위치, 목적, 용도상 군사적 행동에 유효한 기여를 하고, 당시의 지배적 상황에 있어 그것들의 전부 또는 일부의 파괴, 포획, 또는 무용화가 명백한 군사적 이익을 제공하는 물건에 한정된다.”고 하여 군사목표물을 정의하고 있다. 적군의 병력과 기지시설, 무기, 군용차량·선박·항공기 등은 물론 무기생산시설, 무기저장시설, 통신시설, 교량, 항만, 철도 등의 교통시설 기타 군사적 목적에 사용되는 일체의 목표물에 대한 공격은 합법적이다. 금지되는 공격목표는 제네바협정 등 각종 국제조약 및 관습법으로 보호되는 표적들, 예컨대 민간인, 민간인 관련시설, 의료요원, 병원, 기타 의료시설, 종교시설, 문화재, 학교, 포로수용소 등이다. 물론 민간인의 사용을 위한 시설이라 할지라도 그것이 군사목적에 사용되고 있어 그것을 파괴하는 것이 아군에 군사적 이익을 주는 것이 명백하다면 이는 군사목표물로서 합법적인 표적물이 된다.

### 나. 비례의 원칙

군사적 목표에 대한 공격이라 할지라도 공격에 의한 확실하고 직접적인 군사적 이익보다 많은 민간인 및 민간시설의 피해를 가져올 수 있으면 공격해서는 안된다는 원칙을 말한다. 즉 합법적인 무기로 합법적인 군사목표물을 공격한다고 해도 그로 인해 얻을 이익보다 부수적으로 초래될 민간인 피해가 훨씬 더 크다면 그러한 공격은 금지된다. 물론 부수적 피해가 전혀 없을 수 없지만 지휘관은 군사적 이익과 부수적 피해를 반드시 비교해야 한다. 부수적 피해의 위협이 클수록 공격목표의 중요도 역시 높아야 공격이 정당화되는 것이다.

제네바협약 제1추가의정서 제57조는 공격을 계획하거나 결정하는 자는 모든 수단과 방법을 동원하여 공격의 표적이 전투원 또는 기타 합법적인 군사적 목표로만 구성되어 있어 특별한 보호를 받지 못하는 것을 확인하고, 민간인 살상 및 민간물자에 대한 손상 피해가 너무 과도한 공격을 피하고, 무기의 종류나 공격의 방법을 선택할 수 있으면 부수적인 민간인 살상이나 민간물자 손상 피해를 피하거나 최소화시킬 수 있는 것을 선택하고, 유사한 군사적 이익을 얻을 수 있는 몇 개의 표적을 선택할 수 있는 경우 민간인 살상이나 민간물자 손상에 최소의 위험을 동반하는 표적을 선택하여야 한다고 규정하고 있다.

## 5. 전투행위의 수단과 방법에 대한 제한

적대행위에 가담하는 적전투원 살상은 합법이다. 그러나 해적수단(害敵手段)에는 제한이 있다. 전쟁은 승리를 목적으로 하나 이 목적을 달성하기 위하여 어떠한 해적수단을 사용하여도 무방한 것은 아니다. 헤이그 육전규칙 제22조 및 제네바 제1추가의정서 제35조 제1항은 "어떠한 무력충돌에 있어서도 교전자는 가해수단의 선택에 관하여 무제한한 권리를 갖는 것이 아니다"라고 규정하고 있는데 이는 금지된 무기를 사용해서 승리하기 보다는 패배를 감내해야 함을 시사하고 있다. 위법한 교전행위는 동종의 반응을 초래하고 결국 무법의 교전상태로 돌입할 수 있기 때문이다. 이와 같이 해석수단에 제한을 두는 이유는 오로지 인도적 고려 때문만은 아니다. 인도주의적 고려와 함께 군사적인 측면도 고려를 하여 행위의 잔학성에 비해 군사적 효과가 적은 가해수단에 대해 제한문제가 다루어졌다.

### 가. 불필요한 고통 금지의 원칙

불필요한 고통 금지의 원칙은 불필요한 고통이나 상해를 일으킬 수 있는 전쟁의 방법과 수단을 금지한다는 원칙을 말한다. 이 원칙은 모든 무기와 전쟁방법을 판단하는 기본적인 역할을 한다.

특정 무기 또는 전쟁방법이 불필요한 고통의 원칙을 위배하는지를 판단할 때 중요한 문제는 그 당시에 사용 가능한 다른 무기나 전쟁방법이 보다 적은 고통이나 상해를 수반하면서 동시에 같은 군사목적을 달성할 수 있는가이다.

이 문제에 답하기 위하여 다음과 같은 요소들을 검토하여야 한다. ① 교체할 수 있는 무기의 활용 가능성과 그 효과, ② 그 무기를 필요할 때에 필요한 지점으로 이동시키는 수송문제, ③ 관련된 병력의 안전문제, ④ 피해자의 육체적·정신적 상해나 고통 등이다.

단지 무기나 전쟁방법이 심각 또는 광범위한 상해를 가져오거나 특별히 잔인하다는 것 자체만으로는 불필요한 고통의 원칙에 위배되지 않는다. 살상은 전쟁 고유의 특징이므로 이 원칙은 군사목적과 상관없는 불필요한 상해나 고통은 금지한다는 것이다.

그러나 특정한 무기의 사용이나 전쟁방법이 불필요한 고통을 가하여 위 원칙에 위반되는 것인지 아니면 단순히 심각한 또는 광범위한 상해를 가져오거나 특별히 잔인한 것인지 판단을 내리는 것이 얼마나 어려운 일인가는 최근에 일어난 두 가지 논쟁이 보여준다.

첫째로 적 전투원을 실명시키는 대인 레이저 무기의 전장사용 가능성에 관하여 이러한 무기를 사용하는 것은 불필요한 고통 금지의 원칙을 위배한다는 주장이 발생하였다. 이에 반하여 위 주장의 반대론자들은 이 무기가 다른 무기들에 비해 군사적 이익이 있고 다른 무기가 수반하는 고통보다 더 심하지 않다고 말한다.

두 번째로 걸프전에서 미군이 이라크 참호를 불도저로 밀어 이라크군을 생매장한 것은 불필요한 고통 금지의 원칙을 위배하는 전쟁방법이라고 말한다. 그러나 보병을 동원하여 참호를 소탕하는 것은 공격하는 미군에게 더 큰 희생을 가져왔을 것이고 전쟁법은 적 전투요원을 살리기 위하여 아군에게 더 큰 희생을 요구하지 않고 있다.

### 나. 차별의 원칙

전투원 · 군사목표와 민간인 · 민간물자를 구별하여 '무차별공격'과 무차별무기'의 사용을 금지하려는 원칙이다. 제네바협약 제1추가의정서 제48조는 "분쟁당사자들은 민간인과 전투원, 그리고 민간목표물과 군사목표물을 언제나 구분하여야 하며, 따라서 그들의 작전은 오로지 군사목표물을 상대로 하여야 한다"고 규정하고 있고, 제51조 제5항 제a호에 의하면 도시, 마을, 촌락, 또는 기타 민간인이나 민간물자가 모여 있는 지역 내에 위치한 다수의 명확하게 분리되고 구별되는 군사목표물을 단일한 군사목표물로 취급하는 공격을 무차별공격으로 간주하여 이를 금지하고 있다.

### 다. 배신 금지의 원칙

배신행위는 적의 신뢰심 즉 적으로 하여금 전쟁법에 의해 보호받을 권리가 있거나 또는 보호해야 할 의무가 있는 것으로 믿는 마음을 유발시킨 후, 그러한 마음을 배신하는 행위를 의미하는데 특정방식의 속임수를 사용하는 전쟁방법을 금지한다는 원칙이다. 예를 들면, 적십자 표장을 사용해 군사작전을 숨기거나 전투요원이 민간인 신분인 것처럼 꾸미는 것 같이 보호 대상자를 위험에 빠뜨리는 전쟁방법을 금지하는 것이다.

지휘관은 임무완수를 위하여 자기의 의도나 행위를 감춤으로써 적으로 하여금 오판을 하도록 만들 수 있다. 그러나 허용되는 책략과 허용되지 않는 배신은 명확하게 구별되어야 한다.

배신의 정도에 이르지 않는 적으로 하여금 오판에 이르도록 하거나 부주의하게 행동하도록 만드는 것은 허용된다. 예를 들면 자연물이나 인공물에 의한 위장, 병력 과시, 시위나 위장작전, 역정보나 허위정보 등은 허용되는 책략이다.

진실을 말해야 할 도덕적 의무가 있는 경우에 고의적으로 거짓말을 하거나 인도주의 원칙에 입각하여 보호하고 있는 표시를 악용하는 배신행위는 허용되지 않는다.

다음과 같은 행위는 배신행위로 허용되지 않는다.

- 군사작전의 유리함을 위하여 적의 국기 및 표장, 군복을 사용하는 것이 금지된다.
- 중립국의 국기 및 표장, 제복을 사용하는 것이 금지된다.
- 특별한 보호를 받는 의료표시, 문화재 표시, 백기의 부당한 사용이 금지된다.
- 백기를 들고 협상하는 것처럼 위장하는 것이 금지된다.
- 민간인이나 비전투원으로 위장하는 것이 금지된다.
- 전투행위로부터 벗어나기 위하여 의무시설이나 의무수송 또는 민간인수송이나 포로수송으로 위장하거나 그들을 방패로 이용하는 것이 금지된다.

# 제 2 절 병역법

## 1. 총 칙

### 가. 용어의 정의

1) 징집 : 국가가 병역의무자에 대하여 현역에 복무할 의무를 부과하는 것을 말한다.
2) 소집 : 국가가 병역 의무자 중 예비역, 보충역 또는 제2국민역에 대하여 현역 복무의 군 복무 의무를 부과하는 것을 말한다.
3) 입영 : 병역의무자가 징집 · 소집 또는 지원에 의하여 군부대에 들어가는 것을 말한다.
4) 무관 후보생 : 현역의 사관생도, 사관 후보생, 준사관 후보생 및 부사관후보생과 제 1국민역의 사관 후보생 및 부사관 후보생을 말한다.
5) 고용주 : 병역의무자를 고용하는 근로기준법 적용을 받는 공 · 사기업체나 공 · 사단체의 장을 말한다.
6) 상근예비역 : 징집에 의하여 현역병으로 입영한 사람이 일정기간을 현역병으로 복무하고 예비역에 편입 된 후 향토방위와 이와 관련된 업무를 지원하기 위하여 소집되어 실역에 복무하는 사람을 말한다.
7) 공익근무요원 : 국가기관·지방자치단체·공공단체 또는 사회복지사업법 제34조의 규정에 의하여 설치된 사회복지시설의 공익목적 수행에 필요한 경비 · 감시 · 보호 · 봉사 또는 행정업무 등의 지원과 예술 · 체육의 육성 또는 국제협력을 위하여 소집되어 공익분야에 복무하는 사람을 말한다.
8) 징병검사전담의사 : 의사 또는 치과의사의 자격을 가진 사람으로서 징병전담의사로 편입되어 신체검사 업무 등에 종사하는 사람을 말한다.
9) 전문연구요원 : 학문과 기술의 연구를 위하여 제36조의 규정에 의하여 전문연구요원으로 편입하여 해당 전문분야의 연구업무에 종사하는 사람을 말한다.

## 나. 병역의무

1) 대한민국 국민인 남자는 헌법과 이 법이 정하는 바에 따라 병역의무를 성실히 수행하여야 한다. 여자는 지원에 의하여 현역에 한하여 복무할 수 있다.
2) 이 법에 의하지 아니하고는 병역의무에 대한 특례를 규정할 수 없다.
3) 병역 의무자로서 6년 이상의 징역 또는 금고의 형을 선고받은 사람은 병역에 복무할 수 없으며 병적에서 제적된다.

## 다. 병역의 종류

1) 다음 각호와 같이 현역 · 예비역 · 보충역 · 제1국민역 및 제2국민역으로 구분한다. 〈개정 1994.12.31. 1997.1.13. 1999.2.5. 2000.12.26〉
   가) 현역 : 징집 또는 지원에 의하여 입영한 병과 이 법 또는 군인사법에 의하여 현역으로 임용된 장교 · 준사관 · 부사관 및 무관 후보생
   나) 예비역 : 현역을 마친 사람, 기타 병역법에 의하여 예비역에 편입된 사람
   다) 보충역 : 징병검사를 받아 현역복무를 할 수 있다고 판정된 사람 중에서 병력수급사정에 의하여 현역병입영대상자로 결정되지 아니한 사람과 공익근무요원 공중보건의사 · 징병진담의사 · 국제협력의사 · 공익법무관 · 전문연구요원 · 산업기능요원으로 복무 또는 의무 종사하고 있거나 그 복무 또는 의무종사를 마친 사람. 기타 이 법에 의하여 보충역에 편입된 사람
   라) 제 1 국민역 : 병역의무자로서 현역 · 예비역 · 보충역 또는 제2 국민역이 아닌 사람
   마) 제 2 국민역 : 징병검사 또는 신체검사 결과 현역 또는 보충의 복무를 할 수 없으나 전시근로소집에 의한 군사지원업무는 감당할 수 있다고 결정된 사람. 기타 이 법에 의하여 제 2 국민역에 편입된 사람
2) 예비역에 편입된 사람은 예비역의 장교 · 준사관 · 부사관 또는 병으로. 보충역에 편입된 사람은 보충역의 장교 · 준사관 · 부사관 또는 병으로. 제 2 국민역에 편입된 사람은 제 2국민역의 부사관 또는 병으로 구분한다.
3) 병역 의무자는 각각 그 병역의 병적에 편입되며, 병적관리에 관하여 필요한 사항은 대통령령으로 정한다.

## 2. 병역의무의 부과

### 가. 제 1 국민역 편입(병역법 제 8조)

1) 대한민국 국민인 남자는 18세부터 제 1 국민역에 편입된다.
2) 행정자치부장관은 매년 18세가 되는 남자에 대하여 제 1 국민역 편입자의 조사에 필요한 주민등록 전산자료를 병무청장에게 통보하여야 한다.
3) 제 1 국민역 편입자의 조사에 관하여 필요한 사항은 병무청장이 정한다.

### 나. 징병검사

#### 1) 징병검사대상자의 조사

가) 지방병무청장은 매년 다음해에 제 11조의 규정에 의한 징병검사를 받아야 할 사람을 조사하고, 병적부 등 필요한 서류를 작성하여 징병검사를 받게 하여야 한다. 명백한 주민등록기재의 착오가 있는 사람 또는 주민등록이 정정된 사람으로서 징병검사를 받아야 할 사람에 대하여도 또한 같다.

나) 징병검사대상자의 조사 및 병적부등 작성에 관하여 필요한 사항은 병무청장이 정한다.

#### 2) 징병검사 절차

가) 병역의무자는 19세가 되는 해에 병역을 감당할 수 있는지의 여부를 판정 받기 위하여 지방병무청장이 지정하는 일시 및 장소에서 징병검사를 받아야 한다. 다만, 군 소요와 병역 자원의 수급 등을 고려하여 19세가 되는 사람의 일부는 20세가 되는 해에 징병검사를 받게 할 수 있다 〈개정 1999.2.5. 2000.12.26〉

나) 징병검사를 받아야 할 사람이 이를 받지 아니하거나 징병검사가 연기된 사람으로서 그 연기사유가 소멸되는 사람은 그 해 또는 그 다음해에 징병검사를 받아야 한다.

다) 징병검사는 신체검사 외에 필요한 경우에는 인성검사 등을 실시할 수 있다.

라) 신체검사는 외과·내과 등 신체의 모든 부위를 검사하여야 하며, 필요한 경우에는 임상병리검사·방사선촬영 등을 할 수 있다.

### 3) 신체등위의 판정

신체검사를 한 징병전담의사 또는 군의관은 다음 각 호와 같이 신체등위를 판정한다.

가) 신체가 건강하여 현역 또는 보충역복무를 할 수 있는 사람은 체격과 건강의 정도에 따라 1급 · 2급 · 3급 또는 4급

나) 현역 또는 보충역 복무는 할 수 없으나 제 2 국민역 복무는 할 수 있는 사람은 5급

다) 질병 또는 심신장애로 병역을 감당할 수 없는 사람은 6급

라) 질병 또는 심신장애로 제1호 내지 제3호의 판정이 어려운 사람은 7급

바) 신체등위판정의 정확성을 심의하기 위하여 병무청과 지방병무청에 신체등위판정심의위원회를 둘 수 있다.

바) 지방 병무청장은 7급 판정을 받은 사람에 대하여는 치유 기간을 감안하여 다시 신체검사를 받게 하여야 한다. 이 경우 다시 신체검사를 받게 할 수 있는 기간은 신체검사결과 7급 판정을 받은 날부터 1년을 초과할 수 없다.

### 4) 적성의 분류·결정

가) 지방병무청장은 신체검사결과 신체등위가 1급 내지 4급으로 판정된 사람에 대하여는 자격 · 면허 · 전공분야 등을 고려하여 군복무에 필요한 적성을 분류 · 결정하고, 각 군 참모총장은 적성에 적합한 병종을 부여한다.

나) 적성의 분류 · 결정 등에 관하여 필요한 사항은 대통령령으로 정한다.

### 5) 병역처분

지방병무청장은 징병검사를 받은 사람(군병원에서 신체검사를 받은 사람은 포함한다)에 대하여 다음 각호와 같이 병역처분을 한다.

가) 신체등위가 1급 내지 4급인 사람은 학력 · 역량 등 자질을 감안하여 현역병입영대상자 · 보충역 또는 제 2 국민역

나) 신체등위가 5급인 사람은 제 2 국민역

다) 신체등위가 6급인 사람은 병역면제

라) 신체등위가 7급인 사람은 재신체검사

마) 재신체검사의 처분을 받은 사람으로서 규정에 의하여 다시 신체검사를 받아도 신체등위가 7급으로 판정된 사람은 대통령령이 정하는 바에 따라 제 2 국민역으로 처분한다.

바) 병무청장은 병역자원의 수급, 입영계획의 변경 등에 따라 필요한 경우에는 병역 처분된 사람 중 현역병 입영대상자를 보충역으로 병역처분을 변경할 수 있다.

## 다. 현역병 징집 순서의 결정

1) 지방병무청장은 징병검사결과 현역병 입영 대상자로 처분한 사람에 대하여 시((구)가 설치되지 아니한 시를 말한다)·군·구별로 징집순서를 정한다.
2) 징집순서결정의 기준은 신체등위·학력·연령 등 자질을 감안하여 병무청장이 정한다.

## 라. 현역병 입영

1) 지방병무청장은 현역병징집순서가 결정된 사람에 대하여는 징병검사를 받은 해 또는 그 다음해에 입영하게 하되, 입영시기를 정함에 있어서는 군별·적성별로 입영할 사람 간에 자질의 균형이 유지되도록 하여야 한다.
2) 병무청장은 현역병입영이 연기된 사람으로서 그 사유가 소멸되는 사람 등 대통령령이 정하는 사람에 대하여는 제1항의 규정에 불구하고 지방병무청장으로 하여금 입영하게 할 수 있다.

## 마. 현역의 복무

1) 현역은 입영한 날부터 군부대에서 복무한다. 다만, 국방부장관이 허가한 사람은 군부대 밖에서 거주할 수 있다.

2) 현역병(지원에 의하지 아니하고 임용된 하사를 포함)의 복무기간

가) 육군 : 21개월
나) 해군 : 23개월, 공군 : 24개월. 다만, 해군의 해병의 경우는 2년
다) 현역병이 징역 · 금고 · 구류의 형이나 영창처분을 받은 경우 또는 복무를 이탈한 경우에는 그 형의 집행일수, 영창일수 도는 복무이탈일수는 현역복무기간에 산입하지 아니한다.
라) 현역병이 형사사건으로 구속 중에 복무기간이 만료되는 경우에는 불기소처분 또는 재판 등으로 석방된 후 전역조치에 필요한 때까지 전역을 보류할 수 있다.

### 바. 현역 복무기간의 조정

1) 국방부장관은 현역의 복무기간을 다음과 같이 조정할 수 있다.
   가) 전시·사변 또는 이에 준하는 사태나 군부대의 증편·창설 등 국방상 필요한 경우 국무회의의 심의를 거쳐 대통령의 승인을 얻어 1년의 기간 내에서 연장
   나) 항해 중이거나 외국에서 복무중인 경우, 중요한 작전이나 연습중이 경우 또는 특별한 사열의 거행을 위하여 필요한 경우 3월의 기간내에서의 연장
   다) 정원 또는 병원 조정이 필요한 경우 6월의 기간 내에서의 단축
   라) 국방부장관은 복무기간을 연장하고자 할 때에는 그 기간과 사유를 본인에게 통지하여야 하며, 연장사유가 해소된 때에는 즉시 복무기간연장조치를 해제하여야 한다.
   마) 국방부 장관은 복무기간의 연장 및 해제에 관한 권한을 각 군 참모총장에게 위임할 수 있다.

### 사. 학생군사교육 및 의무장교 등의 병적 편입

1) 고등학교 이상의 학교에 재학하는 학생에 대하여는 대통령령이 정하는 바에 따라 일반군사교육을 실시 할 수 있으며, 그 군사교육을 받은 사람에 대하여는 현역병 또는 공익근무요원의 복무기간을 단축할 수 있다.
2) 고등학교 이상의 학교에 학생군사교육단 사관후보생 또는 부사관후보생과정을 둘 수 있으며 그 과정을 마친 사람은 현역의 장교 또는 부사관의 병적에 편입할 수 있다.

### 아. 지방병무청장은 징병검사대상자로서 당해 해당하는 사람에 대하여는 징병검사를 연기할 수 있다

1) 국외를 왕래하는 선박의 선원
2) 국외에 체재 또는 거주하고 있는 사람
3) 범죄로 인하여 구속되거나 형의 집행중에 있는 사람

### 자. 지방병무청장은 징병검사를 받은 사람으로서 다음에 사람에 대하여는 징집 또는 소집을 연기할 수 있다.

1) 고등학교 이상의 학교에 재학중인 학생
2) 연수기관에서 소정의 과정을 이수 중에 있는 사람
3) 국위선양을 위한 체육 분야 우수자

### 차. 입영기일 등의 연기

1) 징병검사 · 징집(모집을 포함) 또는 소집통지서를 받은 사람 또는 받을 사람으로서 질병 · 심신장애 · 재난 등의 사유로 그 의무이행기일에 이를 이행하기 어려운 사람에 대하여는 원에 의하여 그 기일을 연기할 수 있다 다만, 재난 등 대통령령이 정하는 사유로 입영기일 등의 연기원서의 제출이 곤란한 경우에는 지방병무청장이 직권으로 그 기일을 연기할 수 있다.
2) 의무이행기일이 연기된 사람에 대하여는 다시 기일을 정하여 통지서를 송달하여야 한다. 다만, 징집 또는 소집통지서를 받은 사람이나 받을 사람으로서 질병 또는 심신장애로 그 병역을 감당할 수 없다고 인정되는 사람에 대하여는 신체검사를 받게 하여 병역처분을 변경할 수 있다.

### 카. 복학보장

고등학교이상의 학교의 장은 징집 · 소집 또는 지원에 의하여 입영하거나 소집 등에 의한 보충역 복무를 하는 학생에 대하여는 입영 또는 복무와 동시에 휴학하게 하고, 그 복무를 마친 때에는 원에 의하여 복학시켜야 한다. 등록기간이 지난 때에도 학사일정에 지장이 없는 사람에 대하여는 원에 의하여 복학 시켜야 한다.

### 타. 복직 보장 등

1) 국가기관, 지방자치단체의 장 또는 고용주는 소속공무원 또는 임 · 직원이 징집 · 소집 또는 지원에 의하여 입영하거나 소집 등에 의한 보충역 복무(당해 기관 등에서 해직하면서 보충역복무를 하는 사람은 제외한다)를 하게 된 때에는 휴직하게 하고, 그 복무를 마친 때에는 복직시켜야 한다. 다만, 그 공무원 또는 임 · 직원이 복무중 범죄행위로 인하여 제적 · 전역 또는 소집 해제된 때에는 그러하지 아니한다.

2) 국가기관, 지방자치단체의 장 또는 고용주는 제1항의 규정에 의하여 휴직된 사람에 대하여는 그 승진에 있어 의무복무기간을 실제근무기간으로 산정 하여야 하며, 군 또는 의무복무기관에서 지급하는 보수와 입영 또는 소집등에 의한 보충역 복무전 보수와의 차액의 범위 안에서 상당한 보수를 지급할 수 있다. 다만, 소집등에 의한 보충역의 의무복무기간을 마친 사람의 의무복무기간을 실제근무기간으로 산정하여야 할 기간은 징집에 의하여 입영한 육군 현역병의 복무기간의 범위 내에서 대통령령으로 정한다.
3) 국가기관, 지방자치단체의 장 또는 고용주는 공무원 또는 임·직원의 임용·채용 및 승진에 있어 징집·소집 등 병역의무를 이행할 것, 이행하고 있는 것(재직하면서 보충역복무를 하는 사람에 한한다) 또는 이행하였던 것을 이유로 불이익한 처우를 하지 못한다.

### 파. 보장 및 가료

1) 군복무(징집 또는 소집되어 관계공무원의 인솔하에 집단수송중인 경우를 포함한다) 중 전사·순직한 사람의 유족과 전상·공상 또는 공무상 질병으로 인하여 전역되거나 병역이 면제된 사람 및 그 가족은 국가유공자 등 예우 및 지원에 관한 법률이 정하는 바에 따라 보상을 받을 수 있다.
2) 공익근무요원으로 복무중 순직한 사람(공상 또는 공무상 질병으로 사망한 사람을 포함한다. 이하 같다)의 유족과 공상 또는 공무상 질병으로 인하여 제2국민역에 편입되거나 병역이 면제된 사람 및 그 가족에 대하여는 국가유공자 등 예우 및 지원에 관한 법률에 의한 보상을 행한다. 이 경우 보상대상자의 해당요건과 그 확인·결정에 관하여 필요한 사항은 대통령령으로 정한다.
3) 순직한 사람의 유족은 국가유공자등예우및지원에관한법률에 의한 순직군경의 유족으로 보고, 공상 또는 공무상 질병으로 인하여 제 2 국민역에 편입되거나 병역이 면제된 사람 및 그 가족은 공상군경과 그 가족으로 본다.
4) 공익근무요원으로 복무중 질병에 걸리거나 부상한 사람에 대하여는 대통령령이 정하는 바에 따라 국가·지방자치단체 또는 민간의 의료시설에서 가료한다.
5) 학생군사교육 중 군 군사교육이 직접 원인이 되어 사망하거나 부상한 사람에 대하여는 위 규정을 준용한다.

## 3. 병역 의무 불이행자에 대한 제재

가. 국가기관, 지방자치단체의 장 또는 고용주는 다음에 해당하는 사람을 공무원 또는 임·직원으로 임용 또는 채용할 수 없으며, 재직중인 경우에는 해직하여야 한다.

1) 징병검사를 기피하고 있는 사람
2) 징집 · 소집을 기피하고 있는 사람
3) 군복무 및 공익근무요원복무를 이탈하고 있는 사람

나. 국기가관 또는 지방자치단체의 장은 위에 해당하는 사람에 대하여는 각종 관허업의 특허 · 허가 · 인가 · 면허 · 등록 또는 지정등을 하여서는 아니되며, 이미 이를 받은 사람에 대하여는 취소하여야 한다.

다. 규정에 의한 허가를 받지 아니하고 출국한 사람, 국외에 채류하고 있는 사람 또는 정당한 사유 없이 허가된 기간내에 귀국하지 아니한 사람에 대하여는 40세까지 위 규정을 준용한다. 다만, 귀국하여 병역의무를 마친 때에는 그리하지 아니하다.

## 4. 전시 특례

가. 국방부장관은 전시 · 사변이나 동원령이 전포된 때 또는 국방상 필요한 경우에는 다음 각호의 조치를 할 수 있다.

1) 현역병 복무기간의 연장
2) 상근예비역 소집대상자의 전역정지 및 상근예비역으로 소집된 사람의 현역병으로의 전환
3) 교정시설경비교도 · 전투경찰대원 및 의무소방원으로의 전환복무의 정지 또는 해제
4) 공중보건의사 · 국제협력의사 또는 공익법무관의 편입의 정지 및 병력 동원 소집 대상으로의 전환
5) 기간산업체중 수산업 및 해운업분야의 산업기능요원으로서 의무종사기간을 마친 사람중 40세 이하의 사람에 대한 예비역장교 또는 부사관 병적에의 편입

6) 의무 · 법무 · 군종 분야의 자격을 가진 40세 이하의 사람에 대한 예비역장교 병적에의 편입
7) 병역처분변경 및 제적의 정지

### 나. 병무청장 조치사항

1) 병역의무부과통지서의 송달방법을 신문·텔레비전 또는 라디오에 의한 공고의 방법으로 갈음하는 행위
2) 징병검사 연령의 변경
3) 공익근무요원 · 전문연구요원 및 산업기능요원의 소집 또는 편입의 정지
4) 전문연구요원 또는 산업기능요원인 보충역중 규정에 의한 교육소집을 받지 아니한 사람의 현역병 입영 대상으로의, 교육소집을 마친 사람은 병력 동원 소집 대상으로의 전환
5) 징병검사 연기 및 징집 · 소집 연기의 정지
6) 거주지 이동 신고기간의 7일이내로의 단축
7) 18세 내지 30세의 사람에 대한 국외여행 허가 대상자로의 변경
8) 징병검사 및 현역병 입영 의무의 35세까지의 연장
9) 국외 체제중인 병역 의무자에 대한 귀국 명령
10) 지방병무청장은 전시 · 사변 또는 동원령이 선포된 때에는 병력동원 등 전시 지원업무에 관하여 특별시장 · 광역시장 또는 도지사에게 협조금을 요구할 수 있으며, 협조 요구를 받은 시 · 도지사는 이를 우선 지원하여야 한다.

# 제 3 절 군인복무규율

## 1. 총 칙

이 장(章)은 이 영(令)의 제정목적과 이 영에서 사용되는 핵심적인 용어에 대한 정의(定義) 그리고 이 영의 적용을 받는 대상 등을 규정하고 있다.

### 가. 목 적

> 제1조(목적) 이 영은 군인사법 제47조의2 규정에 의하여 군인의 복무 기타 병영생활에 관한 기본사항을 규정함을 목적으로 한다.

군인의 복무상의 규범을 규정함을 우선해서 강조하여 이 영의 명칭에 합당하게 그 목적을 설정한 것이다. 또한, 군인복무규율은 상위법인 군인사법에 근거를 두고 있으므로 그 근거법 조항을 명시하였다.

### 나. 정 의

> 제2조(정의) 이 영에서 사용하는 용어의 정의는 다음과 같다.
> 1. "병영생활"이라 함은 내무생활 · 근무 · 교육훈련 기타 병영을 중심으로 이루어지는 모든 활동을 말한다.
> 2. "내무생활"이라 함은 영내 거주의무가 있는 군인의 내무실을 중심으로 이루어지는 일상 활동을 말한다.
> 3. "지휘관"이라 함은 중대이상의 단위부대의 장과 함정 또는 항공기를 지휘하는 자를 말한다.
> 4. "상관"이라 함은 명령복종관계에 있는 자 사이에서 명령권을 가진 자를 말한다.
> 5. "전쟁법"이라 함은 무력충돌 행위에 관련된 모든 국제법 중에서 대한민국이 당사자로서 가입한 조약과 일반적으로 승인된 국제법규를 말한다.

「**병영생활**」 : "병영"이란 부대가 주둔하는 주둔지나 기지를 말하며, "병영생활"(兵營生活)이란 교육훈련, 내무생활, 근무 등 병영을 중심으로 이루어지는 군인의 모든 활동을 말한다. 그러나 작전출동이나 야외훈련 등으로 야외에서 활동하거나 휴가, 외출 · 외박, 출장, 퇴근 등으로 영외에서 활동하는 것은 병영생활의 범주에 속하지 않는다.

「**내무생활**」 : “내무생활”(內務生活)이란 영내 거주의무가 있는 군인의 기거(起居) 생활 및 이와 관련되는 일상 활동을 말한다. 그리고 이런 내무생활은 주로 일정한 장소 즉 영내 거주의무가 있는 군인이 생활하는 방(房)인 내무실(內務室)을 중심으로 이루어진다. 기상, 점호, 청소 및 내무정돈, 휴식 및 오락, 취침 등이 여기에 속한다. 내무생활 대상자는 국방부장관이 정하는 바에 따른다.

군인이 병영생활 및 내무생활을 함에 있어 명령복종관계에서 명령권과 직결되어 사용되는 지휘관 및 상관의 용어개념을 상위법인 군형법 제2조(용어의 정의)에 근거하였다. 명령-복종관계란 명령을 내릴 권한이 있는 자 즉 상관(上官) 및 지휘관과 명령을 받아 이를 이행할 의무가 있는 자 즉 부하(部下)의 관계를 말한다.

군인의 의무조항에 전쟁법 준수의 의무(제10조의2)를 신설함에 따라 “전쟁법”의 정의를 신설하였다.

### 다. 적용범위

| 제3조(적용범위) 이 영은 현역에 복무하는 장교 · 준사관 · 부사관 · 병과 사관생도 · 사관후보생 · 부사관후보생 및 소집되어 군에 복무하는 예비역 · 보충역인 군인에게 적용한다. |
|---|

이 영은 군인사법 제47조의2에 근거하여 제정되었기 때문에 그 적용범위를 군인사법 제2조(적용범위)와 일치시켰다.

## 2. 강 령

이 장은 국군이 지향할 이념과 사명을 규정함과 동시에 군인이 복무함에 있어서 마음속에 새겨 지녀야 할 정신적 태도와 행동규준(規準) 가운데 핵심적인 것을 골라 이를 장병들이 암기하기에 용이하도록 서술한 것이다.

| 제4조(강령) 군인의 복무상의 강령은 다음과 같다 |
|---|

"강령"(綱領)이란 '일의 으뜸 되는 줄거리 즉 일반적 원칙'이라는 뜻과 '정당 등 단체의 입장 · 목적 · 계획 · 방침 또는 운동의 순서 · 규범' 등을 요약하여 열거한 것이라는 두 가지 뜻을 가지며, 이 영에서 "강령"이란 이 두 가지 뜻을 다 함축한다 하겠다. 따라서 「복무상의 강령」이란 군인이 복무상 지켜야 할 군대의 규범 가운데 으뜸 되는 줄거리라고 말할 수 있다. 이 영 제정 당시 "강령"이라는 낱말보다 더 적절한 용어가 없느냐 해서 "규범"이니 "윤리"등과 같은 용어를 놓고 검토해 보았으나, 역시 "강령"이라는 용어만큼 품고 있는 내용을 잘 나타내지 못하다는 중론(衆論)에 따라 "강령"이라고 했다.[4)]

## 가. 국군의 이념(理念)

> 제4조 1. 국군의 이념
> 국군은 국민의 군대로서 국가를 방위하고 자유민주주의를 수호하며 조국의 통일에 이바지함을 그 이념으로 한다.

국군의 이념은 헌법의 기본정신에 따라 국군이 존재하는 의의와 추구하는 가치를 명시하는 군 이념교육(理念敎育)의 지표(指標)로서 국군의 기본성격을 규정한 것이다.

이렇게 함으로써 특정계급의 이익만을 옹호하는 군의 계급성과 노동당의 혁명적 무장력으로 자처하는 당성, 공산주의와 공산혁명의 전취물을 보위하기 위한 이데올로기성, 그리고 유일사상으로 무장하고 특정 개인의 사병(私兵)인 북한 공산군과 그 기본성격을 달리하고 있음을 천명함으로써 국군의 정통성을 확보하기 위한 것이다.[5)]

「**국군은**」 : "국군"이란 대한민국 군대를 말한다. 군대란 반드시 국적(國籍)을 가지고 있으며, 따라서 나라와 운명을 같이 한다. 일제(日帝)가 우리나라를 빼앗았을 때 우리나라의 군대도 없어졌던 것이나, 그 후 조국의 광복으로 우리 국군이 다시 태어났던 것을 보더라도 우리 국군은 조국 대한민국과 그 운명을 함께 하고 있음을 알 수 있다.

4) 李在田(將軍), 軍人服務規律 制定經緯 및 解說(육군본부, 1967), 23면 참조
5) 『조선민주주의 인민공화국의 무장력의 사명은 노동자, 농민을 비롯한 전 근로 인민의 이익을 옹호하며, 사회주의 제도와 혁명의 전취물을 보위하며, 조국의 자유와 독립과 평화를 지키는 데 있다.』 (북한 헌법 제14조)

우리 국군은 유구한 역사에 빛나는 국가, 국민이 나라의 주인인 국가, 자유민주적 기본질서를 추구하는 국가, 민족의 번영과 통일을 지향하는 국가, 국제평화주의를 신봉하는 국가인 대한민국의 군대인 것이다. 국군은 이와 같은 숭고한 국가이념을 그 정신적 기반으로 하고 오직 조국 대한민국에 충성을 다하는 군대가 되어야 한다.

「**국민의 군대로서**」: 국군은 국민의 자제(子弟)로 이루어진 국민의 군대인 것이다. 헌법 제39조에는「모든 국민은 법률이 정하는 바에 의하여 국방의 의무를 진다.」고 명시되어 있다. 이 조문은 첫째, 모든 국민은 국방의 의무를 진다는 국민개병제(國民皆兵制)의 채택을 뜻하고 둘째, 강제징용과 같은 방법으로 멋대로 누구나 불러다가 군인으로 만드는 것이 아니라 법률이 정하는 바에 따라 군복무 의무를 부과한다는 법치주의(法治主義)의 채택을 뜻한다. 전자를 광의의 국방의무라 하고 후자를 협의의 국방의무라 할 수 있다. 따라서, 국군은 국방의 의무를 짊어지고 있는 국민으로 구성된「국민의 군대」라 할 수 있다.

"국민의 군대"라는 말이 자명하고 당연하게 보일지 모르지만 그렇지가 않다. 우리 역사상 국민이 나라의 주인이 됨으로써 비로소 국민의 군대가 탄생했으니 그 역사는 불과 60여년 밖에 되지 않는다. 그 이전에는 왕조(王朝)의 군대에 불과했던 것이다. 군대가 먼저 발달한 서구에서도 프랑스 혁명 이후에야 비로소 군대가 국민적 성격을 띠게 되었다.

"국민의 군대"라는 말은 또한 국군이 특정계급이나 특정인을 위해 존재하는 군대가 아니라 오직 국민을 위해 존재하는 군대라는 뜻을 담고 있다. 이렇게 볼 때 천황(天皇)을 위한 구일본군이나 조선 노동당과 김정일을 위한 북한 공산군과는 그 기본성격부터 다르다. 북한군이 매일 같이 암송하는『군인의 일반의무』에는「당의 유일사상과 김정일의 혁명사상으로 무장하여 혁명화로 계급화 하며, 김정일의 교시와 당 정책을 무조건 옹호 관철한다.」고 되어 있음을 볼 때 북한군의 국민적 성격은 어디서도 찾아 볼 수 없다.

「**국가를 방위하고**」: 외부의 침략으로부터 나라를 지키는 것이 군대의 본연의 존재목적인 것이다. 이것은 어느 나라 군대이든지 마찬가지이다. 그런데 왜 새삼스럽게 이를 국군의 이념으로 설정했는지 그 이유를 생각해 볼 필요가 있다. 그 이유는 첫째, 국군은 공산국가의 군대처럼 특정한 이데올로기를 구현하기 위해 폭력혁명을 일삼거나 이를 수출하는 군대도 아니고, 그렇다고 봉건시대의 군대처럼 왕이나 왕실을 지키기 위한 군대도 아니며, 자국의 이익을 위해 남의 나라를 침략하기 위한 군대도 아님을 밝히기 위한 것이다. 둘째, 우리가 남을 침략하지는 않더라도 남의 침략이나 도발을 받았을 때는 이를 격퇴시켜 나라를 지켜야 하며, 이를 위한 전쟁은 불사(不辭)한다는 뜻을 나타내기 위한 것이다. 셋째, 국군은 국가방위의 본연의 임무에만 전념해야 한다는 것을 강조하기 위해서이다. 이렇게 함으로써 국가방위 이외의 분야에는 정당한 이유 없이 관여하지 않겠다는 뜻을 간접적으로 나타내고 있다.

「**자유민주주의를 수호하며**」 : 우리나라는 자유민주주의 국가인 것이다. 따라서 국가를 방위한다 함은 국토와 국민은 물론 우리나라의 기본이념과 체제까지도 지킨다는 뜻도 포함한다. 그리고 지킨다는 것은 이를 위협하는 세력이 존재함을 전제하고 있다. 그렇다면 우리의 자유민주주의 이념과 체제를 부정하고 파괴하려는 세력은 누구인가? 오늘의 현실에서 볼 때 북한 공산집단과 그들에 동조하는 세력인 것이다. 어떤 명분을 내걸든지 폭력혁명(暴力革命)과 파괴를 지향하는 이데올로기나 이를 신봉하는 집단은 자유민주주의의 적인 것이다. 개인의 사생활과 자유를 광범위하게 통제하고 억압하는 독재체제도 자유민주주의의 적인 것이다. 비타협 투쟁과 폭력으로 문제를 해결하려는 급진주의적(急進主義的) 투쟁노선도 자유민주주의를 위협하는 요소인 것이다.  결국 국군은 이들 위협 세력으로부터 자유 민주주의를 수호함을 그 이념적 가치로 삼는다.

「**조국의 통일에 이바지함을 그 이념으로 한다.**」 : 헌법 제4조는 「대한민국은 통일을 지향하며, 자유민주적 기본질서에 입각한 평화적 통일정책을 수립하고 이를 추진한다.」라고 규정하고 있다. 따라서 통일은 국가 목표이자 사명이라는 사실과 통일은 무력적 방법이 아닌 평화적 방법으로 이루어져야 하며 통일 후 체제는 자유민주적이어야 함을 알 수 있다.

무력을 사용하지 않고 평화적 방법으로 통일을 이루려고 한다면 우리 군은 어떤 기여를 할 수 있겠는가라는 의문이 생길 것이다. 우리 군이 조국의 평화적 통일에 기여할 수 있는 길은 첫째, 동족상잔의 전쟁이 이 땅에서 다시는 재발하지 않도록 전쟁억제태세(戰爭抑制態勢)를 갖추어 한반도에 평화를 정착시키고 둘째, 강력한 군사력으로 북한 공산집단의 무력적화통일(武力赤化統一) 야욕을 분쇄하며 셋째, 북한 공산집단으로 하여금 조국의 평화적 통일을 이루기 위한 대화와 협력의 자세로 나오도록 하는 것이다.

## 나. 국군의 사명(使命)

> 제4조 2. 국군의 사명
> 국군은 대한민국의 자유와 독립을 보전하고 국토를 방위하며, 국민의 생명과 재산을 보호하고 나아가 국제평화의 유지에 이바지함을 그 사명으로 한다.

국군의 이념이 건군(建軍)의 본 뜻, 곧 국군의 존재 목적이 무엇이며, 그 구성원은 누구냐 하는 국군의 기본성격을 제시한 것이라면, 국군의 사명은 그 이념을 토대로 하여 국군이 수행해야 할 임무를 규정한 것이다.[6)]

「**국군은 대한민국의 자유와 독립을 보전하며**」 : 국가란 (1)국가권력, 즉 주권(主權), (2)국민, (3)영역(영토)으로 구성된 조직화된 단체를 말한다. 따라서,「국가를 방위」한다는 것은 외부의 침략이나 간섭으로부터 국가의 주권과 국민 그리고 영토를 지킴을 의미한다.

국가의 주권이란 국가 의사를 전반적 · 최종적으로 결정하는 최고의 권력으로 대내적으로 최고이며, 대외적으로 독립된 것이다.

주권의 이와 같은 대외적인 독립성을 지키는 것은 국가의 자유와 독립을 보전하는 것과 같은 뜻을 갖는다. 주권이 빼앗긴, 자유와 독립이 없는 국가를 우리는 식민지국가(植民地國家) 또는 예속국가라고 한다. 따라서 국군의 일차적 사명은 독립국가의 군대로서 국가의 주권을 외부의 군사적 위협으로부터 보호하는 일이라 할 수 있을 것이다.

「**국토를 방위하고**」 : 국가는 본질적으로 일정한 영역(영토)을 기초로 하여 존립한다. 이 영역은 영토 · 영해 · 영공을 가리키는 것으로 통상 "국토"라고 칭한다. 국토는 국민들의 삶의 터전일 뿐만 아니라 국가권력이 영향을 미치는 공간적 범위와 외국의 국가권력이 영향을 미칠 수 없는 한계가 된다. 이처럼 국토는 국가존립의 기반이 되기 때문에 국토를 빼앗기면 곧 국가의 주권을 빼앗기는 것이 되며 국가통치권이 국민에 작용할 수 없게 된다. 따라서, 국토방위(國土防衛)는 국가방위(國家防衛)의 핵심적 내용이 되는 것이다. 우리가 일제(日帝)에 나라의 주권을 빼앗긴 것이나 우리 동포가 일제의 압제 하에서 권리를 박탈당하고 산 것 등은 일제의 군대가 우리 땅에 쳐들어오는 것을 막아내지 못했기 때문이다. 이렇게 볼 때 국토

6) 李在田(將軍), 전게서 26면 참조

방위란 곧 나라에 울타리나 담을 쌓아 외부의 침략을 막는 것에 비유된다. 군대를 국가의 간성(干城)이라고 하는 것도 바로 이를 두고 하는 말이다.

「**국민의 생명과 재산을 보호하며**」 : 국민을 지킨다는 것은 구체적으로 국민의 생명과 재산을 보호하는 것을 의미한다. 국민의 생명과 재산을 보호하는 것은 군대 이외에 경찰이 있다. 그러나, 그 방법이 다르다. 경찰은 치안(治安)을 유지하여 살인이나 절도를 막음으로써 국민의 생명과 재산을 보호하는 반면 군대는 전쟁을 막음으로써 국민의 생명과 재산을 보호한다. 이렇게 볼 때「국민의 생명과 재산을 보호한다.」는 말은 국민의 기본권을 존중하고 보호해 준다는 뜻과 국민의 생명과 재산을 위협으로부터 지켜준다는 뜻도 내포하고 있다.

전시가 아닌 평시에 가령 홍수나 태풍 또는 지진 등 천재지변(天災地變)을 당해 군 장비와 인력을 동원하여 인명을 구조하고 피해를 복구하는 대민활동(對民活動)도 국민의 생명과 재산을 보호하는 일이라 할 수 있다. 이렇게 적극적으로 국민의 생명과 재산을 지키는 일도 중요하지만 이에 못지않게 국민의 생명과 재산을 부당하게 침해하지 않도록 하는 것도 중요하다.

「**나아가 국제평화의 유지에 이바지함을 그 사명으로 한다.**」 : 헌법 전문(前文)은「밖으로는 항구적인 세계평화와 인류공영(人類共榮)에 이바지함으로써」라고 하고, 제5조제1항은「대한민국은 국제평화의 유지에 노력하고 침략적 전쟁을 부인한다.」고 하여 국제평화주의를 표방하고 있다. 국제평화는 주로 침략적 전쟁에 의해서 파괴되기 때문에 침략전쟁(侵略戰爭)의 부인(否認)이란 침략적 진쟁을 일으키지 않겠다는 의사표시와 침략적 전쟁을 당했을 때 이를 좌시하거나 묵인하지 않겠다는 의지표시를 동시에 나타낸 것이다. 따라서, 현행 헌법이 일체의 전쟁을 금지하는 것이 아니고 침략적 전쟁만을 부인하고 있을 뿐 외부로부터 긴박하고도 불법적인 공격을 받은 경우에 이를 격퇴하기 위한 자위전쟁(自衛戰爭)까지도 부인하고 있는 것이 아니다.

그러나, 우리는 우리나라의 자위에만 머물러 있을 수 없다. 오늘날과 같이 한 나라의 전쟁과 평화의 문제가 세계의 평화와 전쟁의 문제와 긴밀히 연결되어 있는 시대에 있어서 한반도(韓半島)의 평화는 동북아(東北亞)내지 세계평화와 직결되며 한 지역에서의 분쟁이 한반도의 평화에 직접 또는 간접으로 그 영향이 미침을 생각할 때 국제평화를 유지하는 것이 이 땅의 평화를 유지하는 일이 된다. 더욱이 대한민국은 유엔 회원국(會員國)으로서 국제평화를 유지하기 위한 우리 국군의 국제적 역할과 외국과의 군사협력체제는 한층 더 요구될 것이다.

### 다. 군인정신

> 제4조 3. 군인정신
> 군인정신은 전쟁의 승패를 좌우하는 필수적인 요소이다.
> 그러므로 군인은 명예를 존중하고, 투철한 충성심, 진정한 용기, 필승의 신념, 임전무퇴의 기상과 죽음을 무릅쓰고, 책임을 완수하는 숭고한 애국애족의 정신을 굳게 지녀야 한다.

이 호는 군인정신에 대한 정의(定義)와 그것의 중요성 그리고 군인정신을 이루는 요소들을 구체적으로 열거하고 있다.

「**군인정신은 전쟁의 승패를 좌우하는 필수적인 요소이다.**」 : 군인은 전시에는 전쟁을 해야 하고 전쟁이 없는 평시에는 전쟁에 대비하여 준비를 하여야 한다. 결국 군인의 직무는 궁극적으로 전쟁과 직접적으로나 간접적으로 연결되어 있다. 그런데 전쟁은 죽느냐 사느냐, 이기느냐 지느냐를 놓고 적대(敵對)관계에 있는 쌍방이 죽을힘을 다해서 싸우는 것이다.

게다가 전쟁이 벌어지는 장소인 전장(戰場)은 보통의 인간이 견뎌내기 어려운 악조건(惡條件)들로 가득 차 있으며, 이런 전장 환경은 결국 인간능력의 한계를 시험하는 극한상황(極限狀況)이라 할 수 있다. 따라서 군인에게는 이런 상황을 극복할 수 있는 특별한 정신이 요구되는 것이다. 왜냐하면 “과학의 발달에도 불구하고 전쟁에 있어서의 성공은 인간에 의하여 결정된다. 인간은 전장에 있어서 본질적 요소로 존속한다.”고 할 수 있기 때문이다.[7] 전장은 인간 의지력(意志力)의 대결장이다. 따라서 불굴의 의지력, 생사를 초월한 용감성, 책임감, 충성심 등 군인의 정신자세는 곧 전쟁의 승패를 판가름하는 핵심적인 요소가 되는 것이다.

「**그러므로 군인은 명예를 존중하고**」 : “명예를 존중한다.”는 것은 돈이나 명성 혹은 생명 등 세속적인 가치들 보다 명예를 소중하게 여긴다는 의미로 해석될 수 있다. 그래서 명예와 세속적 가치 가운데 하나를 선택해야 할 경우에 군인은 단연코 세속적 가치를 버리고 명예를 추구해야 한다. 그렇지 않고 세속적 가치를 우선적으로 추구할 때 그는 군인으로서 명예롭지 못하게 되며 따라서 군인으로서의 생명(육체적 생명은 아니지만)을 잃게 된다.

---

7) 李在田(將軍), 전게서 29면 참조

"군인은 명예를 존중한다."는 것은 또한 "군인은 군 복무에 긍지를 가져야 한다."는 의미로도 해석될 수 있다. 따라서, 의무복무 군인은 신성한 국방의 의무를 수행하고 있다는 긍지를 지니며, 장기복무 직업군인들은 군 직업에 대한 보람과 자기 직무에 대한 애착심과 자부심을 지녀야 한다.

「**투철한 충성심**」: "조국에 몸과 마음을 바치는 것"을 충성이라고 할 때 여기에는 두 가지 의미가 들어 있다. 그 하나는 "군인은 자기의 모든 것 심지어 목숨까지도 바쳐 국가에 봉사해야 한다는 희생과 헌신의 정신"을, 다른 하나는 "오직 국가와 민족을 위해 이런 희생을 치룬다는 애국애족의 정신"을 나타낸 것이다. 이 두 가지 의미는 "나라를 위해 몸 바치는 것이 군인이 마땅히 행하여야 할 직분"이라는 안중근 의사의 "위국헌신 군인본분(爲國獻身 軍人本分)"의 가르침으로 수렴된다.

충성심은 "국가에 대한 충성심" 외에 "부대에 대한 충성심", "상관에 대한 충성심", "부하에 대한 충성심", "직무에 대한 충성심"심지어 "자기 자신에 대한 충성심" 등 그 내용은 다양할지라도 변치 않는 마음, 정성을 다하려는 마음, 성실하고 진실한 마음만은 공통적이다.

그런데, 군인의 충성심은 왜 투철해야 하는가? 그 이유는 군인의 충성심이 투철하지 못하면 어려운 난관이나 불리한 여건에 봉착할 경우 쉽게 변절(變節)할 가능성이 있기 때문이다. 예를 들면 전세(戰勢)가 불리해지면 적에게 투항해 버리거나 포로가 되어 아군의 정보를 폭로하고 국가와 동료를 배신하는 변절자가 되는 것은 충성심이 투철하지 못하기 때문인 것이다. 충성심은 적당한 정도가 없다. 충성심이 없거나 투철하거나 양자 중에 하나인 것이다.

「**진정한 용기**」: 생명의 위험과 공포심이 따르는 전투에서 승리하기 위해서는 무엇보다도 용기가 필요하다. 그래서 용기야말로 군인이 갖추어야 할 필수적 자질인 것이다. 용기에는 두 가지 종류가 있는데 그 하나는 "위험에 직면했을 때 이에 대처하는 육체적 용기"가 있으며, 다른 하나는 "자신에게 주어진 책무를 양심에 입각해서 수행하는 도덕적 용기"가 있다.

개인이 위험에 처했을 때 발휘하는 용기에도 두 가지 종류가 있다. 첫째는 "위험에 대하여 태연할 수 있는 용기"이며, 둘째는 "명예심이나 자부심, 애국심이나 책임감 등 여러 가지 적극적 동기에 기인하는 용기"인 것이다.

용기에는 진정한 용기가 있고 만용(蠻勇)이 있다. 평소에 까닭 없이 싸우기를 좋아하는 자는 정말 생명을 걸고 싸워야 하는 전장에서는 비겁한 본성을 드러내는 것이 통상이다. 참된 용기의 소유자는 허장성세(虛張聲勢)로써 큰 소리를 치거나 까닭 없이 다투는 것은 삼가되 전투에 임하여서는 두려워함이 없이 생사를 초월하여 자기의 임무를 수행하는 사람이다.

「**필승의 신념**」: 승패의 결과가 삶과 죽음으로 갈리고 불확실한 상황과 무수한 난관 속에서 전투를 해야 하는 군인에게 있어서는 무엇보다도 승리에 대한 확신이 앞서야 한다. "현명한 군인은 이긴 후에 전쟁을 걸고 그렇지 못한 군인은 싸움을 걸고 나서 승리를 구한다."는 격언은 전투준비의 중요성과 함께 전투에 임함에 있어서 필승의 신념이야말로 승리의 필수적 요소임을 지적하고 있다. 필승의 신념은 따라서 승리의 첫 걸음이다. 전투는 물론 사소한 운동경기에 있어서도 필승의 신념이 없이는 이기기 어렵다.

필승의 신념이란 첫째, 자기가 하는 일이 옳다는 확신(確信)이며 둘째, 생사를 초월하여 최선을 다하겠다는 굳은 전의(戰意)이고 셋째, 어떤 일이 있어도 이길 수 있다는 자신감(自信感)을 말한다. 이와 같은 신념은 국가에 대한 무한한 충성심과 적을 능가하는 피나는 훈련에서 우러 나온다.

필승의 신념은 우리의 전의(戰意)로 적의 전의를 빼앗는 격이 되어 승리를 확보할 수 있다. 왜냐하면 "적의 전의를 빼앗아 버리는 것은 이기는 길이며, 우리의 전의를 잃어버리는 것은 지는 길이다."고 할 수 있기 때문이다.[8)]

「**임전무퇴의 기상을 견지하며**」: 면면히 이어오는 한국적 군인정신의 정수는 임전무퇴(臨戰無退)의 정신이라 할 수 있다. 이는 화랑도의 세속오계(世俗五戒) 가운데 하나로 "싸움 마당에 다다르면 물러남이 없게 한다."는 가르침이다. 이 가르침은 그 후 전장에서 화랑들에 의해서 실천됨으로써 신라의 삼국통일을 가능하게 했던 것이다. 임전무퇴의 정신은 백제 계백장군의 황산벌 결전에서도, 고려 삼별초의 대몽항전(對蒙抗戰)에서도, 조선시대에 와서는 이충무공, 권률의 대일항전(對日抗戰)에서도 그리고 7백의병(七百義兵)의 장렬한 옥쇄(玉碎)에서도 찾아 볼 수 있는 민족의 강인한 정신의 표상이라 할 것이다.

이런 정신이 있었기에 우리 민족은 빈번한 외침(外侵)을 당하면서도 이를 버티며 반만년을 생존해 올 수 있었으며, 나라를 빼앗겼을 때도 혹은 의병으로 혹은 독립군이나 광복군으로 나라를 되찾기 위한 투쟁에서 결코 물러서지 않았다. 탱크 한 대도 없던 국군이 거의 무방비 상태에서 북한의 기습남침을 받았을 때 적의

8) 國防部, 國軍精神敎育 基本敎材(1998), 제1부 3장 4과 참조

전차(戰車)에 육탄으로 뛰어들었고, 낙동강 방어선을 최후 저지선으로 하여 백척간두에 섰던 나라를 지켜냈던 것도 실은 우리 국군의 임전무퇴 정신 때문이라고 해도 과언이 아닐 것이다.

「**죽음을 무릅쓰고 책임을 완수하는**」 : 군인의 책임은 다음과 같은 특징을 가지고 있다. 첫째, 군인에게는 직책에 따라 명확한 책임이 부여되어 있다는 점을 들 수 있다. 경계병(警戒兵)은 경계병으로서 해야 할 책임이 있으며, 소대장이나 중대장 등 간부는 간부로서 해야 할 책임이 있다. 둘째, 연대책임을 들 수 있다. 한 함정이 정상적으로 운항하려면 위로는 함장으로부터 아래로는 말단 수병(水兵)에 이르기까지 그 책무가 서로 다른 사람들이 한 팀을 이루어 각자 맡은 일을 차질 없이 수행해야 하는 것이다. 이때 어느 한 사람이 자기 책임을 다하지 못했을 때 그 배는 제 구실을 할 수 없게 될 뿐만 아니라 한 사람의 잘못으로 배에 타고 있는 전체가 같은 운명에 처하게 된다. 셋째, 군인은 자기의 책임을 다하기 위해서라면 하나 뿐인 자기의 생명까지도 바쳐야 한다는 점을 특징으로 들 수 있다. 철도 건널목을 지키는 사람이 달려오는 열차에 치이게 된 행인을 보고 자기의 생명이 위태로워 그 행인을 구하지 못했을 때 그에게 법적 책임을 물을 수는 없다. 그러나 군인이 공격해 오는 적을 보고 위험을 느껴 자기 방어진지를 도망쳐 나왔을 때 그는 법적 책임을 면할 수 없게 된다. 따라서 군인은 자기 책임을 다하기 위해 죽음까지도 무릅써야 하는 것이다.

「**숭고한 애국애족의 정신을 굳게 지녀야 한다.**」 : 군인정신이란 험난한 전장환경 속에서 싸워 이겨야 하는 군인에게 요구되는 일종의 투사정신(鬪士精神)이라 할 수 있다. 그러나 생명의 위험을 무릅쓰고 일하는 원양어선의 선원이나 민간항공기 조종사 혹은 목숨을 걸고 에베레스트를 정복하려는 등산가 등에게도 군인들 못지않게 백절불굴의 투지가 요구된다. 그렇다고 이들 민간인들을 군인정신이 투철하다고는 말하지 않는다.

군인정신은 불굴의 정신력만으로 부족하다. 숭고한 애국애족의 정신이 그 바탕에 있어야 하기 때문이다. 군인은 애국애족의 정신을 전제로 자기희생을 각오하는 데 반하여 이들 민간인들은 자기에게 돌아올 대가(代價) 때문에 모험을 한다. 즉, 군인은 그 동기가 이타적(利他的)인 데 반하여 이들 민간인들은 그 동기가 타산적(打算的)인 데 그 근본적인 차이가 있다. 따라서 명예, 충성심, 용기, 필승의 신념, 임전무퇴의 기상 그리고 책임완수 등이 군인이 견지해야 할 정신인 것만은 틀림이 없지만 이 모든 정신이 국가와 민족을 위하여 헌신하겠다는 숭고한 정신을 바탕으로 할 때 비로소 그 가치를 발하는 것이다.[9)]

군인다운 성품과 정신은 날 때부터 타고나는 것이 아니라 부단한 훈련과 수련을 통해서 계발되는 것이다. 용감한 사람은 선천적으로 용감한 사람으로 태어나는 것이 아니라 용기 있는 행위를 반복해서 할 때 비로소 그 성품이 용감해 진다. 군인정신도 이와 마찬가지로 군인 각자가 스스로 노력할 때 천성(天性)으로 습성화(習性化)될 수 있을 것이다.

### 라. 군 기(軍紀)

> 제4조 4. 군기
> 군기는 군대의 기율이며 생명과 같다. 군기를 세우는 목적은 지휘체계를 확립하고 질서를 유지하며, 일정한 방침에 일률적으로 따르게 하여 전투력을 보존·발휘하는데 있다. 그러므로 군대는 항상 엄정한 군기를 세워야 한다. 군기를 세우는 으뜸은 법규와 명령에 대한 자발적인 준수와 복종이다. 따라서 군인은 정성을 다하여 상관에게 복종하고 법규와 명령을 지키는 습성을 길러야 한다.

이 호는 "군기"에 대한 정의와 군기확립의 목적과 중요성 그리고 군기를 세우는 길을 명시하고 있다.

「**군기는 군대의 기율이며 생명과 같다.**」: 기율(紀律)이란 집단의 목적을 가장 효과적으로 달성하기 위해서 집단 성원들이 따라야 할 일정한 규칙으로, 이는 집단의 질서를 유지시키고 구성원들의 노력을 일률적으로 집단목표에 지향시키며 질서있게 조정하기 위한 것이다. 군대뿐만 아니라 인간집단은 그것이 어떤 집단이든지 조직체(組織體)로서의 생명을 잃지 않으려면 기율이 있게 마련이다. 그래서 학교에는 교칙(校則)이 있고 직장에는 사규(社規)가 있으며, 국가에는 각종 법령과 규칙이 있다. 민주주의 사회에 있어서 훌륭한 시민(市民)이란 이런 법령과 규칙이라는 기율을 스스로 준수하는 사람인 것이다.

군기를 군대의 생명으로 비유한 것은 군대와 같은 특수조직이 유기체와 같이 살아 움직이려면 군기가 있어야 하는데 만일 군기가 없게 되면 마치 신경조직이 마비된 인간의 신체가 두뇌가 명령하는 대로 움직이지 못하는 것과 같은 결과가 되

9) 國防部, 國軍精神敎育 基本敎材(1998), 제1부 3장 6과 참조

기 때문이다. 군기는 군대로 하여금 군대답게 만들어 주는 핵심적 요소라 할 수 있다.

「**군기를 세우는 목적은 지휘체계를 확립하고**」 : 군대는 철저한 상명하복(上命下服)의 체제를 유지하기 위한 위계질서(位階秩序)를 갖는 조직사회인 것이다. 그래서 군대를 계급사회라고 말한다. 따라서 군기를 세우는 목적은 상명하복의 지휘체계를 확립하기 위한 것이다.

지휘체계를 확립한다 함은 바로 상명하복의 위계질서와 지휘권이 엄격히 서 있어야 한다는 뜻을 담고 있다. 군대는 상명하복의 체계를 유지하기 위해 상하관계가 명백히 규정되어 있으며, 명령권을 갖는 지휘권을 확고히 보호하고 있는 것이다. 왜냐하면 지휘권과 위계질서가 서 있지 못한 군대란 한낱"오합지졸"(烏合之卒)에 불과하며, 이런 군대가 전쟁에 이긴다는 것은 기대할 수 없기 때문이다.

「**질서를 유지하며 일정한 방침에 일률적으로 따르게 하여**」 : 두 사람 이상이 모여 생활하는 공동생활이 원만하게 이루어지려면 질서가 있어야 한다. 그래야만 두 사람의 욕구가 서로 충돌하지 않고 적절히 조정될 수 있다. 차량충돌 사고를 막고 서로 자신이 원하는 목적지에 갈 수 있는 것도 교통질서가 있기 때문이다. 더욱이 수많은 인원과 다양한 직무로 구성된 군대와 같은 복잡하고 거대한 조직체가 일정한 목표를 달성하기 위해서는 반드시 질서가 있어야 한다. 질서를 세우는 목적은 집단구성원들로 하여금 집단목표를 달성하기 위한 방침에 따라 일률적으로 행동하게 하는 네 있다.

「**전투력을 보존 · 발휘하는데 있다.**」 : 상명하복의 지휘체계 확립과 일정한 방침에 따른 일률적인 활동은 군기에 의존한다. 이렇게 함으로써 군기는 군의 조직과 질서를 유지 · 확립함과 아울러 군의 전투력을 보존하고 이를 원활하게 발휘하도록 함으로써 조직의 목표를 가장 효율적으로 달성하게 하는 기능을 갖고 있다.

「**그러므로 군대는 항상 엄정한 군기를 세워야 한다.**」 : 군기를 엄정히 세운다 함은 신상필벌(信賞必罰)을 의미한다. 따라서 군기 위반자에 대해서는 위반 사항의 경중(輕重)이나 지위(地位)의 고하를 막론하고 엄하게 다스려야 한다. 군기가 엄하기로 유명한 로마 군대에서는 초병 근무 중 잠든 병사는 예외 없이 즉결 처분할 정도로 그 군기가 엄했던 것이다. 이렇게 가혹한 처벌로 군기를 유지했던 로마 군대의 관행은 모든 군대의 공통적인 전통이 되어 왔다. 학생이 교칙을 위반하면 통상 가벼운 훈계나 징계로 끝나지만, 군인이 군기를 위반하면 심한 경우 사형 · 무기 또는 금고형 등에 처해질 정도로 가혹한 것도 이런 전통에 기인하는 것이다.

「**군기를 세우는 으뜸은 법규와 명령에 대한 자발적인 준수와 복종이다.**」: 군기는 각종 법규의 준수와 상관의 명령에 복종함으로써 확립된다. 그래서 한 부대의 군기 상태는 부대장병 개개인의 규정에 따른 외모와 동작으로부터 장비나 환경의 청결과 정돈, 각종 근무자세, 상관의 명령에 대한 즉각적인 수행에 이르기까지 병영생활의 거의 모든 분야에 걸쳐 나타난다. 그래서 한 부대의 정문 근무자의 자세만 보아도 그 부대의 군기 상태를 알아볼 수 있다. 법규와 명령에 대한 장병들의 자발적인 준수와 복종이 군기 확립을 위한 최선의 길이다. 즉, 처벌에 의한 군기확립보다는 자발성에 근거한 군기의 확립이 더 바람직하다. 그래서 효과적인 지휘통솔이란 부하의 자발성을 고취시켜 복종하게 하는 것으로 상관의 훌륭한 리더쉽과 부하의 사기가 필수적이다.

「**따라서 군인은 정성을 다하여 상관에게 복종하고 법규와 명령을 지키는 습성을 길러야 한다.**」: 상관의 명령에 자발적으로 복종하고 법규를 자발적으로 지키고자 하는 자세는 상관에 대한 존경심과 법규와 명령을 준수하는 습성에 의해 함양된다. 즉, 상관에 대한 복종의 자세와 준법정신이 함양되어야 함을 뜻한다.

상관에 대한 자발적 복종의 자세는 "상관에 대한 충성심"으로 발휘된다. 이는 진실한 마음으로 상관으로부터 부여받은 임무를 최선을 다해 수행하고, 상관을 신뢰하고 따르며, 상관의 지시나 명령을 충실히 이행하는 것을 의미한다. 부하로부터 이런 마음이 우러나게 하는 것은 상관의 인격적 진실성과 부하에 대한 신뢰와 사랑을 바탕으로 하는 그의 리더쉽에 있음은 두말할 필요가 없다.

준법정신을 기르기 위해서는 무엇보다도 군의 간부나 상급자들로부터 사소한 법규라도 지키는 모범을 보여야 하며, 부하의 법규위반에 대해서는 묵인하거나 묵과해서는 안 된다. 부하로 하여금 법규를 준수하도록 할 책임은 어디까지나 상관에게 있다. 특히 위험하고 험난한 상황에서 직무를 수행해야 하는 군인이 모든 것을 자발적으로 하리라고 낙관할 수만은 없다. 따라서 강력한 처벌이 요구될 때도 있다.

## 마. 사 기(士氣)

> 제4조 5. 사기
> 군대의 강약은 사기에 좌우된다. 사기는 군 복무에 대한 군인의 정신적 자세이며, 사기왕성한 군인은 자진하여 어려움에 임하고 즐거이 그 직책을 수행할 수 있다. 그러므로 군인은 자기 직책에 대한 이해와 자신을 가져야 하며, 굳센 정신력과 튼튼한 체력을 길러 죽음에 임하여서도 맡은 바 임무를 완수하겠다는 왕성한 사기를 간직하여야 한다.

이 호는 "사기"의 정의와 의의, 그리고 사기앙양의 길을 명시하고 있다.

「**군대의 강약은 사기에 좌우된다.**」 : 사기(士氣)란 싸우는 사람에게 용기를 주는 기운이기 때문에 사기의 성쇠(盛衰)는 전투력의 강약과 직결된다. 따라서 군대의 강약은 사기에 좌우된다 해도 과언이 아닐 것이다. 비록 병력과 무기가 열세하더라도 사기가 더 왕성한 군대가 전쟁에서 승리한 예는 얼마든지 들 수 있다. 사기가 왕성한 부대는 군기도 잘 서 있으며, 단결력도 강하다. 이런 부대가 전시나 평시를 막론하고 그 임무를 성공적으로 수행한다는 것은 당연한 것이다.

「**사기는 군 복무에 대한 군인의 정신적 자세이며**」 : "군인은 사기를 먹고 산다"는 말이 있다. 왜냐하면 군 복무는 개인의 희생과 불이익(不利益)을 전제로 하며 복무여건 또한 사회의 일반 직업에 비해 불리하므로 사기가 떨어져서는 군 복무를 할 수가 없기 때문이다. 따라서 사기는 군 복무에 대한 군인 개개인의 정신적 자세를 결정한다. 사기가 왕성한 군인은 군 복무에 적극적으로 임하며, 그렇지 못한 군인은 마지못해서 한다.

「**사기왕성한 군인은 자진하여 어려움에 임하고 즐거이 그 직책을 수행할 수 있다.**」 : 우리는 흔히 물질적 복지나 육체적 욕구의 충족이 사기를 진작시킨다고 생각하나 실은 이와 반대인 것이다. 사기가 진작되면 물질적 결핍이나 육체적 고통도 감수하기 때문이다. 만일 사기가 물질적 복지와 육체적 욕구 충족으로 진작되는 것이라면 배고픔과 갈증, 졸음과 고통이 지배하는 전장에서는 결코 사기가 진작 될 수 없다는 결론이 나와야 한다. 사기는 오히려 이런 악조건 때문에 요구되는 것이다. 그렇기 때문에 사기란 개인과 부대에 활력(活力)을 제공해 주고 불리한 여건과 유형적 요소의 열세(劣勢)를 극복하게 해 주는 무형적(無形的) 전투력인 것이다. 사기는 군 복무에 대한 군인의 정신적 자세이기 때문에 사기왕성한 군인은 자진하여 어려움에 임하고 즐거이 그 직책을 수행한다.

「**그러므로 군인은 자기 직책에 대한 이해와 자신을 가져야 하며**」: 사기는 통상 전투에서 승리했을 때나 어떤 경쟁에서 이겼을 때 혹은 부대임무를 성공적으로 완수했을 때 진작(振作)되며 이와 반대되는 일이 생겼을 때 저하된다. 그렇다면 전투나 경쟁 또는 부대임무를 수행하기 전이나 혹은 수행하는 도중에 사기는 어떻게 진작될 수 있는가? 그것은 바로 결과에 대한 긍정적 확신에서 진작된다고 할 수 있다. 그렇다면 결과에 대한 긍정적 확신은 어디서 오는가? 그것은 바로 탁월한 임무수행 능력과 이에 바탕을 둔 자신감에서 나온다. 탁월한 임무수행 능력은 피나는 교육과 훈련을 통해서 자신이 맡은 일을 완전히 숙지하고 숙달하고 있어야 한다. 그래서 통상 강한 훈련을 받은 부대의 사기가 높은 것도 이 때문이다.

「**굳센 정신력과 튼튼한 체력을 길러**」: 왕성한 사기는 강한 정신력과 체력을 바탕으로 발휘되며 이와 반대로 나약한 정신력과 체력으로부터 왕성한 사기가 발휘될 수 없다. 군인의 체력은 정신력과 더불어 전투에서 매우 중요한 역할을 한다. 영국의 몽고메리 원수는 "사기가 아무리 높더라도 장병들의 체력이 이를 따르지 못하면 격렬하고 긴박한 전투에 견뎌내기 어렵다."고 하여 사기와 체력이 긴밀한 관계에 있음을 역설한 바 있다.

「**죽음에 임하여서도 맡은 바 임무를 완수하겠다는 왕성한 사기를 진작하여야 한다.**」: 군대의 사기는 전투력으로 발휘되며, 군인의 사기는 모든 희생을 무릅쓰고 자신이 맡은 일은 기필코 완수하고야 말겠다는 정신적 자세로 승화된다. 따라서 군인이 왕성한 사기를 진작하여야 하는 궁극적 목적은 자신의 책임을 다하기 위해서는 죽음도 불사하는 불굴의 투지를 발휘하게 하는 데 있다고 하겠다.

### 바. 단 결(團結)

> 제4조 6. 단결
> 전쟁의 승리는 오직 단결된 힘에 의해서만 얻을 수 있다.
> 단결의 요체는 전원이 한마음 한뜻으로 뭉쳐 준법정신·희생정신·공사의 명확한 구분과 상호 이해를 바탕으로 공동의 목표를 달성하기 위하여 모든 역량을 통합·집중하는 데 있다. 그러므로 모든 부대는 군기가 상징하는 부대의 전통과 명예를 위하여 지휘관을 중심으로 굳게 단결하여야 한다.

이 호는 단결의 의미와 의의 그리고 단결의 중요한 비결을 명시하고 있다.

「**전쟁의 승리는 오직 단결된 힘에 의해서만 얻을 수 있다.**」: 한 사람이 말을 타고 적진(敵陣)에 뛰어들어 싸울 수 있었던 옛날 전쟁에서는 개인의 용맹이 무엇보다 중요시 되었다. 그러나 개인의 용맹은 곧 전체가 무쇠덩어리처럼 대오(隊伍)를 형성한 단체 앞에서는 무력(無力)할 수밖에 없게 되었다. 소위 희랍의 방진부대(方陣部隊)와 로마군단 앞에 개인의 용맹은 힘을 잃게 되고 그 대신 단결의 힘이 부가되었던 것이다.

오늘날과 같이 부대의 규모가 크고, 무기나 장비가 다양화되고 복잡해지면서 팀웍과 팀웍을 가능하게 하는 단결은 군대가 그 임무를 성공적으로 수행하는 데 있어서 필수적인 요소가 되었다. 따라서 전승(戰勝)은 오직 단결된 힘에 의해서만 얻을 수 있게 된 것이다.

「**단결의 요체는 전원이 한마음 한뜻으로 뭉쳐**」: 단결은 집단의 구성원들이 그들이 속해 있는 집단에 대한 애착과 긍지에 의해서 이루어지기도 하며 구성원들 간의 친화력(親和力)에 의해서 이루어지기도 한다. 전자가 군기가 상징하는 부대의 명예와 전통을 위해서 지휘관을 중심으로 단결하는 것을 지칭한다면 후자는 부대원들 간의 화합(和合)으로 이루어지는 인화단결(人和團結)을 지칭한다. "전원이 한마음 한뜻으로 뭉치는 것"은 바로 인화단결을 의미한다. 전승의 요체는 단결에 있으며, 단결의 요체는 인화에 있음을 역설한 사람이 기원전 4세기 중국의 병학가(兵學家) 오자(吳子)인 것이다. 그는"나라에 불화(不和)가 있으면 나가 싸울 수 없고, 군대에 불화가 있으면 적과 대진(對陣)할 수 없으며, 진내(陣內)에 불화가 있으면 결코 승리를 거둘 수가 없다."고 말했다.

인화단결을 이루기 위해서는 모든 부대원이 마음과 뜻을 같이하고 상경하애(上敬下愛)의 정신을 발휘하여야 한다. 상하가 서로 존중하고 사랑하는 마음이 생길 때 참된 인화를 기할 수 있기 때문이다. 한가지 분명한 사실은 부대에 인화가 있는지 그렇지 않는지의 문제는 어디까지나 그 부대의 상급자들이 어떻게 하느냐에 달려 있다는 것이다. 상급자의 횡포나 독선은 인화를 깨뜨리는 요소인 반면, 상급자의 따뜻한 한마디가 인화를 가져오기 때문이다.

전우들 간의 인화단결은 전우애(戰友愛)의 발휘로 이루어진다. 부모 형제는 혈육(血肉)의 정으로 맺어있고, 친구간의 사랑은 우정으로 맺어져 있다. 혈육의 정 때문에 목숨을 버리는 것과 같이 친구간의 우정을 위해 어떤 고난도 감수할 정도로 우정의 힘 또한 크다. 하물며 생사고락을 함께 하는 공동운명체로서의 전우간의 사랑은 그 어떤 사랑보다도 진하고 값진 것이다.

「**준법정신 · 희생정신 · 공사의 명확한 구분과 상호 이해를 바탕으로**」 : 부대원들 간의 인화와 부대의 명예와 전통에 대한 애착심과 긍지를 통해 이루어진 단결을 깨뜨리지 않고 더욱 공고히 하기 위해서는 준법정신, 희생정신, 공사의 명확한 구분, 그리고 상호 이해 등과 같은 덕목들이 필요하다.

법규는 조직의 질서를 유지시키고 조직 구성원들의 노력을 질서 있게 협조시켜 원활한 팀웍을 이루게 해 준다. 따라서 부대의 모든 장병들이 법규를 준수할 때 단결이 유지되며 그렇지 않을 때 단결이 깨질 뿐만 아니라 무질서하고 혼란하게 된다. 무질서와 혼란은 단결의 적이다.

모든 부대원들이 각자 자신의 이익만을 고집할 때 단결이 깨진다. 단결을 해치는 가장 큰 적은 사실 이기주의(利己主義)인 것이다. 따라서 자신의 희생을 감수하며 남을 위해 봉사하겠다는 희생정신은 참된 단결을 이루게 해 준다. "군인은 다른 어떤 인간보다도 희생이라는 종교적 가르침의 가장 위대한 행위를 요구받고 있다."라는 맥아더 장군의 말은 군인의 길은 바로 자기희생과 봉사의 길임을 역설한 것이다.

공(公)과 사(私)를 구분하지 않고 일을 처리할 때 부대의 단결은 깨진다. 이는 특히 간부들이 유의해야 할 사항인 것이다. 혹은 지연(地緣) 혹은 학연(學緣)에 얽매어 공적인 일을 편파적으로 처리할 때 부대의 단결이 깨지는 것은 당연한 귀결이다. 공적인 업무를 사적이익을 위해 처리할 때도 마찬가지 결과가 된다.

부대원들 간에 서로 이해하는 마음이 없으면 굳은 단결을 이루기 어렵다.

상대방의 입장에 서서 상대방의 처지나 형편 그리고 고충을 고려할 때 상호 이해가 가능해 진다. 상대방의 입장은 고려하지 않고 자기의 입장에서만 생각할 때 진정한 인화는 기대할 수 없게 된다.

「**공동의 목표를 달성하기 위하여 모든 역량을 통합 · 집중하는데 있다.**」 : 군대는 친목단체가 아니다. 따라서 그저 단결만을 위한 단결은 의미가 없다. 궁극적으로는 부대의 목표를 달성하기 위해서 단결이 요구되는 것이다. 이 부대목표는 모든 구성원들의 유기적인 협조에 의해서만 달성될 수 있으며, 이런 유기적 협조를 가능하게 하는 것이 바로 단결인 것이다. 이런 유기적 협조는 구성원들이 그들의 모든 역량을 부대 목표 달성에 집중시킴으로써 성취된다. 부대의 집결(集結)된 힘이 다른 곳으로 지향될 때 부대의 역량은 낭비되는 것이다.

「**모든 부대는 군기가 상징하는 부대의 전통과 명예를 위하여**」 : 군기(軍旗)는 부대를 상징하는 표상(表象)이다. 오래 되어 색이 바랜 군기에는 그 부대가 겪은 전쟁과 수천 수만의 피와 땀 그리고 눈물과 함께 그 부대의 전통과 명예가 간직되어 있다.[10] 따라서 모든 부대원은 군기가 상징하는 부대의 역사와 전통 그리고 명예를 위하여 단결하여야 한다. 이런 정신은 부대에 대한 강한 충성심을 낳는다. 이렇게 될 때 그들은 부대의 일원이 되었음을 자랑스럽게 생각하고 부대의 영광과 명예를 항상 염두에 두고 행동한다. 부대에 대한 애착심과 긍지는 바로 그 부대가 지닌 독특한 역사와 전통에 근거하고 있는 부대정신(esprit de corps)이며 "부대정신은 바로 부대 사기이다."고 말할 수 있다.

「**지휘관을 중심으로 굳게 단결하여야 한다.**」 : 지휘관은 부대의 핵심이다. 따라서 모든 부대원은 지휘관을 중심으로 단결하여야 한다. 지휘관 또한 부대를 단결시킬 책무가 있는 것이다. 지휘관을 중심으로 단결해야 하는 이유는 지휘체계를 확고히 세우기 위한 것이다. 지휘관을 중심으로 하지 않고 이루어진 부대의 단결은 바로 지휘체계를 문란 시킬 가능성이 있기 때문에 위험하기까지 하다. 예를 들면 부하들이 작당(作黨)을 해서 지휘관의 지휘권에 영향을 미치거나 지휘관의 지시에 응하지 않을 경우 그 부대는 위기에 처하게 되기 때문이다.

모든 부대원은 군기가 상징하는 부대의 역사와 전통 그리고 명예를 위하여 단결하여야 하며, 부대의 영광과 명예를 항상 염두에 두고 행동해야 하므로 "지휘관을 중심으로 굳게 단결해야 함을" 강조하였다.

## 사. 교육훈련

> 제4조 7. 교육훈련
> 교육훈련은 전투력 배양의 필수 요소로서 그 목적은 적과 싸워 이길수 있는 개인 및 부대를 육성하는 데 있다. 그러므로 군인은 투철한 국가관과 확고한 사상무장을 바탕으로 군인정신을 기르고, 직무수행에 필요한 지식과 기술을 익히며, 필승의 전기전술을 연마하고 강인한 체력을 단련하며, 부대 훈련에 힘써야 한다.

10) 李在田)(將軍), 전게서 37면 참조

이 호는 군에서 강조되고 있는 교육훈련에 관한 사항으로 교육훈련의 의의, 목적, 내용 등을 명시하고 있다.

「**교육훈련은 전투력 배양의 필수 요소로서**」 : “교육”이란 협의로는 개인의 지능을 계발하고 지식을 전수하는 교수(敎授)와 학습(學習)활동을 뜻하며, “훈련”이란 기술을 가르쳐 이를 숙달시키기 위한 실천적 활동을 말한다. 광의의 “敎育”에는 협의의 “敎育”과 “訓練”이 모두 포함된다. 그러나 통상적으로는 이 둘을 함께 묶어 “敎育訓練”이라 하여 협의의 “敎育”과“訓練”을 의미하거나 광의의 “敎育”을 의미하는 뜻으로 사용한다.

제 아무리 무기와 장비가 우수하더라도 이를 사용할 줄 모르면 아무 소용이 없다. 무기와 장비가 동등하거나 심지어 열세하더라도 이를 최대한 활용하는 군대가 전쟁에 이기게 되어 있다. 한쪽은 열 발을 쏘아 목표를 명중시키고 상대편은 단 한발로 명중시킬 경우 무기의 성능이 같다고 하면 한쪽의 포 10문은 다른 쪽의 포 1문과 같다. 이와 같은 전력(戰力)의 차이는 어디서 오는가? 그것은 결국 교육훈련에서 온다. 따라서 교육훈련은 그 전투력 배양의 필수 요소인 것이다.

교육훈련은 전쟁에서 그 위력을 발휘한다. 전쟁을 대비하여 평시에 군인이 할 일은 교육훈련인 것이다. 그래서 “평시의 교육훈련은 전시의 전투 임무와 같다.”, “훈련에서 흘린 땀은 전투에서 흘릴 피를 대신한다.”고 말한다.

「**그 목적은 적과 싸워 이길 수 있는**」 : 교육훈련의 궁극적 목적은 적과 싸워 반드시 이기는 데 있다. 교육훈련 검열에서 최우수 부대로 표창을 받거나 부대훈련 평가에서 합격을 하고 교육훈련 시범을  아무리 훌륭하게 했다 하더라도 전쟁에 지면 아무 의미가 없게 된다. 학교 성적이 아무리 좋더라도 전쟁에 진 지휘관에게는 그 성적이 아무 의미도 없는 것과 같다. 따라서 교육훈련은 실전(實戰)을 전제로 해서 또한 실전처럼 실시해야 한다. 한낮 탁상공론(卓上空論)이나 유리한 여건만을 전제로 하는 안이한 자세로 교육훈련에 임해서는 안 되는 것이다.

「**개인 및 부대를 육성하는 데 있다.**」 : 군대 교육훈련의 특징은 군인 개개인으로 하여금 군인으로서의 자질과 임무수행에 필요한 지식과 기술을 갖추게 하는 개인훈련과 함께 군인 개개인이 부대의 구성원으로서 훌륭한 팀웍을 이룰 수 있도록 하는 집체훈련(集體訓練)을 동시에 기하는 데 있다. 개인훈련은 전투에 이길 수 있는 개인을 육성하며, 집체훈련은 전투에 이길 수 있는 부대를 육성하는 데 그 목적을 두고 있다. 개개인으로서는 아무리 전기 · 전술이 숙달되었다고 하더라도 이들이 팀웍을 이루지 못한다면 개인의 전기·전술은 큰 의미가 없게 된다. 물론 숙달된 개개의 군인이 없이 원활한 부대훈련은 불가능하리라는 것은 말할 필요가 없다.

「**그러므로 군인은 투철한 국가관과 확고한 사상무장을 바탕으로 군인 정신을 기르고**」: 군대 교육훈련의 특징으로 정신교육을 들 수 있다. 군대에서 정신교육이 강조되는 이유는 다음과 같다. 첫째, 군인은 국가방위와 자유민주주의 수호 그리고 조국통일을 그 복무에 있어서 이념적 지표로 삼고 있다. 이 지표를 구현하기 위해서는 대한민국의 정통성과 그 이념과 체제의 정당성 그리고 통일의 당위성에 대한 확고한 신념을 모든 군인은 견지해야 하며, 따라서 확고한 국가관과 사상무장이 요구 된다. 둘째, 군인은 전쟁에 이겨야 한다. 이를 위해서는 온갖 고난과 위험을 무릅쓰고 생사의 기로(岐路)에서 맡은바 책임을 다하여야 한다. 따라서 군인에게는 비상한 정신이 요구된다. 이런 정신은 확고한 국가관과 사상무장에 의해서 뒷받침되어야 한다.

「**직무수행에 필요한 지식과 기술을 익히며, 필승의 전기·전술을 연마하고**」: 직무에 대한 의욕이 왕성하고 정신이 투철하더라도 그 직무를 수행함에 필요한 지식과 기술이 없으면 맡은 일을 성공적으로 수행할 수 없으며, 아무리 승리하겠다는 결의가 굳다 하더라도 적을 능히 이길 수 있는 기술이 없이는 승리를 기할 수 없다. 특히 고도의 과학기술무기와 직무의 전문화(專門化)가 이루어진 현대 군대에 있어서 무기 및 장비의 조작, 정비 및 운용에 관한 기술은 물론 직무에 관한 전문지식은 정신 못지않게 중요하다 하겠다. 따라서 군대의 교육훈련은 정신교육과 기술교육에 균형을 유지해야 한다. 여기서 말하는 기술교육이란 전기교육과 전술교육을 지칭하는 것이다. 전기(戰技)교육이란 사격술, 총검술, 각개전투 등과 같이 개인이 구배해야 할 전투기술을 말하며, 전술(戰術)교육이란 실전에서 요구되는 전술적 조치능력과 무기 및 장비의 전술적 운용 요령을 학습시키는 것을 말한다.

「**강인한 체력을 단련하며**」: 체력단련의 목적은 운동기능과 아울러 강인한 정신력을 길러 전장에서 부딪칠 어떠한 위험과 고난도 이를  능히 극복할 수 있도록 하는 데 있다. 운동기능 가운데서는 특히 근력(筋力)), 순발력(瞬發力), 지구력(持久力), 기민성(機敏性) 등에 중점을 두어 길러야 하며, 각종 운동경기를 통해서 협동심과 단체심 그리고 대담성을 길러야 한다. 또한 극한적인 상황에 대비한 무술(武術)교육도 이루어져야 한다.

「**부대훈련에 힘 써야 한다.**」: 부대훈련은 부대가 한 단위가 되어 훈련하는 것으로 부대의 전술적인 기동과 운용은 물론 부대 내의 각 구성원들 간에 원활한 팀웍을 이루게 하는 데 목적이 있다. 부대훈련은 지휘관의 실병지휘(實兵指揮) 능력배양이 무엇보다도 중요하나 참모 및 부대를 한 팀으로 훈련시킴과 동시에 합동 및 연합작전 능력의 증진을 비롯하여 전기 · 전술을 통합 완성시키는 훈련도 이에 못지않게 중요하다.

## 3. 복 무

이 장(章)은 군인이 지녀야 할 복무태도와 지켜야 할 각종 규율을 비롯하여 명령과 복종, 고충처리, 비상소집 등에 관한 사항을 규정하고 있다.

### 가. 복무태도

#### 1) 입영 및 임관선서

제5조(입영 및 임관선서) 군인은 입영 또는 임관 시 다음과 같이 선서 하여야 한다.
1. **입영선서**
(입영계급) ○○○는 대한민국의 군인으로서 국가와 민족을 위하여 충성을 다하고 법규를 준수하며, 상관의 명령에 복종하고 맡은바 임무를 성실히 수행할 것을 엄숙히 선서합니다.
2. **임관선서**
(임관계급) ○○○는 대한민국의 장교로서 국가와 민족을 위하여 충성을 다하고 헌법과 법규를 준수하며, 부여된 직책과 임무를 성실히 수행할 것을 엄숙히 선서합니다.

이 조항은 복무선서의 법령근거를 마련하기 위하여 입영과 임관시를 구분하여 규정한 것이다. 과거에 시행한 선서는 입영과 임관 구분 없이 "나 ○○○는 대한민국의 군인으로서 국가와 민족을 위하여 충성을 다하며 국토의 보전과 국민의 권리 및 자유를 수호할 것을 선서합니다."라고 되어 있었다.

「**군인은 입영 또는 임관 시 다음과 같이 선서하여야 한다.**」 : 군인 뿐만 아니라 국가공무원들도 임용될 때 선서를 하게 되어 있다. 여기서 "입영"이란 병역의무를 이행하기 위해서 입영영장을 받고 입대하는 것을 말하며, "임관"이란 간부로 임용되는 것을 말한다. 사관학교 입교자나 군법무관, 군의관 등 군 학교(軍 學校)에 입교하는 자는 "입영선서" 대신 "입교선서"를 해야 하며, 임관이란 군 통수권자가 그의 권한을 위임하는 것을 의미한다. 장교의 임용권이 군 통수권자인 대통령에 있는 것도 이 때문이다.[11]" 입영(혹은 입교) 및 임관선서는 입영부대장(또는 학교장) 및 임석상관에게 하여야 한다.

「**(입영계급) ○○○는**」 : 과거의「나 ○○○는」이라는 표현은 우리의 언어관행상 부적절하여 이를「훈병 ○○○는」하는 식으로 바꾼 것이다.

「**대한민국 군인으로서 국가와 민족을 위하여 충성을 다하고**」 : 우리는 통상 입영하는 것을"국가의 부름을 받았다."고 말한다. 이는 국민의 일원으로서 기본적인 의무인 국방의 의무를 지고 있기 때문에 국가는 자국민에 대해서 충성을 요구할 권리가 있음을 뜻한다. "국가와 민족을 위하여 충성을 다한다."고 할 때 국가는 바로 대한민국을 말하며, 민족은 한민족을 이름 한다. 따라서 군인은 대한민국을 배신하거나 대한민국에 불이익을 끼치는 어떤 행위도 하여서는 아니 되며, 동포에 대해서는 동포애를 발휘할 것을 국가와 민족 앞에 맹세하는 것이다.

「**법규를 준수하며 상관의 명령에 복종하고**」 : 병의 군복무는 거의「법규」와「명령」에 바탕을 두고 이루어지기 때문에 법규를 준수하고 상관의 명령에 복종할 것을 입대 시에 선서하는 것이며, 이는 군대생활을 영위하는 동안 계속 지켜야 할 병의 기본적 규범인 것이다.

「**맡은 바 임무를 성실히 수행할 것을**」 : 군인은 법규를 준수하고 명령에 복종하는 것만으로 그 책임을 다했다고 할 수 없다. 오직 자신이 맡은 임무를 최선을 다해 완수하겠다는 자발적인 복무자세가 필요하다. 따라서 법규와 명령에 위배되지 않으면 된다는 소극적인 태고를 버리고 적극적이고 창의적인 자세로 복무에 임하여야 한다. 이런 태도가 바로 성실한 임무수행의 태도인 것이다. "성실히 수행한다."는 것은 차질 없이 최선을 다해 양심껏 누가 감시하지 않아도 맡은 바 임무를 다 하겠다는 뜻을 내포하고 있다.

---

11) 軍人事法, 第13條(任用權者 및 任用權의 委任) 참조

「**엄숙히 선서합니다.**」 : 신성한 국방의 의무를 다하겠다는 입영 군인의 서약은 엄숙할 수밖에 없다. 따라서 그 서약은 마음으로부터 진실성에서 나와야 한다.

「**(임관계급) ○○는**」 : 이는「육군소위 ○○○는」, 「육군중위 ○○○는」으로 표현하기 위한 것이다.

「**대한민국의 장교로서 국가와 민족을 위하여 충성을 다하고**」 : 임관선서는 대한민국의 장교로 임관함에 있어서 국가에 서약하는 것이다. 장교는 군통수권자로부터 명령권을 위임받은 군대의 기간 간부로서 병과 부사관을 지휘 · 감독 · 교육할 위치에 있다. 장교도 대한민국의 군인인 이상 병과 마찬가지로 국가와 민족을 위하여 충성을 다하여야 할 의무가 있다.

「**헌법과 법규를 준수하며**」 : 헌법에 명시된 군의 정치적 중립준수는 장교단이 헌법과 법규를 준수하겠다는 태도를 견지할 때 실현될 수 있다. 장교단의 헌법준수 선서는 첫째, 군이 헌정질서를 문란 시키는 행위를 하지 않겠다는 의사를 천명한 것이며, 둘째, 정권이 바뀌더라도 군대는 계속해서 헌법에 충성을 다하고, 셋째, 헌법정신에 따라 군이 정치적 중립을 고수하겠다는 의지를 표명하기 위한 것이다.

법규를 준수한다 함은 군이 치외법권적 지위에 있지 않고 국가의 모든 법규를 일반 국민처럼 지키겠다는 의지의 표명이다.

「**부여된 직책과 임무를 성실히 수행할 것을 엄숙히 선서합니다.**」 : 장교는 그 계급과 직책에 따라 직무를 적극적이고 창의적으로 수행하여야 하며, 상관으로부터 부여받은 임무를 병과 부사관을 지휘 · 통솔하여 완벽하게 수행하여야 한다. 특히 장교의 성실성은 병이나 부사관의 그것보다 더 강조되어야 한다. 왜냐하면 장교의 책무는 타 계급에 비해 막중할 뿐만 아니라 법규의 준수와 명령의 복종만으로 완수될 수 없을 경우가 있으며, 장교가 그 직무수행에 있어서 성실하지 못할 때 부대 전체에 미치는 영향이 심대할 뿐만 아니라 병과 부사관의 복무태도에 직접적인 영향을 미치기 때문이다.

### 2) 충성의 의무

| 제6조(충성의 의무) 군인은 국군의 이념과 사명을 자각하여 정치적 중립을 엄정히 지키며 맡은 바 임무를 완수하여 국가와 국민에게 충성을 다하여야 한다. |
|---|

「**군인은 국군의 이념과 사명을 자각하여 정치적 중립을 엄정히 지키며**」 : 국군의 이념과 사명은 헌법정신에 따른 것이다. 현행 헌법은 특히 우리나라의 헌정사적(憲

政史的) 교육에 비추어 군의 정치적 중립준수 조항을 명문화 시켜 놓은 것이 특징이다. 따라서 헌법을 수호하고 준수해야 할 군인은 헌법에 명시된 군의 정치적 중립준수 정신에 따라 정치에 개입하거나 정치활동을 해서는 안 됨은 물론 특정 정당을 지원하거나 후원할 수 없게 되었다. 이런 정신에 비추어 볼 때 정치개입을 목적으로 한 병력동원 등의 명령은 위헌·위법적 명령이 됨은 물론, 그 명령을 이행하는 자도 위헌·위법행위를 하는 것이 된다 하겠다.[12)]

「**맡은 바 임무를 완수하여 국가와 국민에게 충성을 다하여야 한다.**」 : 군인 개개인이 맡아 하는 일은 궁극적으로 국가방위를 위한 것으로 수렴된다. 최일선 부대에서 적과 대치하고 있는 초병으로부터 후방에서 보급품을 취급하고 있는 군인에 이르기까지 그들이 맡고 있는 임무는 모두 국방의 의무를 수행하기 위한 것이다.

군인이 국민에 충성을 다한다는 것은 「주권자인 국민이 그 안전을 위하여 그들의 납세(納稅)로써 군을 조직하고 유지하고 있다는 점을 감안할 때」 국민의 안전을 지키는 일에 최선을 다해야 함을 의미한다.

따라서 국민의 생명과 재산을 지키는 일에 소홀히 하거나 국민의 의사에 반(反)하는 행동을 해서는 안 되는 것이다.[13)] "맡은 바 임무를 완수하여 국가와 국민에 충성을 다한다."는 것은 오직 국토방위라는 본연의 임무에 충실함으로써 국가와 국민에 충성을 다한다는 뜻도 내포하고 있다.

국가에 대한 충성의 의무를 위반한 행위 가운데 중요한 사항은 형벌로 다스리고 있다. 군형법 제1장의 반란의 죄, 제2장의 이적(利敵)의 죄는 직접적으로 국가에 불충(不忠)한 죄라 할 수 있다.

### 3) 성실의 의무

제7조(성실의 의무)

① 군인은 직무에 태만하여서는 아니되며, 직무수행에 있어서 어떠한 위험이나 어려움이 따르더라도 이를 회피함이 없이 성실하게 그 직무를 수행하여야 한다.

② 군인은 직책과 계급에 따라 업무의 범위나 내용이 다를지라도 지향하는 목표는 같으므로 서로 도와서 업무를 유기적으로 수행하여야 하며, 항상 창의력과 진취성을 발휘하여야 한다.

---

12) 權寧星 著, 헌법학원론(법문사, 1988), 209~210면 참조

13) 權寧星 著, 전게서 참조

이 의무는 군인이 그의 전인격(全人格)과 양심을 바쳐 국가방위의 임무에 충실하여야 하며, 국가이익을 최대한으로 도모하고 그 불이익을 방지하여야 한다는 것을 내용으로 하기 때문에 가장 핵심적이며, 윤리성이 강한 규범인 것이다. 왜냐하면 군인이 군복무에 있어서 성실하지 못하면 국가가 존망(存亡)의 위기에까지 처할 엄청난 결과를 초래하기 때문이다.

「**군인은 직무에 태만하여서는 아니 되며**」: "직무를 태만히 한다."함은 군인이 직무상의 의무를 위반하거나, 혹은 직무수행을 충실하게 하지 않음으로써 직무의 내용을 침해하는 행위를 말한다. 직무태만은 그 행위 양태에 따라 1) 직무를 고의나 과실로 충실히 수행하지 않음으로써 직무에 지장을 초래하는 소극적 행위 유형과, 2) 적극적인 행위를 통하여 직무나 상관의 명령을 위반하는 행위 유형이 있다. 군형법은 전자를 근무태만죄로 규정하고 후자를 비행군기문란죄(非行軍紀紊亂罪), 허위의 명령·통보·보고죄, 명령 등 허위전달죄, 초령(哨令)위반죄, 출병거부죄(出兵拒否罪) 등으로 규정하고 있다. 군형법은 군인이 직무를 태만히 할 수 있는 행위 가운데 중대한 것들만 예시(例示)했을 뿐이기 때문에 직무태만 행위는 군형법이 정한 것보다 그 범위가 넓다 하겠다.

「**직무수행에 있어서 어떠한 위험이나 어려움이 따르더라도 이를 회피함이 없이**」: 항상 생명의 위험이 따르고 온갖 악조건 속에서 전투를 하거나 근무를 하는 군인에게는 이런 위험과 악조건을 무릅쓰고 맡은 바 임무를 완수하려는 자세가 필요하다. 따라서 군인이 직무를 수행함에 있어서 위험이나 어려움에 당하여 이를 회피하려는 자세는 군인답지 못한 태도가 되는 것이다. 이것은 군인과 일반직장인을 구별하는 기준이 되기도 한다. 일반직장인은 직무수행에 위험이나 어려움이 따를 때 그 직무수행을 거부할 수도 있다. 그러나 군인은 그 직무자체가 위험과 고난을 전제하고 있기 때문에 이를 회피한다는 것은 곧 군인의 길을 포기하는 것이 된다.

「**성실하게 그 직무를 수행하여야 한다.**」: 이 의무는 군인이 그의 전 인격과 양심을 바쳐서 국토방위의 임무에 충실하여야 하며, 최대한으로 국가와 국민의 이익을 도모하고 그 불이익을 방지해야 함을 그 내용으로 하므로 충성의 의무와 상통한다. 이 의무는 단지 법령을 준수하고 상관의 명령에 복종하는 것만으로는 족하지 않고 적극적으로 법령이 허용하는 범위 안에서 국가의 이익을 도모하도록 항상 노력한다는 것에 그 의의가 있다 하겠다. 복종의 의무가 상관의 명령이 없는 경우일지라도 자기의 양심적 판단에 따라 국가의 이익을 도모하는데 노력해야 할 적극적 복무태도이기 때문이다. 이러한 의미에서 성실의무는 하급자 보다는 상급자에게 더 절실히 요구되는 의무인 것이다.[14)]

「**군인은 계급과 직책에 따라 업무의 범위나 내용이 다를지라도 지향하는 목표는 같으므로**」: 군대는 그 조직의 유지와 조직목표의 효율적인 달성을 위해서 계급적 위계질서를 갖는 대표적인 관료체제(官僚體制)를 도입하고 있다. 그만큼 관료체제는 조직의 목표를 가장 효율적으로 달성할 수 있게 해 주기 때문이다.

이러한 관료체제는 계급이나 직책의 분화(分化)를 발생시킨다. 군대의 계급은 일차적으로 직책을 결정하는 기준이 되지만 동일한 계급을 가진 군인이라도 그 직책이 다르면 업무의 범위와 내용도 달라진다. 따라서 업무의 범위와 내용은 계급과 직책에 의해서 결정된다고 할 수 있다. 한 함정에 타고 있는 승무원들이 위로는 함장으로부터 아래로는 말단 수병에 이르기까지 그 직책이 다양하고 이에 따라 그 계급도 다르다. 이렇게 해서 이들은 분업(分業)을 하고 있지만 이 분업은 궁극적으로는 이 배로 하여금 일정한 목적지를 향해 항해하도록 하는 데 수렴된다. 즉, 군인들은 공동의 목표를 달성하기 위해 업무를 계급과 직책에 따라 분업화시키고 있을 따름이다.

「**서로 도와서 업무를 유기적으로 수행하여야 하며**」: 조직목표는 조직구성원들의 협조된 노력에 의해서만 달성될 수 있다. 배의 노를 젓는 사람들이 각자 멋대로 노를 저어댄다면 그 배는 방향을 유지할 수 없고 각자가 힘들인 것만큼 속도가 나지도 않는다. 이와 마찬가지로 계급과 직책에 따라 그 범위와 내용이 다른 업무들이 서로 유기적으로 통합되고 조정될 때 부대의 목표는 성공적으로 달성될 수 있는 것이다.

「**항상 창의력과 진취성을 발휘하여야 한다.**」: 군 직무는 통상 단순하고 반복되기 때문에 군인들로 하여금 자칫 타성에 젖거나 무사안일의 자세를 갖게 하기 쉽다. 따라서, 이 구절은 이런 복무자세를 경고한 것이다. 군인의 창의력과 진취성은 업무수행능력과 전투수행능력의 제고(提高)에 기여함은 물론이고 최소의 비용으로 최대의 효과를 창출하여 예산과 물자를 절약함으로써 국민의 부담을 줄이고 국가경제발전에 기여하는 이중(二重)의 기능을 갖는다.

---

14) 박윤흔 著, 最新 行政法 講義(下), 國民書館, 1985, 152-3면 참조

### 4) 국민에 대한 친절의 의무

> 第7조2(국민에 대한 친절의 의무)
> 군인은 대민업무 수행 시 친절·공정·신속하게 업무를 처리하여야 하고, 작전 및 훈련 중 대민 피해를 방지하도록 노력하여야 하며, 피해가 발생한 때에는 법규에 따라 신속히 조치하여야 한다.

군인은 대민업무 수행 시 전 국민에 대해 친절하고 공정하며 신속하게 처리하여 국민의 불편을 해소하도록 노력하여야 하며, 특히 작전 및 훈련 간에는 대민피해가 발생되지 않도록 각별히 유의하여야 한다. 또한, 군인은 국가공무원법 및 국가공무원 복무규정에 명시된 “친절·공정의 의무”를 준수하여야 한다.

### 5) 정직의 의무

> 第8조(정직의 의무)
> 군인은 정직하여야 하며, 명령의 하달이나 전달, 보고 및 통보에는 허위·왜곡·과장 또는 은폐가 있어서는 아니된다.

정직하지 못한 상인(商人)은 그의 고객에게 금전적 손해를 끼치고, 정직하지 못한 의사는 그의 환자의 건강(심한 경우 생명)에 손상을 끼칠 뿐이다. 그러나 정직하지 못한 군인은 무수한 인명과 재산의 손실은 물론 자칫하면 국가를 위태롭게 한다. 상급부대는 하급부대의 보고에 의존해서 정세를 판단하고 계획을 세운다. 그런데 하급부대의 보고내용이 허위일 경우 이에 기초를 둔 상급부대의 작전계획은 엄청난 차질을 빚게 된다. 따라서 군인에게는 진실을 말해야 할 의무가 있다. 이 조항은 이를 강조하기 위한 것이다.[15)]

「**군인은 정직하여야 하며**」 : 군인은 솔직하고 정직한 것이 특징이다. 거짓말에 능한 사람은 바람직한 군인의 상(像)과 거리가 멀다. 직무수행에 있어서 군인은 정직하고 솔직해야 하기 때문이다. “정직하여야 한다.”는 것은 숨기거나 보태거나 빼지 않고 있는 사실 그대로 말이나 글 또는 신호로 표시함을 의미한다.

---

15) 독일 군인법(S0ldaten Gesetz) 제13조(진실의 의무) : 군인은 근무시에 진실을 말하여야 한다.

**「명령의 하달이나 전달, 보고 및 통보에는 허위 · 왜곡 · 과장 또는 은폐가 있어서는 아니된다.」** : 군인은 항상 정직하고 진실만을 말해야 하지만 특히 명령의 하달이나 전달시, 보고나 통보 시에는 진실을 말해야 한다. 따라서 이런 경우 허위, 왜곡, 과장, 은폐가 있어서는 안된다. "허위"란 "거짓말"로 "있는 것을 없다 하고, 없는 것을 있다 하는 것", "흰 것을 검다하고 검은 것을 희다고 말하는 것"과 같이 사실이 아닌 것을 사실이라고 말하거나 사실인 것을 사실이 아니라고 말하는 것을 말한다. "왜곡"(歪曲)이란 있는 사실이나 사실의 원인을 굴절시켜 말하는 것을 뜻한다. 예를 들면 한 운전병이 차량사고를 냈을 때 수면부족으로 인한 졸음에 그 원인이 있었는데도 운전미숙 때문이라고 보고할 경우가 그러하다. "과장"이란 있는 사실보다 확대시켜서 말하는 것이다. 몇 명의 적을 발견하고 "개미떼 같다"고 보고하는 것이 이에 해당한다. "은폐"란 보고하거나 전달해야 할 의무가 있는 사실을 보고하지 않거나 감추어 버리는 행위를 말한다.

군형법은 배나 비행기가 항행 시(航行 時) 허위의 신호를 보낸 자, 허위의 명령 · 통보 또는 보고를 한 자, 명령을 허위로 전달하거나 전달하지 아니한 자 등에 대해서 처벌하도록 규정하고 있다.[16]

### 6) 품위유지의 의무

> 제9조(품위유지의 의무)
> 군인은 군의 위신과 군인으로서의 명예를 손상시키는 행동을 하여서는 아니되며, 항상 용모와 복장을 단정히 하여 품위를 유지하여야 한다.

품위란 한 사람의 인격과 성품에 대한 존경의 평가라 할 수 있다. 그런데 인격이나 성품은 외모나 언행 등으로 표출되기 때문에 우리는 통상 한 사람의 언행과 몸가짐을 보고 그 사람의 위엄과 존엄성을 판단한다. 그리고 일정한 직업이나 직무에 종사하는 사람에게는 품위의 유지가 더욱 더 요구된다. 예를 들면 교사나 의사 혹은 성직자가 품위를 잃게 되면 교사로서 의사로서 혹은 성직자로서 학생이나 환자 혹은 신도로부터 신뢰를 상실하게 된다. 군인이 품위를 잃게 되면 국민으로부터 신뢰를 상실하게 되며, 부하가 품위를 잃게 되면 상관의 불신을 받게 된다. 이렇게 되면 군 직무가 효과적으로 수행되기 어렵다.

16) 軍刑法 第37條, 第38條, 第39條 참조

**「군인은 군의 위신과 군인으로서의 명예를 손상시키는 행동을 하여서는 아니되며」** : 군이 위신을 잃으면 군에 대한 국민의 불신감(不信感)이 조성되어 국민의 군대로서 국민의 신뢰와 지지를 얻기 어렵게 된다. 따라서 모든 군인은 군을 대표한다는 생각을 가지고 항상 자신의 언행에 조심하여야 한다. 한 사람의 군인이 불미스런 행동을 했을 때 전체 군인 또한 군이 비난을 받기 때문이다. 이와 반대로 군의 위신이 서 있을 때 군인 개개인의 명예도 지켜진다. 군의 위신과 군인의 명예는 이처럼 불가분의 관계에 있는 것이다.

**「항상 용모와 복장을 단정히 하여 품위를 유지하여야 한다.」** : 군인은 제복(制服)을 입고 있는 것이 외형적인 특징이다. 그렇기 때문에 용모와 복장의 상태가 군인의 품위를 결정한다. 용모와 복장이 단정한 군인으로 부터는 군인으로서의 위풍(威風)을 느낄 수 있으나, 이와 반대로 용모와 복장이 단정하지 못한 군인으로부터는 군인으로서의 위엄을 발견할 수 없다. 그래서 용모와 복장이 단정한 군인에게는 신뢰감이 가나 그렇지 못한 군인에게는 신뢰감이 가지 않는다. 용모와 복장을 단정히 하라고 해서 멋을 부리거나 값비싸고 화려한 복장을 하라는 것은 아니다. 소박하고 검소하지만 청결하고 단정하게 옷을 입고 천박한 유행에 따르지 않으며, 머리나 수염이 덥수룩하거나 불결해서는 안된다. 이런 외형상의 품위 손상이외에도 축첩(蓄妾) · 도박 · 알코올 중독 · 마약흡용 등 공직(公職)의 체면과 위신에 직접적인 악영향을 미치는 것도 품위 손상에 포함될 수 있다.[17)]

### 7) 비밀엄수의 의무

제10조(비밀엄수의 의무)
① 군인은 복무 중뿐만 아니라 전역 후에도 직무상 알게 된 비밀을 엄수하여야 한다.
② 군인은 어떠한 경우에도 그가 직무상 알게 된 비밀을 공무외의 목적으로 사용하여서는 아니된다.

군의 직무내용이나 군사작전 등은 이것이 적에게 알려졌을 경우 심각한 안보상의 손실을 가져오기 때문에 군사기밀보호법과 군형법의 군사기밀 누설죄 등으로 군사기밀을 보호하기 위한 법규를 정해 놓고 있다. 이 조항은 이러한 법규의 정신

17) 박윤흔 著, 전게서 158면 참조

에 따라 군인의 비밀엄수 의무를 규정하고 있다. 여기서 "비밀"이란 "군사기밀"을 말한다.[18)]

「**군인은 복무 중뿐만 아니라 전역 후에도 직무상 알게 된 비밀을 엄수하여야 한다.**」 : 군인은 군에 복무하고 있을 때뿐만 아니라 전역 후에도 군사기밀을 누설하여서는 안 된다. "직무상 알게 된 비밀"을 문자 그대로 해석할 경우 암호취급병이나 비밀취급인가자 등이 그 직무수행 상 알게 된 군사기밀이라 할 수 있겠으나, 실은 이보다도 광의로 "군에 복무하는 동안 알게 된 군사비밀 또는 일반적인 군 직무내용"으로 해석되어야 한다. 여기서 "알게 되었다"함은 자기 직무상 알게 된 것이든 공·사생활상 우연히 알게 된 것이든 또는 군 내부에 널리 알려져 있는 것이든 상관없다.[19)] 이렇게 알게 된 군사상의 비밀을 업무상 누설하였던 과실이나 부주의 등으로 누설하였던 상관없이 군사기밀누설죄가 성립한다.(군형법 제80조) 만일 적이나 간첩에게 군사기밀을 누설하게 되면 이적죄(利敵罪)를 저질러 중벌(重罰)을 받게 된다(군형법 제13조).

「**군인은 어떠한 경우에도 그가 직무상 알게 된 비밀을 공무외의 목적으로 사용하여서는 아니된다.**」 : 무기 구매계획을 누설한 경우나 군 시설계획 도면을 빼내 부동산 중계업자에게 팔아넘긴 경우 등은 공무 외 목적으로 비밀을 사용한 대표적인 사례라 할 수 있다. 이처럼 돈이나 대가를 전제로 하여 군사기밀을 사용하는 경우 이외에도 개인적인 목적이나 호기심으로 이를 사용하는 것도 공무 외 목적으로 사용하는 것이 된다.

### 8) 전쟁법 준수의 의무

> 제10조의2(전쟁법 준수의 의무)
> ① 군인은 전쟁법을 준수하여야 한다.
> ② 지휘관은 예하 장병들에게 전쟁법 준수를 위한 교육을 시킬 책무가 있다.

한국의 국제적 위상이 향상되고 유엔평화유지군 파병 등으로 국군의 국제적 활동 무대를 고려할 때 군인의 전쟁법 준수의무 조항의 신설은 시의 적절하다. 전쟁법은 전투행위와 전투로 인한 희생자의 보호에 관한 국제규정이며, 모든 국가는

---

18) 軍事機密保護法 第2條 : 軍事機密의 定義
19) 陸軍士官學校, 軍法概論(日新社, 1987), 227-8면 참조

어떠한 상황에서도 전쟁법을 존중하고 보장하며, 군대내의 모든 지휘관은 그의 책임 범위 내에서 전쟁법의 시행을 보장할 의무가 있다. 또한, 지휘관은 전쟁법 교육의 책임이 있으며, 전쟁법 교육은 일상적인 군사활동에 통합되어야 할 것이다. 따라서, 국방부훈령 제391호(전쟁법 준수를 위한 규정)로 명시된 전쟁법 준수규정을 상위법령인 군인복무규율에 의무조항으로 신설하여 강조하였다.

### 9) 청렴 및 검소의 의무

> 제11조(청렴 및 검소의 의무)
> ① 군인은 항상 청렴결백하고 검소하게 생활하여야 한다.
> ② 군인은 직무와 관련하여 직접 또는 간접을 불문하고 사례·증여 또는 향응을 주거나 받아서는 아니된다.
> ③ 군인은 직무상의 관계여하를 불문하고 그 소속 상관에게 증여하거나 소속 부하로부터 증여를 받아서는 아니된다.

이 조항은 증수행위 금지규정을 국가공무원법 등 관련법규를 참조하여 보완하고, 과거의 "증수행위금지"라는 제목을"청렴 및 검소의 의무"로 개정한 것이다.[20]

「**군인은 항상 청렴결백하고 검소하게 생활하여야 한다.**」: 자고로 부패한 군대가 싸움에 이긴 예가 없다. 그 예로 월남의 패망을 들 수 있다. 월남전 당시 월남군의 고위 장교들 사이에는 부정과 공금횡령, 그리고 개인 재산을 축적하는 분위기가 팽배했으며, 이런 분위기는 하급부대 지휘관들 심지어는 말단 장병들에게까지 파급되어 급기야 군을 파멸로 이끌었던 것이다. 이런 군대가 어떻게 전쟁에 승리할 수 있으며, 이런 군인들이 어떻게 용감히 싸울 수가 있겠는가? 군대의 부패는 군대의 전투력 약화로 끝나지 않고 국가의 존망에까지 직결됨을 생각할 때 군인의 생활태도는 어떠해야 하는지 자명해 진다.

부정과 부패, 사치와 낭비, 허례허식은 바로 군인정신을 좀먹는 독소(毒素)인 것이다. 더욱이 국민의 혈세(血稅)로 이루어진 국록(國祿)으로 생활해야 하는 군인이 사치하고 낭비하며, 허례허식을 일삼는다면 그것은 부정한 방법으로 얻은 것일 수 밖에 없다.[21]

20) 國家公務員法 第61條(청렴의 의무), 刑法 第129條 내지 第133條 참조
21) 李在田(將軍), 전게서 41-2면 참조

군인은 검소하게 사는 것을 생활의 신조로 삼아야 한다. 따라서 일반 사회의 물질주의적인 가치기준으로 군인의 생활을 평가해서는 안 된다.

이것은 마치 예술가의 생애를 그가 소유하고 있는 재산의 정도에 따라 평가해서 안 되는 것과 같다.

「**군인은 직무와 관련하여 직접 또는 간접을 불문하고 사례 · 증여 또는 향응을 주거나 받아서는 아니된다.**」 : 군인은 직무와 관련하여 어떠한 사례, 증여 또는 향응도 주거나 받아서는 아니된다. 왜냐하면 직무와 관련된 사례 · 증여 또는 향응은 모두 뇌물의 성격을 가질 개연성이 높기 때문이다. 비록 직무와 무관하더라도 그것이 부당한 것이면 어떤 사례나 증여 또는 향응도 주거나 받아서는 안 된다.

그렇지만 무엇이 "부당한" 사례 · 증여 또는 향응인지를 어떻게 판정할 수 있느냐 하는 문제가 남는다. 여기서 "부당한"것이란 "뇌물의 성격" 또는 "부당한 청탁의 성격"을 띤 것을 의미한다. 그러나 다시 뇌물과 뇌물이 아닌 것, 부당한 청탁과 부당하지 않는 청탁을 구분하기도 쉽지 않다. 그러나 대략 사회적 통념(通念)에 따라 상식으로 판단할 수밖에 없다. 선물과 증여를 금지하고 있는 미 육군규정(AR600-50)에는 결혼, 전 · 출입, 질병, 전역 등의 경우 단지 정을 표시하는 것으로써 자발적으로 최소의 금액 한도 내에서 선물할 수 있게 되어 있으나, 우리의 경우 아직 이런 관행이 정착되어 있지 못한 것이 사실이다. 우리의 경우 건전한 상식과 양심에 따라 결정할 문제인 것이다.

부대 위문 및 방문 시 행해지는 금품수수는 비록 직무와 관련이 없다 하더라도 그 도가 지나치면 부작용과 부조리를 낳는다. 따라서 군에서는 "무리한 부대방문, 위문행사로 인접부대 간 위화감 조성, 기부금 사용의 부조리, 다수 장병의 사기저하, 위문방문자에 대한 경제적 · 정신적 부담을 주어 원성(怨聲)의 소지가 있어 취지와 목적에 위배되는 위문, 방문을 사양 만류할 것"을 지시한 바 있다.

「**군인은 직무상의 관계여하를 불문하고 그 소속 상관에게 증여하거나 소속부하로부터 증여를 받아서는 아니된다.**」 : 제2항과 제3항의 규정은 국가공무원법 제61조(청렴의 의무)를 그대로 옮긴 것이다.

### 10) 환경보전의 의무

제11조의2(환경보전의 의무)
① 군인은 직무수행 시 자연생태계를 보전하고 환경오염을 방지하기 위한 제반 대책을 강구하여야 한다.
② 지휘관은 주둔지 시설물의 환경오염물질 배출을 규제 · 감독 하여야 하며, 장병이 환경보전 및 전장정리를 생활화하도록 교육 · 지도하여야 한다.

환경보전의 생활화는 전 국민이 자발적으로 준수해야 할 의무사항이며, 국가시책에 부응하여 우리 군도 적극 참여하여야 한다. 각종 작전 및 교육훈련 시 자연환경 훼손의 우려가 있는 군의 특수성을 고려 할 때 환경보전의 생활화는 당연하며, 환경보전은 인간모두의 생존과 직결된 가장 핵심적인 현안문제이므로 환경보전의 중요성을 부각하고 군도 적극 참여하여야 할 것이다.

### 11) 직무유기 및 근무지 이탈금지

제12조(직무유기 및 근무지 이탈금지)
군인은 직무를 유기하거나 소속 상관의 허가 없이 근무지를 이탈하여서는 아니 된다.

「**군인은 직무를 유기하거나**」 : “직무유기란”직무를 수행해야 할 의무가 있는 자가 그 직무를 포기하거나 기피하는 것을 말하며, 단순한 직무태만은 이에 포함되지 않는다. 직무를 포기하거나 기피하는 행위란 군무(軍務)를 기피할 목적으로 부대 또는 직무를 이탈하는 행위라 할 수 있기 때문에 “직무유기”는 “군무이탈”로 볼 수 있다. 여기서 군무란 직무 · 용무 · 근무 등을 포함한 군복무 일반을 뜻한다.

「**소속 상관의 허가 없이 근무지를 이탈하여서는 아니된다.**」 : 군무기피의 목적이 없더라도 예를 들어 그 동기가 가정사정, 신병, 근무염증 기타 이유여하를 불문하고 군인이 자기의 근무지를 이탈하면 무단이탈(無斷離脫)이 된다. 다만, 정당한 이유로 소속 상관의 허락을 받은 후에 근무지를 이탈하는 것은 무방하다. 여기서, “근무지”란 초소나 사무실 등 직무수행 장소나 내무실, 영내, 부대 주둔지 혹은 기지 등을 지칭하며, “이탈”이란 일시적 또는 상당한 기간 동안 이와 같은 장소를 떠나 있는 상태를 말한다.[22] 군형법 제30조 내지 제33조의 군무이탈의 죄와 제27조 내지 제28조의 수소이탈의 죄(守所離脫의 罪), 제22조 내지 제23조의 지휘관의 항복과 도피의 죄, 제79조의 무단이탈의 죄 등이 넓은 의미의 직무유기 및 근무지 이탈 금지 규범을 위반한 행위라 하겠다.

### 12) 집단행위의 금지

군인은 원칙적으로 군무외의 일을 위한 집단행동이나 사회단체에의 가입이 금지되지만, 순수한 친목단체에의 가입이나 친목활동은 예외로 인정하고 있다.

> 제12조(집단행위의 금지)
> ① 군인은 군무외의 일을 위한 집단행위를 하여서는 아니된다.
> ② 군인은 국방부장관이 허가하는 경우를 제외하고는 일체의 사회단체 가입하여서는 아니된다. 그러나 군무에 영향을 주지 아니하는 순수한 친목단체에의 가입이나 친목활동은 예외로 한다.

「**군인은 군무외의 일을 위한 집단행동을 하여서는 아니된다**」 : 「공무원은 노동운동 기타 공무외의 일을 위한 집단적 행위를 하여서는 아니된다」(사실상 노무종사 공무원은 예외)고 규정하고 있는 국가공무원법 제66조(집단행위의 금지)의 입법정신에 따를 때 군무외의 일을 위한 "집단행동"이란 협의로는 "노동단체의 결성, 단체교섭 및 단체행동"과 관계되는 행동이라 할 수 있다. 그러나 군인의 집단행위 금지 사항은 이와 같은 협의적인 사항이외에도 군무에 영향을 줄 목적으로 두 사람 이상이 단체를 결성하거나 단체행동을 하는 행위, 집단을 형성하여 군의 상급자에게 건의 혹은 항의하는 행위, 집단으로 훈련을 거부하거나 지시사항을 위반하는 행위 등 일체의 지휘권을 침해하거나 군의 기강을 문란 시키고 군의 단결을 저해시키는 행동 등을 포함한다. 군형법 제61조(특수소요)나 제45조(집단항명), 제49조(상관에 대한 집단폭행, 협박), 제51조(상관에 대한 집단특수폭행, 협박), 제55조(초병에 대한 집단폭행, 협박), 제57조(초병에 대한 집단특수폭행, 협박) 등은 단순한 항명(제44조), 상관에 대한 폭행, 협박(제48조), 상관에 대한 특수폭행, 협박(제50조), 초병에 대한 폭행, 협박(제54조), 초병에 대한 특수폭행, 협박(제56조)보다 가중 처벌하게 되어 있는 것도 따지고 보면 집단행위 금지규범을 강조한 것이라 하겠다.

---

22) 陸軍士官學校, 軍法概論, 119-31면 참조

**「군인은 국방부장관이 허가하는 경우를 제외하고는 일체의 사회단체에 가입하여서는 아니된다」** : 군인은 민간인이 주체가 되어 있는 일체의 사회단체에 원칙적으로 가입해서는 안 되지만 이에 가입하여도 군무에 지장이 없다고 인정되어 국방부장관의 사전 승인을 얻어 가입할 수 있다. 그러나 이들 단체에의 가입이 군무에 지장이 없다는 명백한 기준이 없을 때 군인은 사회단체에 가입하는 것을 자제(自制)해야 한다.

**「그러나 군무에 영향을 주지 아니하는 순수한 친목단체에의 가입이나 친목활동은 예외로 한다」** : 군인이 종친회, 동창회, 동기회 등과 같이 순수한 친목활동을 위한 단체에 가입하거나 친목활동을 하는 것은 국방부장관의 허가를 받을 필요가 없다.

### 13) 직권남용의 금지

| 제14조(직권남용의 금지)<br>군인은 어떠한 경우에도 직권을 남용하여서는 아니된다. |
|---|

**「군인은 어떠한 경우에도 직권을 남용하여서는 아니된다」** : "직권"(職權)이란 직무상의 권한을 의미하며, "직권을 남용한다."는 것은 직무상 부여된 권한을 정당한 사유 없이 자의적(恣意的)으로 발동하거나, 법규나 상관의 명령에 위반된 일을 직권으로 처리하거나, 자신의 권한 한계를 벗어나 타인의 직권에 간섭하는 행위를 말한다. 따라서 군인은 자신의 권한 한계 내에서 법규나 상관의 명령에 반함이 없이 정당한 사유로 자신의 직무상의 권한을 행사하여야 한다.

군형법은 특히 지휘관의 지휘권 남용죄에 관한 규정을 별도로 설정해 놓고 있다. 이는 강력한 권한을 갖는 지휘관이 군통수권의 일부로서 위임받은 통솔에 관한 권한을 남용했을 경우 그 결과의 심각성에 비추어 이의 남용을 막기 위한 것으로, 여기에는 불법전투개시죄(제18조), 불법전투계속죄(제19조), 불법진퇴죄(제20조) 등이 있다.

### 14) 사적제지의 금지

제15조(사적제재의 금지)
① 군인은 어떠한 경우에도 구타·폭언 및 가혹행위 등 사적제재를 행하여서는 아니되며, 사적제재를 일으킬 수 있는 행위를 하여서도 아니된다.
② 지휘관 및 상관은 병영생활의 지도 또는 군기확립을 구실로 구타·폭언 기타 가혹행위가 발생하지 아니하도록 부하를 지도·감독하여야 한다.

"제재(制裁)"란 협의로는 법을 어긴 사람에게 처벌하는 것을 의미하며, 광의로는 잘못한 것에 대하여 나무라거나 벌을 주는 것을 의미한다. 협의의 제재는 그것이 어떤 것이든 개인이 사사로이 과할 수 없다. 반드시 사법기관(司法機關)의 판단에 따라서 일정한 벌이 공적(公的)으로 가해진다. 이때 사용되는 제재수단도 법으로 정해져 있다. 예를 들면 훈계, 벌금형, 금고형, 징역형, 그 죄가 극히 큰 경우 사형(死刑)이 제재수단으로 가능하나 구타, 폭언 및 가혹행위는 제재수단으로 사용할 수 없다. 이렇게 볼 때 구타, 폭언 및 가혹행위는 비록 공적인 제재 목적으로 사용된다고 하더라도 이는 불법적인 행위가 되는 것이다.

그러나, 광의의 제재는 병영생활에서 있을 수 있다. 즉, 상관이 가벼운 잘못을 저지른 부하에 대해서 훈계를 하거나 규정에 따라 "얼차려" 교육을 시킬 수 있다. 이 경우에도 구타나 폭언 혹은 가혹행위만은 부하의 잘못을 시정하거나 처벌하는 방법으로 사용될 수 없는 것이다. 부하의 잘못이 중대한 위법행위일 경우에는 이를 적법한 절차를 밟아 징계처벌이나 사법(司法)처벌에 회부하는 것이 원칙이다.

**「군인은 어떠한 경우에도 구타 ·폭언 및 가혹행위 등 사적 제재를 행하여서는 아니되며, 사적 제재를 일으킬 수 있은 행위를 하여서도 아니된다」** : 구타, 폭언 및 가혹행위 등 사적 제재는 첫째, 인권을 유린하는 행위일 뿐만 아니라 불법적인 행위인 것이다. 둘째, 군대에서 흔히 "교육"을 구실로 행해지는 사적 제재는 실은"교육"을 가장한 폭력행위이거나 자기감정의 발산에 불과하며, 구타를 진정한 군기교정이나 지휘통솔의 수단으로 삼을 수 없다. 왜냐하면 이는 피교육자나 피 통솔자로부터 참된 복종심을 불러일으킬 수 없을 뿐만 아니라 오히려 증오심과 반발심만을 유발하기 때문이다.

셋째, 그렇지 않아도 군대생활에 부담을 느끼고 있는 군인들에게 구타나 가혹행위는 군대생활에 대한 싫증과 거부감을 한층 더 조장시켜 준다. 비열한 폭력 앞에서 "전우애"는 설자리를 잃게 되며 병영의 분위기가 삭막하고 살벌해 진다. 넷째, 군대내의 제반 가혹행위는 군대에 대한 이미지를 흐리게 하여 군에 대한 국민들의 불신감을 초래함으로서 궁극적으로는 군대와 사회간의 간격을 벌어지게 하여 민군화합(民軍和合)에 역행할 뿐만 아니라 군복무를 기피하려는 풍조를 조장시킨다.

끝으로 무엇보다도 군의 사기와 단결을 저하시킬 뿐만 아니라 각종 강력사고의 직접적인 원인이 됨으로써 결과적으로 군의 전투력을 약화시킨다.

구타란 사람이 신체에 대하여 폭행을 가하는 행위로 형법 제260조의 폭행죄에 해당하고, 폭언은 욕설 등 난폭한 언어로 형법 제311조의 모욕죄에 해당한다고 할 수 있다. 가혹행위란 "폭행 이외의 방법으로 정신상·육체상의 고통을 주는 일체의 행위"[23]로, 예를 들면 상당한 음식물이나 의복을 주지 않는다거나 필요한 수면을 방해한다든가 옷을 벗겨 수치·모욕을 느끼게 하는 것 등을 말한다. 군대에서의 지나친 얼차려도 여기에 속한다고 할 수 있다.[24] 얼차려가 지나친 것인지 그렇지 않은 것인지 판명하기란 그렇게 쉽지 않을 때도 있을 것이다. 이런 경우 우리의 건전한 상식과 사회적 통념에 따라야 할 것이다.

사적 제재를 야기할 수 있는 일체의 행위도 금지하도록 함으로써 가해자·피해자 모두에게 사적 제재 예방을 위한 의무감을 동시에 부여하여 사적 제재 요인을 사전에 제거토록 하였다. 또한 지휘관의 지도·감독만으로는 사적 제재를 근절하기 곤란하므로 병을 포함한 지휘관 및 상관 모두에게 지도·감독의 책임을 부여하였다.

### 15) 영리행위 및 겸직 금지

> 제16조(영리행위 및 겸직금지)
> 군인은 군무외의 영리를 목적으로 하는 업무에 종사하거나 다른 직무를 겸할 수 없다. 그러나 그 직무가 정치적·반사회적 또는 영리적이 아니며, 이를 겸직하여도 군무에 지장이 없다고 인정되어 국방부장관이 허가한 것은 예외로 한다.

---

23) 군법회의 판례, 74.9.27. 육군 74고군형항 385 참조

24) 군법회의 판례에 따르면 "완전군장 차림으로 2시간 이상을 연병장에서 구보를 하게 하여 도중에 졸도케 한" 것이나 "양손을 뒷짐지게 하고 앞머리를 전방 땅바닥에 대고 엎드린 채 엉덩이를 뒤로 쳐드는 자세를 약 5분간 취하게 한" 것과 같은 지나친 얼차려는 가혹행위에 해당한다. 군법회의 판례, 80.1.15. 대법원 79도 2221.82.4.13. 육군 82 고군형항 85 참조

군인뿐만 아니라 모든 공무원은 공무이외의 영리를 목적으로 하는 업무에 종사하지 못하며(이는 소속기관장의 허가를 받아도 할 수 없다.), 소속기관장의 허가 없이 다른 직무를 겸하지 못한다.25)

왜냐하면 이런 업무에 종사함으로써 공무원(혹은 군인)의 직무상의 능률이 저해되고, 직무에 대한 부당한 영향, 국가의 이익과 상반되는 이익의 취득 또는 정부에 대한 불명예스러운 영향을 초래할 우려가 있기 때문이다.

**「군인은 군무외의 영리를 목적으로 하는 업무에 종사하거나 다른 직무를 겸할 수 없다」** : 군무외의 "영리를 목적으로 하는 업무"란 상업·공업·금융업 기타 영리적인 업무를 스스로 경영하여 영리를 추구하는 업무에 종사하거나, 타인의 기업에 투자하는 행위 혹은 기타 계속적으로 재산상의 이득을 목적으로 하는 업무 등을 말하며, 겸직하여서는 안되는 다른 직무란 상업·공업·금융업 기타 영리를 목적으로 하는 기업체나 혹은 비영리 단체의 임원이나 직원이 되는 것을 말한다.26) 군인은 전자와 같은 업무에 종사하거나 후자와 같은 직을 겸할 수 없다.

**「그러나 그 직무가 정치적·반사회적 또는 영리적이 아니며, 이를 겸직하여도 군무에 지장이 없다고 인정되어 국방부장관이 허가한 것은 예외로 한다」** : 영리를 목적으로 하는 업무에 종사하는 것은 무조건 금지되는데 반하여 그 직무가 정치적·반사회적 또는 영리적이 아닌 겸직은 국방부장관의 허가를 받을 경우 가능한 것이다. 예를 들면 순수 학술단체나 종교 및 예술단체, 체육단체 등의 일원이나 회원이 되는 것을 말한다. 사관학교 교수 등이 학회의 회장이나, 이사, 감사 또는 회원이 되거나 예체능 군 교수 및 특기자들이 해당 예체능단체나 협회의 임원이나 회원이 되는 것 등을 말한다. 그러나 이들 직무를 겸하더라도 군무에 지장이 없어야 한다.

### 16) 불온표현물 소지·전파 등 금지

| 제16조2(불온표현물 소지·전파 등의 금지)<br>군인은 불온표현물·도서·도화 기타 표현물을 제작·복사·소지·운반·전파 또는 취득하여서는 아니되며, 이를 취득한 때에는 즉시 신고하여야 한다. |
|---|

모든 군인은 병영생활 중 불온표현물을 소지하거나 취득해서는 아니되며, 사회

25) 국가공무원법 제64조 참조
26) 국가공무원 복무규정 제25조(영리업무의 금지) 참조

의 불건전하고 불온한 풍조가 군에 침투하는 것을 방지해야 할 의무를 갖고 있다. 따라서, 불순세력의 군부대 침투에 대한 효과적인 대응책을 마련하여야 하며, 불온표현물을 발견하였을 때는 관계기관에 지체 없이 신고하여야 한다.

### 17) 대외발표 및 활동

> 제17조(대외발표 및 활동)
> ① 군인이 국방 및 군사에 관한 사항을 군 외부에 발표하거나 군을 대표하여 또는 군인의 신분으로 대외활동을 하고자 할 때에는 국방부장관의 허가를 받아야 한다. 그러나, 순수한 학술·문화·체육 등의 분야에서 개인적으로 대외활동을 하는 경우로서 일과에 지장이 없을 때에는 예외로 한다.
> ② 국방부장관은 제1항의 규정에 의한 허가권을 각 군 참모총장에게 위임할 수 있다.

군인의 대외발표 및 활동은 그 신분의 특수성으로 인하여 각별한 주의를 요한다. 그 이유는 첫째, 이를 통하여 군의 기밀이 누설될 가능성이 있으며, 둘째, 개인의 사견(私見)이 남발될 경우 군의 정책수행에 일관성이 없는 것으로 외부에 비쳐질 가능성이 있고, 셋째, 자칫 정치적 논란의 대상이 되기 쉬우며, 넷째, 개인의 사견이 군의 공식 입장으로 오인될 수 있기 때문이다. 이런 중대성에 비추어 군인의 대외발표 및 활동을 제한하게 된 것이다.

「**군인이 국방 및 군사에 관한 사항을**」: 국방 및 군사에 관한 사항이란 국방정책, 군의 작전계획, 군의 각종 장비 및 무기현황, 적에 관한 정보, 국방예산, 군축문제, 외국군의 주둔문제 등에 관한 것을 말한다. 그러나 이런 사항의 보호가 국민의 알 권리와 상충할 때 국방부장관은 이를 판단하여 발표 여부를 결정하여야 한다.[27]

「**군 외부에 발표하거나**」: 군 외부란 언론기관, 학회 등을 통한 발표나 혹은 여러 사람이 모인 장소나 각종 단체에서 발표하는 것을 말한다. 이런 경우에 국방부장관의 사전 허가를 받아야 한다.

「**군을 대표하여 또는 군인의 신분으로 대외활동을 하고자 할 때에는 국방부장관의 허가를 받아야 한다**」: 학술, 문화(예술, 종교), 체육 등과 같이 정치적, 반사회적, 영리적이 아닌 분야에서의 대외활동은 군무에 지장이 벗는 범위에서 그 활동이 권

27) 군사기밀보호법 제2조(군사기밀의 정의), 제7조(군사기밀의 공개) 참조

장될 수 있지만 군을 대표하거나 군인의 신분으로 학회나 전시회, 종교행사, 운동경기에 참가, 출품, 출전하는 경우에는 반드시 국방부장관의 사전 허가를 받아야 한다. 군을 대표한다 함은 군이나 부대의 명칭으로 운동경기에 출전하거나 학술회의를 개최함을 의미하며, 군인의 신분이라 함은 참가, 출품, 출전하는 경우 그 신분을 군인으로 밝힘을 말한다. 군인 신분을 밝히지 않으면 사전 승인을 받지 않아도 되느냐 하면 그렇지도 않다. 공식적인 행사나 활동에 참가하고자 할 때는 원칙적으로 허락을 받아야 한다.

**「순수한 학술 · 문화 · 체육 등의 분야에서 개인적으로 대외활동을 하는 경우로서 일과에 지장이 없는 때에는 예외로 한다」** : 군인이 대외에서 학술을 발표하거나, 문화활동 · 체육행사에 참가하거나, 야간대학이나 대학원에 다니면서 수강하거나, 종교행사에 참가하는 경우에는 국방부장관의 사전 승인을 얻을 필요는 없다. 그러나 가급적 소속 상관에게는 이를 사전에 보고하는 것이 좋다. 순수한 대외활동임을 이유로 소속 상관에게 보고 없이 근무지를 이탈하여 군사에 관한 사항을 군 외부에 발표하거나 지휘체계를 문란 시키는 행위를 하여서는 아니된다.

### 18) 정치적 행위의 제한

> 제18조(정치적 행위의 제한)
> 군인은 법률이 정하는 바에 의한 선거권 또는 투표권을 행사하는 외에 다음의 행위를 하여서는 아니된다.
> 1. 정당 기타 정치단체에 가입하거나 그 목적을 달성하기 위한 행위
> 2. 특정 정당이나 정치단체를 지지 또는 반대하는 행위
> 3. 법률에 의한 공직선거에 있어서 특정의 후보자를 당선하게 하거나, 낙선하게 하기 위한 행위
> 4. 각종 투표에 있어서 어는 한쪽에 찬성하거나 반대하도록 영향을 주는 행위
> 5. 기타 정치적 중립성을 해하는 행위

과거의 "정치관여 금지" 조항의 "정치관여"란 군이 직접 정치에 개입한다는 뜻이 있어 이를 "정치적 행위의 제한"으로 그 용어를 수정했으며, 군인에게 제한되는 정치적 행위 가운데 대표적인 것들을 예시하였다.

**「군인은 법률이 정하는 바에 의한 선거권 또는 투표권을 행사하는 외에 다음의 행위를 하여서는 안 된다」** : 헌법 제24조는 「모든 국민은 법률이 정하는 바에 의하여 선거

권을 가진다.」고 하여 국민의 참정권을 인정하고 있으며, 이에 따라 만 20세에 달한 자로서 금치산자(禁治産者), 수형자(受刑者), 일정한 범위의 전과자(前科者) 등과 같은 결격사유가 있지 않는 자는 선거권을 갖는다. 군인도 예외가 아니다.

이처럼 국민의 참정권의 일부로서의 선거권과 투표권은 모든 군인에게 보장되어 있는 권리인 것이다. 그렇지만 선거권과 투표권을 제외한 참정권 가운데 공직의 후보자가 될 수 있는 피선거권(被選擧權)이나 공직취임권(公職就任權), 정치적 사상 또는 의사를 자유로이 표명할 수 있는 정치적인 언론·출판·집회·결사를 그 내용으로 하는 정치적 자유, 그리고 정당의 결성 및 가입, 투표와 선거운동, 시민운동 등 보다 포괄적인 정치적 활동권 등은 일반공무원과 같이 제한된다.

「**정당 기타 정치단체에 가입하거나 그 목적을 달성하기 위한 행위**」 : 헌법 제5조의 군의 정치적 중립 준수 규정에 따르면 군은 정당정치 차원의 정치에 초연하고 오직 국가안보와 국리민복(國利民福)을 위한 군 직무에만 충실해야 한다. 또한 국가공무원법 제65조(정치운동의 금지)는「공무원은 정당 기타 정치단체의 결성에 관여하거나 이에 가입할 수 없다」고 규정하고 있으며, 정당법 제6조와 제17조는 만 20세 이하의 국민, 공무원, 언론인, 일정한 범위의 교원(예외 있음)에 대해서 정당의 발기인이나 정당원이 될 수 없다고 규정하고 있다. 군형법 제94조(정치관여금지)에도 정치단체에의 가입을 금지하고 있으며, 이를 위반한 때는 2년 이하의 금고에 처하도록 규정하고 있다.

따라서, 군인은 정당이나 정치단체의 결성에 관여하거나 가입할 수 없으며, 정당이나 정치단체의 목적을 달성하기 위한 행위도 할 수 없다.

「**특정 정당이나 정치단체를 지지 또는 반대하는 행위**」 : 이는 특정 정당이나 정치단체의 강령이나 정책 또는 투쟁 노선을 지지하거나 이들 정당이나 정치단체가 주도하는 시위나 집회 또는 운동에 참가하는 행위, 선거나 투표에 있어서 특정 정당이나 정치단체의 지지나 반대를 위한 행위, 정당이나 정치단체에 주관하는 여론조사에 응하는 행위, 정당 기타 정치단체에서 발행하는 간행물, 음반, 테이프 등을 제작, 복사 및 배부하는 행위, 정당 기타 정치단체의 상징물, 도화 또는 표어를 게시, 제작, 배부 및 패용하는 행위, 특정 정당이나 정치단체의 지지나 반대를 위한 교육이나 강연회를 개최하는 행위 등을 지칭한다.[28]

28) 국가공무원법 제65조(정치운동의 금지), 국가공무원복무규정 제27조(정치적 행위), 일본자위대법 제61조(정치적행위의 제한), 동법 시행령 제86조(정치적 목적의 정의), 제87조(정치적 행위의 정

**「법률에 의한 공직선거에 있어서 특정의 후보자를 당선하게 하거나, 낙선하게 하기 위한 행위」** : 특정 후보자를 당선하게 하는 행위란 특정 후보자를 지지하거나 반대하기 위한 교육이나 연설회를 개최하는 행위와 특정후보자를 지지하도록 할 목적으로 책자나 향응 혹은 특혜를 제공하거나 이를 약속하는 행위 등을 말하며, 낙선하게 하기 위한 행위란 특정후보자를 비방하기 위한 교육이나 연설회를 개최하거나 책자를 유포하는 행위, 또는 특정후보자를 지지하지 못하도록 협박하거나 불이익을 예고하는 행위 등을 말한다.

**「각종 투표에 있어서 어느 한쪽에 찬성하거나 반대하도록 영향을 주는 행위」** : 군인은 각종 선거나 투표에서 타인으로 하여금 어느 한쪽에 표를 찍도록 또는 찍지 못하도록 교육을 하거나 여러 사람이 모인 앞에서 찬반 의견을 개진하거나 직권을 이용하여 영향력을 행사하는 행위를 해서는 안된다. 이는 직권남용 행위임과 동시에 타인의 투표권을 침해하는 중대한 불법행위인 것이다. 이런 행위는 군의 지휘권과 단결을 약화시키며, 부하의 사기를 저하시키고 군과 상관에 대한 신뢰를 잃게 한다. 이런 행위는 특히 지휘관 또는 군의 상급자들이 해서는 안 되며, 또한 병사들 간에도 이런 일이 발생하지 않도록 상관은 감독할 책임이 있다. 정치적 행위의 제한에 관한 이 규정이 군에서 실시하는 순수한 정신교육까지도 제한을 하는 것은 아니다. 장병들에게 국가정책을 올바르게 이해시키고 안보의식을 함양시키며, 불온한 사상에 물들지 않노톡 하는 각종 정신교육은 어디까지나 보호되어야 한다.

**「기타 정치적 중립성을 해하는 행위」** : 앞의 조항들에 열거되지 않은 정치적 행위, 예를 들면 정치적 시위나 서명운동에 참여하거나 서명하는 행위, 정치헌금의 기부, 정치적 구호나 상징물을 패용하거나 부착하는 행위, 정치적 의견을 공포하는 행위, 국가정책을 공개적으로 비판하는 행위 등도 제한된다.

### 나. 명령 및 복종

엄격한 상명하복(上命下服)의 위계질서를 조직의 특성으로 하고 있는 군대는 군기(軍紀)에 의해 유지되며, 군기란 명령-복종체계의 확립 여부에 의해 그 성과가 달성되기 때문에 명령-복종의 규범은 군대의 존립과 효율성에 필수적이고 핵심적인 요소가 된다. 따라서 명령-복종의 규범은 '군대윤리의 초석'이라 할 수 있다. 이 절은 주로 "명령"에 대한 정의, 명령하달의 방법, 명령계통, 발령자의 책임, 명령에

---

의), 미 육군 규정 600-20 Army Command Policy 503(정치적 행위) 참조

대한 복종 및 실행의 태도, 의견의 건의 등을 중심으로 군대 명령과 복종에 관한 규범들을 규정하고 있다.

### 1) 명 령

> 第19조(명령)
> "명령"이라 함은 상관이 부하에게 발하는 직무상의 지시를 말하며, 발령자의 의도와 수명자의 임무가 명확하고 간결하게 표현되어야 한다.

이 조는 명령에 대한 외국군의 법규와 각종 판례를 참고하여 과거의 "부하에게 지시하는 의사표시"를 "부하에게 발하는 직무상의 지시"로 개정한 것이다.[29)]

「**"명령"이란 함은 상관이 부하에게**」: 명령은 명령-복종관계에 있는 사람들 사이에 내리고 받는 것이다. 이런 관계에 있어서 명령을 내릴 권한이 있는 사람을 상관(上官)이라 하고 명령을 받아 이를 이행할 의무가 있는 사람을 부하(部下)라고 한다. 이렇게 이루어진 상명하복의 체계를 "지휘계통" 혹은 "명령계통"이라고 한다. 그런데 누가 상관이 되고 누가 부하가 될 수 있는지는 법규나 편제 및 관행에 따라 결정되지만 주로 계급과 직책에 의해서 결정된다. 계급과 직책 가운데서도 직책이 우선한다. 따라서 계급이 낮은 장교가 지휘관 대리근무를 할 때 계급이 높은 장교라도 대리근무자의 부하가 될 수 있다. 군형법 제2조 제1항은「상관이라 함은 명령복종관계에 있는 자간에서 명령권을 가진 자를 말한다. 명령복종관계가 없는 자 간에서의 상계급자와 상서열자는 상관에 준한다.」고 하여 순정상관(純正上官)과 준상관(準上官)을 구분하고 있으며, 대리나 위임에 의하여 명령권을 행사하는 자는 순정상관에 포함되며, 군형법상「상관에 대한 폭행, 협박, 상해, 살인, 모욕죄」에 있어서의 상관이란 순정상관 뿐만 아니라 준상관도 포함한다. 미국과 같이 상관을 장교에 국한하는 국가도 있으며, 독일과 같이 부사관은 병 이하의, 장교는 부사관 이하의 상관으로 규정하고 있는 나라도 있다.

「**발하는 직무상의 지시를 말하며**」: "발한다."함은 구술, 문서 또는 기타의 수단으

---

29) 국가공무원법 제57조(복종의 의무): 공무원은 직무를 수행함에 있어서 소속상관의 직무상의 명령에 복종하여야 한다.
독일 군인법 제 10조: 상관은 직무 목적에서만 명령을 내릴 수 있다.
일본 자위대법 제 57조: 대원은 그 직무에 임하여서는 상관의 직무상 명령에 충실하게 따라야 한다.

로 의사를 표시함을 뜻하며, “직무상의 지시” 란 군 직무 목적과 직접 또는 간접으로 관계되는 지시를 뜻한다. 여기서 군 직무 목적과의 관계여부를 판단하기란 쉽지 않다. 다만, 사적(私的) 목적을 위한 경우나 위법한 행위를 명령한 경우처럼 군 직무와 명백히 무관한 경우를 제외하고는 군 직무 목적과 관계가 있다고 가정해야 한다. 그리고 군 직무 목적과 관계가 있는지 없는지 의심이 가는 명령은 우선 복종하고 보는 것이 부하의 도리인 것이다. “지시”란 복종의 의무를 과(課)할 취지를 갖는 적극적 지령(指令)인 것이다. 따라서 단순한 지침이나 원칙을 내리는 것은 명령이 아니다. 또한, “초병 근무중에는 졸아서는 안 된다.”는 지시처럼 법규를 강조하거나 상기시키기 위한 지시도 명령이 아니다. 또한 적극적 지령이 아닌 단순한 권고나 희망, 참조, 요청 등은 명령이 될 수 없다.

「**발령자의 의도와 수명자의 임무가 명확하고 간결하게 표현되어야 한다**」 : 명령이란 발령자(發令者) 즉 상관이 수명자(受命者) 즉 부하에게 특정한 임무를 부여하기 위한 일종의 의사전달(communication)이라는 점에 비추어 볼 때 상관이 의도하는 바가 무엇인지 그리고 부하가 해야 할 임무는 무엇인지가 명확하게 표현되려면 그 의사전달은 간결하고 명백해야 한다. 그렇지 못할 때 그 뜻을 이해하기 어렵고 여러 가지 다른 의미로 해석될 소지가 있기 때문이다. 또한 명령이 발해지는 전투상황은 매우 긴박하고 혼란스럽기 때문에 명령은 평소부터 간결하고 명백하게 표현하는 습관을 들여야 한다.

### 2) 명령계통

> 제20조(명령계통)
> 명령은 지휘계통에 따라 하달하여야 한다. 그러나 부득이한 경우에는 지휘계통에 따르지 아니하고 하달할 수 있으며, 이 경우 발령자와 수명자는 지체 없이 각각 이를 지휘계통의 중간지휘관에게 알려야 한다.

「**명령은 지휘계통에 따라 하달하여야 한다**」 : 지휘통일의 원칙을 기하기 위해서 명령은 반드시 지휘계통에 따라 하달되어야 한다. 만일 그렇지 않게 되면 지휘체계의 혼선이 일어나거나 지휘권이 부당하게 침해당할 우려가 있으며, 책임의 소재가 불명하게 된다.

「**그러나, 부득이한 경우에는 지휘계통에 따르지 아니하고 하달할 수 있으며**」 : 명령은 지휘계통을 따라 하달하는 것이 원칙이지만 부득이한 경우에 한하여 예외를 인정할 수 있다. 대체로 시간이 급박하거나 사태가 위급하여 명령 시행 부대에 신속히 명령을 하달해야 할 경우 또는 중간지휘관과의 연락이 두절된 경우, 지휘계통상의 중간단계를 생략하고 명령을 하달할 수 있다. 그러나 상황이 부득이함이 자의적인 판단에 따라서는 아니되며, 객관적으로 인정받을 수 있어야 한다.

「**이 경우 발령자와 수명자는 지체 없이 각각 이를 지휘계통의 중간 지휘관에게 알려야 한다**」 : 불가피하여 중간 지휘계통을 거치지 않고 명령이 하달되었을 경우 명령을 발한 자와 명령을 받은 자는 최단시간 내에 이를 중간에 있는 지휘관에게 알려야 한다.

예를 들면 연대장이 대대장을 거치지 않고 바로 중대장에게 명령을 하달했을 경우 연대장과 중대장은 각각 이 사실을 대대장에게 지체 없이 알려야 한다.

이렇게 함으로써 지휘계통을 살릴 수 있고 알린 이후 중간지휘관으로 하여금 적절한 조치를 취하게 할 수 있기 때문이다.

### 3) 명령의 하달

> 제21조(명령의 하달)
> ① 명령의 하달은 문서·구술 또는 신호로써 이루어지며 정확·신속하여야 한다.
> ② 발령자는 명령을 해당부하에게 철저히 알릴 책임이 있으며, 수명자는 그 임무를 확인할 의무가 있다.

이 조는「명령의 하달은 구두 또는 신호로써 이루어진다」는 과거의 규정에 "문서"를 추가한 것이다.

**「명령의 하달은 문서 · 구술 또는 신호로써 이루어지며」** : 명령이 전달되는 수단은 중요하지 않다. 따라서 손짓이나 눈짓으로도 명령은 하달 될 수 있다. 그러나, 통상적인 경우 문서나 구두로 이루어지며, 사격개시 명령에 있어서 일정한 신호탄이나 총성을 이용하는 것처럼 일정한 신호로써 이루어지기도 한다.

**「정확 · 신속하여야 한다」** : 명령이 정확하지 못하거나 시기가 늦게 전달 될 경우 그 결과는 심각해 질 수 있다. 예를 들면 09시 정각에 공격을 개시하라는 명령이 10시에 전달될 경우 작전에 큰 차질이 올 것이다. 명령의 내용이 정확하지 못할 때도 심각한 결과가 초래된다. 정확성을 기하기 위해 신속성을 어기거나 신속성을 기하기 위해 정확성을 어겨서도 안 된다. 정확성과 신속성이 동시에 충족되어야 한다.

**「발령자는 명령을 해당 부하에게 철저히 알릴 책임이 있으며, 수명자는 그 임무를 확인할 의무가 있다」** : 발령자는 명령을 해당 부하에게만 하달하여야 한다. 아무 관계도 없는 사람에게는 명령을 내릴 필요도 없지만 보안의 유지에도 좋지 않다. 따라서 그 명령을 수행할 부하에게만 알려주어야 한다. 그리고 그 명령을 적당히 알려주어서는 안되며, 철저히 알려주어야 한다. 수명자 또한 명령을 받아 자신이 해야 할 일이 무엇인지 스스로 확인해야 한다. 상관의 명령에 부하가 복명복창(復命復唱)하는 것도 상관이 부하에게 명령을 철저히 주지시키고 수명자가 그의 임무를 확인할 수 있는 좋은 방법인 것이다.

### 4) 발령자의 책임

제22조(발령자의 책임)
① 발령자는 건전한 판단과 결심 하에 적시 적절한 명령을 내려야 하며, 직무와 관계가 없거나 법규 및 상관의 정당한 명령에 반하는 사항 또는 자기 권한 밖의 사항 등을 명령하여서는 아니된다.
② 발령자는 명령의 하달 및 실행을 감독 · 확인하여야 한다.
③ 발령자는 자신이 내린 명령의 실행결과에 대하여 책임을 진다.

이 조는 발령자가 발할 권한이 없는 사항을 보다 구체적으로 예시하고, 명령의 실행 결과에 대한 발령자의 책임을 명시한 것이다.[30]

「**발령자는 건전한 판단과 결심 하에 적시 적절한 명령을 내려야 하며**」 : 발령자가 명령을 내리는 일차적 목적은 자신에게 부여된 과업을 성공적으로 수행하려는 데 있다. 따라서, 적시에 적절한 명령을 내려야 한다. 명령을 내려야 할 시기를 놓치거나 명령이 부적절 할 때 명령을 통해 이루고자 하는 목적달성에 차질을 빚게 되기 때문이다. 그리고 상황이 급하게 전개되는 전투 시에 명령하달 시기의 적절성은 그 내용의 적절성 보다 중요할 수 있다. 발령자가 이처럼 적시 적절한 명령을 내리기 위해서는 건전한 판단과 결심을 하여야 한다.

「**직무와 관계가 없거나**」 : 명령을 "직무상의 지시"로 규정하고 있는 제19조의 정신에 따를 때 직무와 무관한 "명령"은 정당한 명령으로 간주될 수 없다. 그런데도 이를 다시 언급한 것은 발령자에게 이를 어기지 않도록 하기 위한 것이다.

「**법규 및 상관의 정당한 명령에 반하는 사항**」 : 군인은 누구나 법규를 준수해야 할 의무가 있으며, 군대의 명령 또한 법규의 범위 내에서 발해져야 한다. 따라서, 법규에 위반하는 사항을 명령할 권한은 비록 상관이라 할지라도 있을 수 없다. 또한 상관도 자기 상관의 명령에 복종할 의무가 있다. 따라서 자기 상관의 정당한 명령에 반하는 사항은 명령할 수 없다.

「**또는 자기 권한 밖의 사항 등을 명령하여서는 아니된다**」 : 이 귀절은 제14조 직권남용의 금지규정과 중복될 수 있으나, 이를 재차 강조하기 위한 것이다. 여기서 자기 권한 외의 사항이란 상관의 직무상의 권한밖에 속하는 사항을 말한다. 따라서, 특별한 사유가 없는 한 중대장의 명령권을 대대장이 침해해서는 안 되는 것이다. 그 명령에 따름으로써 부하가 범죄행위를 저지르게 되는 명령도 자기 권한 외의 사항을 명령한 것이라고 할 수 있다.[31]

「**발령자는 명령의 하달 및 실행을 감독·확인하여야 한다**」 : 명령을 일단 하달하고 나면 발령자의 책임이 끝나는 것이 아니다. 명령의 전달이 잘 이루어졌는지 확인하고 잘못 되었을 경우 지체 없이 시정하여야 하며, 명령을 받은 부하의 명령실행 상태를 수시로 점검하고 시행을 잘못하거나 태만히 하는 경우 이를 바로 잡거나 독려하고, 명령실행에 따른 부하의 애로사항을 파악하여 필요한 조치를 취하거나 불가피한 경우 이미 하달한 명령의 내용을 수정해 주어야 한다.

---

30) 독일 군인법 제11조에는 군 직무 목적과 무관한 명령, 인간의 존엄성을 침해하도록 하는 명령, 명령에 따름으로써 범죄를 저지르게 되는 명령에는 복종할 의무가 없다고 규정하고 있다.

31) 박윤흔 著, 전게서 153-4면 참조

「**발령자는 자신이 내린 명령의 실행 결과에 대하여 책임을 진다**」 : 발령자는 자신이 내린 명령을 부하가 실행함으로써 일어나는 모든 결과에 대하여 책임을 져야 한다. 참고로 독일 군인법 제10조에는「상관은 자신의 명령에 대하여 책임을 진다」고 규정되어 있고, 일본자위대 복무 규칙 제15조에는「발령자는 그의 명령실행에 따라 일어나는 결과에 대하여 책임을 진다」고 규정되어 있다.

### 5) 복종 및 실행

> 제23조(복종 및 실행)
> ① 부하는 상관의 명령에 복종하여야 하며, 명령받은 사항을 신속·정확하게 실행하여야 한다.
> ② 부하는 명령의 실행에 관하여 적시에 보고하여야 한다.

이 조는 "정당한" 명령에 복종하지 않을 경우 처벌하게 되어 있는 군형법상의 규정과 일관되도록 "절대로 복종하여야 하며"를 "복종하여야 하며"로 하여 "절대로"를 삭제한 것이다.32)

「**부하는 상관의 명령에 복종하여야 하며**」 : 어느 나라 군대를 막론하고 상관의 명령에 복종하지 않는 군인에게는 형사적 처벌을 가하도록 실정법에 규정하고 있으며, 그 형량도 무겁게 책정되어 있다. 우리나라를 비롯하여 미국, 영국, 프랑스 등과 같은 선진 민주국가에서도 불복종죄에 대해서는 최고 사형(死刑)에 처하도록 되어 있다. 다만 이들 나라에 있어서 그 명령은 "정당한" 또는 "합법적"인 명령이어야 한다고 명시되어 있다. 그렇다면 "군인은 상관의 정당한(적법한) 명령에 절대 복종해야 한다."고 말해도 될 것이다.

상관의 명령에 대해 그 이유를 따지거나 이의를 제기하고, 이유 없이 그 실행을 기피하거나 지연시킴으로써 불복종할 때 군 직무수행은 불가능하게 되고 군대조직 자체가 와해될 우려가 있다. 그래서 특히 전투에 있어서 복종은 "군사적 능력

---

32) 군형법 제44조(항명)과 제47조(명령 위반)는 "정당한 명령"에 복종하지 않거나 "정당한 명령 또는 규칙"을 위반한 사람을 처벌하도록 규정하고 있음을 볼 때 명령의 정당성 여부가 복종의 당위성을 평가함에 있어서 중요한 고려요소가 됨을 알 수 있다. 미 육군규정 600-20: 군인은 합법적인 상관의 합법적인 명령을 엄격히 복종하고 신속히 수행해야 한다.
독일 군인법 제11조: 군인은 그의 상관에게 복종하여야 한다. 그는 상관의 명령을 최선을 다해 완전하고 성실하게 그리고 즉시 따라야 한다.

의 본질"이라고 할 수 있다. 정당한 명령에 충실히 복종해야 한다. 충실히 복종해야 한다는 것은 최선을 다해 완벽하고 성실하게 그리고 즉시 따라야 함을 의미한다. 이런 복종이야말로 거의 절대적이라 할 수 있다. 따라서, "절대로"를 삭제했다고 해서 상관의 명령에 대한 부하의 복종의 의무가 경감되는 것이 아니다.

「**명령받은 사항을 신속·정확하게 실행하여야 한다**」:부하는 상관의 명령에 대해서 이의를 제기하거나 명령의 원인과 이유를 따지거나 명령의 내용에 대해서 논란하거나 자신의 견해로 대치하거나 그 실행을 지체하여서는 안 되며, 명령받은 바대로 신속하고도 정확하게 실행하여야 한다. 명령 실행의 신속성은 정확성에 못지않게 중요하다. "정확하게 실행 한다"함은 명령 받은바 그대로 또는 명령받은 바를 완벽하게 실행함을 의미한다. 여기에서도 신속성과 정확성이 동시에 충족될 것을 요구한다.

「**부하는 명령의 실행에 관하여 적시에 보고하여야 한다**」 : 여기에서 말하는 "적시보고"라 함은 최초보고, 중간보고, 결과보고 등 명령실행에 관한 진행상황을 포함하여 명령의 실행에 있어서 상황의 변경으로 차질이 발생했거나, 명령의 실행이 난관에 부딪쳤을 때 이를 즉각 보고함을 말한다. 물론 상관이 실행상황에 관하여 보고하도록 명령했을 경우에 즉시 보고해야 함은 말할 필요가 없다.

### 6) 의견의 건의

> 제24조(의견의 건의)
> ① 부하는 군에 유익하거나, 정당한 의견이 있는 경우 지휘계통에 따라 단독으로 상관에게 건의할 수 있다. 이 경우 상관이 자기와 의견을 달리하는 결정을 하더라도 항상 상관의 의도를 존중하고 기꺼이 이에 복종하여야 한다.
> ② 상관은 부하의 건의를 경시하거나 소홀히 다루어서는 아니되며 부하의 의견이 유익하거나 정당하다고 인정될 때에는 이를 받아들여 필요한 조치를 하여야 한다.

「**부하는 군에 유익하거나 정당한 의견이 있는 경우**」 : 군인은 정해진 규정과 제도 속에서 업무를 수행하고 상관의 명령에 따라 행동하게 되어 있다. 그러나, 기존의 규정과 제도가 업무의 비능률을 초래하거나 부작용이 있음을 인지(認知)했을 경우나 혹은 명령받은 바를 성공적으로 완수하기 위해 더 좋은 방법이 있을 경우 자기의 의견을 상관에게 건의할 수 있다. 따라서, 부하의 의견이 반드시 군에 유익하거나 정당한 것이야 한다. 예를 들면 군의 각종제도나 법규는 물론 교리 등을 개선하기 위한 방안이나 명령이 의도하고 있는 바를 가장 효과적으로 달성할 수 있는 방법을 건의할 수 있다. 그러나, 법규에 위배되거나 군 직무와 무관한 사항 그리고 이미 받은 명령에 반하는 사항 또는 군기를 해칠 우려가 있는 사항 등은 건의할 수 없다.

「**지휘계통을 따라 단독으로 상관에게 건의할 수 있다**」 : 아무리 유익하고 정당한 의견이라 하더라도 군의 지휘체계를 무너뜨리거나 상관의 명령에 정면으로 도전하는 방법으로 건의해서는 안된다. 반드시 지휘계통을 통해서 단독으로 건의해야 한다. 그리고 그 태도 또한 정중해야 한다. 2명 이상이 집단적으로 건의하거나, 연대서명을 받아 건의하는 것은 일종의 시위(示威)요 위협이 되어 지휘계통을 문란케 할 우려가 있기 때문에 단독으로 하라는 것이다.[33] 건의는 서면을 통해서 하거나 직접 대면하여 이루어질 수 있으며 중간 지휘관을 통해 간접적으로 할 수도 있다.

「**이 경우에 상관이 자기와 의견을 달리하는 결정을 하더라도 항상 상관의 의도를 존중하고 기꺼이 이에 복종하여야 한다**」 : 부하의 의견이 아무리 유익하고 정당한 것이라 하더라도 상관이 이를 받아들이지 않고 부하의 의견과 다른 결정을 내렸을 때에는 상관의 결정을 반아 들여야 하는 것이다. 그리고, 동일한 의견을 반복해서 건의하는 일은 삼가야한다. 상관은 부하와 책임과 입장이 같지 않기 때문에 서로 의견이 다를 수 있으며, 이 때 상관의 의견이 존중되는 것이 상관의 권위와 군의 질서를 유지시키기 위해 필요한 것이다.

「**상관은 부하의 건의를 경시하거나 소홀히 다루어서는 아니되며**」 : 상관은 부하의 의견이 자기 의견과 다르거나 불합리하게 보일지라도

결코 무시해서는 안 된다. 부하의 의견 중에는 상관이 미처 생각하지 못했거나 간과하고 있는 점이 있을 수 있으며, 깊이 따져보면 합리적일 수 있기 때문이다. 그렇다고 상관이 부하의 의견을 그대로 존중하라는 것은 아니다. 적어도 일단 고려해 볼만한 가치가 있다는 것이다.

「**부하의 의견이 유익하거나 정당하다고 인정될 때에는 이를 받아들여 필요한 조치를 하여야 한다**」 : 만일 부하의 의견이 군에 유익하거나 정당하다고 판단될 경우 상관

33) 李在田(將軍), 전게서 56면 참조

은 이를 받아들여 제도의 개선이나 방침의 변경 또는 명령의 수정 등 필요한 조치를 취할 수 있다. 제도나 방침의 개선은 소정의 절차를 밟아야 하고 자기 권한 밖에 속할 때는 해당기관이나 상급부대에 다시 건의하여야 한다.

## 다. 고충처리

이 절은 부하의 개인적인 애로사항과 불만사항을 해결할 수 있는 제도적 장치를 마련하고, 상관의 부하 신상파악을 제도적으로 뒷받침하기 위한 것이다.

### 1) 고충처리

제25조(고충처리)
① 군인은 부당한 대우를 받거나 현저히 불편 또는 불리한 상태에 있다고 판단하거나 질병 기타 일신상의 사정으로 업무수행이 곤란할 경우에는 이를 지휘계통에 따라 상담 또는 건의하거나, 군인사법 제51조의3 및 동법시행령 제60조의5의 규정에 의하여 고충심사를 청구할 수 있다.
② 제1항의 건의 등을 받은 상관이 고충의 청취를 기피하거나 조치가 불만족할 경우 이를 차 상급 상관에게 건의하거나 말할 수 있다.
③ 상관은 부하가 복무에 전념할 수 있도록 부하의 고충을 파악하고 이를 해결하기 위하여 노력하여야 한다.
④ 군인은 복무와 관련된 고충사항을 진정·집단서명 기타 법령이 정하지 아니한 방법을 통하여 군 외부에 그 해결을 요청하여서는 아니된다.

「**군인은 부당한 대우를 받거나**」 : "부당한 대우"란 구타나 가혹행위 등에 의해 기본권이 침해받거나 정당한 이유 없이 차별대우를 받는 것 혹은 인사관리상 부당한 불이익 처분을 받는 것 등을 말한다.

「**현저히 불편 또는 불리한 상태에 있다고 판단하거나**」 : 군인은 누구나 근무조건 혹은 인사관리상 현저히 불편하거나 불리한 상태에 있다고 판단 될 때에는 그 시정을 건의할 수 있다. 여기에서 "현저히" 불편 혹은 불리한 상태에 있을 경우로 한정한 것에 유의할 필요가 있다. 군 직무 자체가 불편하고 불리한 조건하에서 이루어지기 때문에 그 불편하고 불리한 정도가 현저하지 않을 때는 고충의 대상이 되지 못한다. 그 정도가 "현저하다"는 것은 누가 보아도 그 정도가 심하다고 인정할 수 있어야 함을 의미한다. 따라서, 그 불편하고 불리한 상태가 객관적으로 입증 될 수 있어야 한다.

「**질병 기타 일신상의 사정으로**」 : 앞의 구절이 복무상의 애로사항에 관하여 규정한 것이라면, 이 구절은 개인적인 애로사항에 관하여 규정한 것이라 할 수 있다. 따라서 개인이 질병으로 고민하고 있거나, 가족 또는 가정문제로 고민거리가 생겼을 경우 그 고충을 말하여 필요한 조치를 받을 수 있다. 가령 부모가 병환으로 고생하고 있을 때 이를 말하여 청원휴가를 얻을 수 있다.

「**업무수행이 곤란하다고 판단할 경우에는**」 : 질병이나 가정사정 등 일신상의 애로사항이 있는 것으로 충분하지 않고 이로 인해서 업무수행이 지장을 받을 경우에 고충을 말할 수 있다. 군인에게 복무기간 중 가급적 개인적 애로사항을 극복하고 직무에 전념해야 할 의무가 일차적으로 있다 하겠다. 따라서, 사소한 애로사항은 참고 견뎌야 한다. 그러나 정상적인 업무수행이 도저히 곤란할 정도로 그 사정이 심할 경우에는 그 고충을 말할 수 있다.

「**이를 지휘계통에 따라 상담 또는 건의하거나, 군인사법 제51조의3 및 동법시행령 제60조의5의 규정에 의하여 고충심사를 청구할 수 있다**」 : 고충이 있다고 해서 아무 곳에나 호소해서는 안 된다. 반드시 지휘계통상의 상관에게 건의 또는 상담해야 한다. 소대원이 소대장이나 중대장에게 말하지 않고 곧장 연대장이나 헌병대 혹은 감찰이나 특수기관에 자신의 고충을 말하는 것은 바람직하지 못한 일이다. 또한 고충사항이 있을 경우에는 군인사법의 규정에 따라 고충심사를 청구하여야 한다.

「**제1항의 건의 등을 받은 상관이**」 : 이는 복무상의 애로사항이나 일신상의 애로사항을 부하로부터 듣거나 건의를 받은 상관을 말한다.

「**고충의 청취를 기피하거나 조치가 불만족할 경우**」 : 이는 상관이 부하가 고충을 말하거나 건의하는 것을 듣기를 회피하거나, 고충을 듣고도 그 조치가 부실하다고 생각될 경우를 말한다. 여기서 "회피한다."함은 상담을 거절하거나 기피하는 것을 말하며, "불만족하다."함은 그 조치가 형식적이거나 부하의 고민을 덜어주지 못함을 의미한다.

「**이를 차 상급 상관에게 건의하거나 말할 수 있다**」 : 부하는 상관이 부하의 애로사항을 듣지 않으려고 하거나 듣고도 조치가 불만족할 경우 이를 차 상급 상관에게 건의하거나 말할 수 있다. 중대장이 중대원의 고충을 듣지 않으려 하거나 조치가 부실할 때 대대장에게, 대대장이 듣지 않으려 하거나 조치가 부실할 때 연대장에게 고충을 말하거나 건의할 수 있다. 그렇지만 중대원이 처음부터 대대장, 연대장에게 말하거나 건의해서는 안 된다.

**「상관은 부하가 복무에 전념할 수 있도록 부하의 고충을 파악하고 이를 해결하기 위하여 노력하여야 한다」** : 상관은 부하에 대해서 책임이 있다. 따라서, 부하가 업무를 훌륭히 수행했을 경우 상관에게까지 공(功)이 돌아가는 반면 부하가 잘못을 저질렀을 경우 그 책임의 일단을 상관이 면할 수 없는 것이다. 상관은 부하의 사기(士氣)와 복지(福祉)에 대해서도 책임이 있다. 그래서 상관은 부하로 하여금 복무에 전념할 수 있도록 항상 부하의 신상(身上)에 관심을 가져야 하며, 만일 부하에게 애로사항이나 고민거리가 생겼을 때는 이를 해결해 주도록 적극 노력해야 한다. 이렇게 함으로써 상하간의 신뢰감이 조성되고 상경하애(上敬下愛)의 기풍이 조성될 수 있을 것이다. 상관은 부하의 얼굴빛을 보고도 부하가 어디 아픈 데라도 없는지 알아보아야 하며, 부하가 근무의욕이 떨어지고 침울한 표정을 지을 때는 어떤 고민거리가 있는지 파악하여 이를 해결해주어야 한다. 결국 부하가 고충을 말해 오기 전에 상관이 스스로 부하의 고충을 파악하고 이를 해결하겠다는 자세가 필요한 것이다.

**「군인은 복무와 관련된 고충사항을 진정 · 집단서명 기타 법령이 정하지 아니한 방법을 통하여 군 외부에 그 해결을 요청하여서는 아니된다」** : 군인은 개인적인 애로사항과 복무상의 불만사항 등 고충처리를 위해 대외투서, 진정행위, 집단서명행위 등을 할 수 없으며, 복무와 관련된 모든 고충사항은 지휘계통에 따라 처리하여야 한다.

### 라. 비상소집

이 절은 비상소집의 의의와 비상소집의 발령시기를 규정한 것이다.

#### 1) 비상소집의 의의

> 第26조(비상소집의 의의)
> ① "비상소집"이라 함은 비상사태에 대처하기 위하여 군인을 긴급히 소집하는 것을 말한다.
> ② 군인은 비상소집이 발령된 때에는 지체 없이 소속부대에 귀영 집결하여야 한다.

군인은 언제 발생할지 모르는 비상사태(非常事態)에 대처하기 위한 소집에 응할 준비를 항상 갖추고 있어야 한다. 이를 위해서 대부분의 군인이 영내에 기거하면서 통제된 생활을 하고 있으며, 휴가·외출·외박의 인원과 지역을 제한하고 근무지 이탈에 대해서 엄벌에 처하도록 하는 형벌규정을 두고 있다. 영내생활을 하지 않는 군인도 그 거주지가 부대 근처로 한정되어 있고 일정한 지역을 벗어나 출타하지 못하도록 하고 있는 것 등도 다 비상사태에 즉시 응하도록 하기 위한 것이다. 비상소집이 발령되었을 경우에는 가장 빠른 시간 내에 소속부대에 복귀하여 차후 명령을 받아 행동해야 한다. 영외 근무자의 출·퇴근 거리도 이에 따라 제한이 가해질 수 있다.

### 2) 비상소집의 발령

**제27조(비상소집의 발령)**
비상소집은 다음 각호의 1에 해당하는 때에 지휘관이 발령한다.
1. 국가비상사태가 발생한 때
2. 작전비상사태가 발생한 때
3. 천재지변, 기타 재난이 발생한 때
4. 기타 지휘관이 필요하다고 인정한 때

이 조는 비상소집의 발령시기와 발령권자를 규정한 것이다.

「**비상소집은 다음 각호의 1에 해당하는 때에 지휘관이 발령한다**」: 비상소집은 그 발령시기와 발령권자가 엄격히 제한되어 있다.

따라서, 본 조의 각호에 규정된 경우 이외에는 비상소집을 발령할 수 없으며, 각호에 규정된 경우에 발령하더라도 반드시 지휘관이 발령하여야 한다. 만일 지휘관이 부재시(不在時)나 일과 후 당직계통을 통해 비상소집이 발령되었을 때에는 최단 시간 내에 지휘관에게 이를 보고해야 한다. 만일 지휘관에게 보고하지 못하고 비상소집을 발령했을 경우에는 그 이후라도 지휘관에게 가급적 신속히 보고해야 한다.

비상소집훈련은 지휘관이 계획하거나 상급부대의 계획에 의해 실시하며, 그 시기에 제한은 없다. 그러나 사전에 상급 지휘관에게 보고하여야 한다.

「**국가비상사태가 발생한 때**」: "국가비상사태"란 국가의 안위(安危)에 관계되는 또는 이에 준 하는 비상사태를 말하며, 이런 경우 병력으로써 군사상의 필요에 응하거나 공공의 안녕 질서를 유지할 필요가 있을 때 비상소집 명령이 발해질 수 있다. 이런 경우 통상 계엄이 선포된다. 계엄이라 함은 1)전시·사변 또는 이에 준하는 국가비상사태에 있어서, 2)군사상의 필요가 있거나(군사계엄), 3)공공의 안녕질서를 유지할 필요가 있을 때(행정계엄), 4)대통령(국가원수)이, 5)전국 또는 일정한 지역을 병력으로써 경비하고, 6)당해 지역의 행정사무와 사법사무의 일부 또는 전부를 군의 관할 하에 두며, 7)헌법이 보장하는 국민의 기본권의 일부까지도 제한할 수 있는 긴급권(緊急權) 제도를 말하며, 헌법 제77조 제1항에 근거를 두고 있다. 계엄령이 발해진 경우 비상소집을 발령할 수 있다.

「**작전비상사태가 발생한 때**」: 무장공비가 출현했거나 적의 공격징후가 농후할 때 부대의 작전출동이나 전투태세를 갖추기 위해 비상소집을 발령 할 수 있다.

「**천재지변 기타 재난이 발생한 때**」: 홍수·지진·폭풍·화재 기타 재난이 발생했을 때 피해를 막고 이를 복구하기 위해 병력의 통제와 동원이 긴급히 필요한 경우 비상소집을 발령할 수 있다.

「**기타 지휘관이 필요하다고 인정한 때**」: 비상소집은 상급부대에서 하달되는 것이 상례인 것이다. 비상사태란 통상 전군적(全軍的)인 혹은 전국적(全國的)인 현상이기 때문이다. 그런데 말단 부대의 정면이나 주위에 무장공비가 출현했을 때나 부대근처에 화재나 재난이 발생했을 때 당해 부대지휘관이 먼저 비상소집을 발령한 후 이를 상급부대에 보고하는 경우도 있을 수 있다. 이런 경우 지휘관의 판단에 따라 비상소집이 발령 되어야 하며, 차후 그 사유와 경과를 상급부대에 지체 없이 보고해야 한다.

## 4. 병영생활

이 장(章)은 병영을 중심으로 이루어지는 활동 가운데 특히 내무생활, 종교활동, 특별근무, 건강관리 및 안전, 통신 및 우편 등에 관한 규정이다.

### 가. 내무생활

이 절은 내무생활의 목적과 의무에 관한 규정으로 구성되어 있다.

#### 1) 내무생활의 목적

> 제28조(내무생활의 목적)
> 내무생활의 목적은 군인으로 하여금 내무생활을 통하여 전우애를 기르고 단체생활에 필요한 협동정신과 자율성을 배양하며, 병영생활에서 오는 심신의 피로를 회복하고, 유사시 즉시 임무를 수행할 준비를 갖추는 데 있다.

「**내무생활의 목적은 군인으로 하여금 내무생활을 통하여 전우애를 기르고**」: 내무실(內務室, 종전의 "내무반")은 병사들의 숙소(宿所)인 것이다. 일과 후에 휴식을 취하고 잠을 자며, 개인 보급품을 보관하는 곳이다. 따라서 「군인정신을 함양하고 군대 규율에 익숙 시키는 것」이 내무생활의 주된 목적이 될 수 없다. 군인정신 함양과 군대규율 익숙은 사무실에서, 연병장에서, 초소에서 그리고 교실에서 각종 교육과 간부의 지도 그리고 훈련을 통해서 부단히 이루어지며, 내무생활에서도 어느 정도 이루어질 수 있다. 그렇지만 내무생활의 주된 목적은 병사들로 하여금 병영생활에서 오는 심신의 피로를 회복하고 공동생활에 적응하게 하며 전우애를 기르는데 있다고 할 수 있다.

「**단체생활에 필요한 협동정신과 자율성을 배양하며**」: 내무생활은 단체생활이라는데 그 특징이 있다. 그리고, 단체생활에 있어서 가장 필요한 덕목은 단체의 구성원들이 공중도덕을 지키며, 서로 협동하고 자기 일은 스스로 알아서 하는 자세가 필요하다. 그리고, 이런 협동정신과 자율성은 군 직무수행에 필수적인 요소라 할 수 있다. 내무생활은 이렇게 해서 집단생활에 적응할 수 있는 인격을 함양시켜 준다. 이런 인격은 사회에 나가서도 사회생활을 하는데 큰 도움이 될 것이다.

「**병영생활에서 오는 심신의 피로를 회복하고**」: 병영생활에서 오는 육체적 피로와 정신적 스트레스를 해소할 곳이 바로 내무실인 것이다. 이것은 마치 직장생활의 고됨과 스트레스를 푸는 가정과 같다.

그래서 내무생활을 군대의 "가정생활"로 비유하는 것이다. 가정생활의 한 측면은 안락한 휴식을 취하는 데 있기 때문이다.

「**유사시 즉시 임무를 수행할 준비를 갖추는 데 있다**」 : 내무실은 일종의 대기실이다. 따라서 내무생활은 일종의 대기생활이다. 군대는 언제 있을지 모르는 돌발사태에 대비해야 하고 부단한 전투준비태세와 교육훈련을 위해서 일정한 장소에 모아 숙식(宿食)하도록 되어 있다. 더욱이 비상사태 등 불의의 사태가 발생할 경우 이에 신속히 대처할 수 있도록 준비를 갖추기 위한 것이 내무생활의 목적이라 할 수 있다.

### 2) 내무생활의 의무

> 제29조(내무생활의 의무)
> ① 영내에 거주하여야 하는 군인은 내무생활을 하여야 한다.
> ② 내무생활 대상자 및 내무생활에 관하여 필요한 사항은 국방부 장관이 정한다. 이 경우 국방부장관은 이를 각 군 참모총장에게 위임할 수 있다.

「**영내에 거주하여야 하는 군인은**」 : 영외에 거주하면서 출·퇴근 할 수 있는 군인을 제외한 군인은 모두 원칙적으로 영내거주를 해야 한다.  그런데, 영외에 거주할 수 있는 자는 통상 하사 이상으로 하나 각 군의 특성과 부대 실정에 따라 다를 수 있다. 독신장교 숙소에 거주하는 장교나 GOP에 근무하는 영외거주 가능 간부들은 비록 영내에서 기거하지만 내무생활을 해야 할 의무가 있다고 할 수 없다. 그렇지만 사관생도, 사관후보생 또는 입영 교육중인 무관후보생이나 장교 및 부사관 교육기관에서 교육을 받고 있는 피 교육생으로서 내무생활이 필요하여 이를 의무적으로 부과한 때는 내무생활의 의무가 있게 된다.

「**내무생활을 하여야 한다**」 : 내무생활에 관한 일반적인 사항은 군인 복무규율이나 국군병영생활규정 또는 각 군 규정에 명시되어 있지만 부대의 임무, 상황, 특성에 따라 그 구체적인 내용은 다를 수 있다. 예를 들면 사관학교의 내무생활규정이 따로 있고 신병훈련소나 신병교육대의 내무생활 규정은 일반부대의 내무생활 규정과 다를 수 있다. 따라서, 각 학교, 기관 및 부대의 내무생활규정에 따라 내무생활을 하여야 한다.

「**내무생활 대상자 및 내무생활에 관하여 필요한 사항은 국방부장관이 정한다. 이 경우 국방부장관은 이를 각 군 참모총장에게 위임할 수 있다**」 : 병역법 제18조의「현역은 입영한 날부터 재영하여 복무한다. 다만, 국방부장관이 허가한 사람은 영외에서 거주할 수 있다」는 규정에 따르면 내무생활 대상자도 국방부장관이 정한다고 할 수 있다. 국방부장관은 이를 다시 각 군 참모총장에게 위임할 수 있다. 이외에도 국방부장관은 내무반의 편성, 내무실의 설치 및 운용, 청결과 정돈, 점호, 자유시간, 소등 및 연등, 내무검사 등에 관한 일반적인 원칙을 정하고 그 세부 시행사항은 각 군 참모총장에게 위임한다.

### 나. 종교생활

병영생활에 있어서 종교생활은 개인의 인생관 및 사생관 정립과 인격도야에 있어서 중대한 의미를 갖는다. 따라서 이 절은 종교생활의 목적과 보장, 종교행사의 참여, 종교생활과 복무 등에 관한 규정을 다루고 있다.

#### 1) 종교생활

> 제30조(종교생활)
> 종교생활은 군인이 참된 신앙을 통하여 인생관을 확립하고 인격을 도야하며, 도덕적인 생활을 하게 하는데 그 목적이 있다. 따라서 지휘관은 부대의 임무 수행에 지장이 없는 범위 안에서 개인의 종교생활을 보장하여야 한다.

이 조는 국민의 기본권인 종교의 자유를 보장해 주면서도 그 목적과 활동을 헌법상 군인의 의무인 국토방위 임무에 위배되지 않는 범위 내로 제한하여 규정하고 있다.

「**종교생활은**」 : 종교생활이란 1)신앙생활, 2)종교적 행사의 참여, 3) 종교적 집회 및 결사, 4)포교(布敎) 및 종교교육 등 제반활동을 말하는 바 종교적 행사의 참여나 종교적 집회 및 결사, 포교 및 종교교육 등은 신앙이 외부에 표현되는 행위이기 때문에 헌법이나 법률에 의하여 제한될 수 있다. 또한 미신이나 정치적 · 반국가적 · 반민족적 사교(邪敎)단체, 국가의 존립 그 자체를 위태롭게 하거나 미풍양속(美風良俗)과 공공의 안녕 질서를 침해하는 종교단체, 비과학적인 질병치료를 행하거나 재물을 약취(略取)하는 사이비종교(似而非宗敎) 등은 헌법에 의해 금지되어

있기 때문에 여기서 말하는 종교의 범주에 들어갈 수 없다.[34)]

「**참된 신앙을 통하여 인생관을 확립하고 인격을 도야하며, 도덕적인 생활을 하게 하는 데 그 목적이 있다**」: 여기서 참된 신앙이라고 제한한 것은 신앙을 이유로 병역의무를 기피하거나 집총을 거부하는 행위, 국기에 대한 경례를 우상숭배라 하여 거부하는 행위 등 반국가적·정치적·비도덕적인 신앙을 배제하기 위한 것이다. 그리고 군인의 종교활동의 목적은 바로 참된 신앙생활을 통하여 인생관을 확립하고, 인격을 도야하며 바른 도덕생활을 영위하게 하는 데 두고 있다. 따라서, 이런 목적에 위배된 종교활동은 군에서 금지된다고 할 수 있을 것이다.

「**따라서, 지휘관은 부대의 임무수행이 지장이 없는 범위 안에서 개인의 종교생활을 보장하여야 한다.**」: 각급 지휘관은 부하의 종교생활을 보장해 주어야 한다. 그렇다고 부대의 임무수행에 지장을 주면서까지 부하의 종교생활을 보장해 주라는 것은 아니다. 어디까지나 부대의 임무수행에 지장이 없는 범위 안에서 부하의 종교생활을 보장해 주라는 것이다. 부하들 또한 자기의 임무수행을 거부하거나 태만히 하면서까지 종교 생활의 보장을 요구해서는 안된다.

### 2) 종교행사의 참여

> 제31조(종교행사의 참여)
> ① 군인은 소속부대장이 정하는 교회·사찰 또는 기타 장소들에서 종교의식에 참여할 수 있다.
> ② 군종장교가 보직되어 있지 아니하거나 교회 또는 사찰 등이 없는 부대의 군인은 소속부대장의 허가를 받아 인근부대의 교회·사찰 또는 민간의 교회·사찰 등에서 종교의식에 참여할 수 있다.

이 조항은 군인이 병영생활에 종교의식에 참여할 수 있는 경우를 규정한 것이다.

「**군인은 소속부대장이 정하는 교회·사찰 또는 기타 장소 등에서 종교의식에 참여할 수 있다**」: 군인은 일반 국민처럼 종교를 선택하거나 종교를 바꾸거나, 어떤 종교도 갖지 않을 수 있는 자유가 있다.[35)]

따라서 특정한 종교를 신봉하도록 강요받지 않는다. 그래서 "종교를 신봉하는

---

34) 權寧星 저(著), 전게서 416-21면 참조

35) 權寧星 著, 전게서 417면 참조 종교의 자유에는 신앙을 가지지 아니할 자유, 즉 무신앙(無信仰)의 자유도 포함된다.

군인"으로 이 규정의 적용범위가 제한된다고 하겠다. 여기서 "소속부대장이 정하는"이란 "지휘관이 당해 부대 장병들의 종교행사 장소로 허가한"이라는 뜻이다. 따라서, 부대에 사찰, 교회, 성당 등이 있을 경우에는 당연히 이곳에서 이루어지는 종교행사에 참여할 수 있으나, 이런 것들이 없을 경우에는 강당이나 식당, 내무실, 사무실 등 지휘관이 허가한 장소에서 예배 등 종교의식에 참여할 수 있다. 그렇지만 사찰, 교회, 성당 등이 부대 내에 있음에도 불구하고 내무실이나 기타 장소에서 지휘관의 허락이나 정당한 사유 없이 종교행사를 무분별하게 개최하여서는 안된다.

「**군종장교가 보직되어 있지 아니하거나 교회 또는 사찰 등이 없는 부대의 군인은 소속부대장의 허가를 받아 인근부대의 교회·사찰 또는 민간의 교회·사찰 등에서 종교의식에 참여할 수 있다**」: 군종장교가 배치되어 있지 않는 부대에서는 종교의식을 주관할 성직자가 없기 때문에 외부 성직자를 초청하거나 외부에서 종교의식을 거행할 수 있다. 군종장교가 배치되어 있지만 사찰이나 교회가 없는 부대에서는 일정한 장소를 정해 종교행사를 하게 할 수 있다. 그렇지만 군종장교도 없고 사찰이나 교회도 없는 부대에서는 근처의 부대나 민간의 사찰이나 교회 등을 이용하여 종교의식에 참석시킬 수 있다.

### 3) 종교생활과 복무

> 제32조(종교생활과 복무)
> 군인은 자기가 믿는 종교의 교리 또는 종교생활을 이유로 임무수행에 위배되거나 군의 단결을 저해하는 일체의 행위를 하여서는 아니된다.

「**군인은 자기가 믿는 종교의 교리 또는 종교생활을 이유로 임무수행에 위배되거나**」: 특정한 종교를 신봉하는 군인이 그 종교의 교리를 이유로 국기게양식이나 하기식에 참석하기를 거부하거나 집총훈련을 거부하는 행위는 있을 수 없으며, 이는 명백한 위법행위에 해당한다. 이런 교리를 갖는 종교라면 사실 군에서 그 활동을 보장해야 할 종교라고 할 수 없을 것이다.

"종교활동을 이유로 임무수행에 위배되는" 행위를 하여서는 안된다고 할 때 "종교활동을 이유로"란 말의 의미는 대략 종교의식이나 종교모임 혹은 종교단체가 주관하는 각종행사에 참석한다는 것을 이유로 당직 근무나 초병근무를 면제 혹은 교체해 주라는 요구나 이들 근무를 하지 않고 이들 집회에 참석하는 것 등을 말하며, 일과 중에 허락 없이 직무를 떠나 이런 종교행사에 참여하는 것을 말한다.

「**군의 단결을 저해하는 일체의 행위를 하여서는 아니된다**」 : 우리나라에는 여러 가지 종파와 교파가 존재하는 것이 현실이다. 그렇기 때문에 서로 다른 종파나 교파에 속하는 신도들이나 신도집단들 간에 자칫 반목과 위화감이 조성될 우려가 있다. 따라서, 군인은 군의 단결을 조금이라도 저해하지 않도록 종교생활을 영위해야 하며, 군의 지휘관도 자신이 신봉하는 종교를 부하에게 강요하거나, 특정 종교를 편애하는 행위를 하여서는 안되며, 부대지휘에 종교적 편견이 개입되지 않도록 주의해야 할 것이다.

### 다. 특별근무

이 절은 특별근무의 목적 · 구분 · 할당원칙과 초병의 무기사용에 관한 규정을 포함하고 있다. 특별근무란 당직근무, 영내위병근무, 기타 근무로 구분하며, 기타근무는 다시 불침번근무, 위생당직근무 및 군기순찰근무로 구분한다. 특별근무는 평시 부대 운영에 있어서 매우 중요한 기능을 수행하는 것이다.

#### 1) 특별근무

제33조(특별근무)

① 부대의 인원과 재산을 보호하고 규율과 보안을 유지하며, 각종 사고를 예방하고 비상사태에 대비하기 위하여 부대별로 특별근무를 실시한다.

② 특별근무는 당직근무 · 영내위병근무 및 기타 근무로 구분하며, 기타 근무는 불침번근무 · 위생당직근무 및 군기순찰근무로 구분한다.

③ 특별근무는 계급과 직책에 따라 공정하게 배정하여야 한다.

「**부대의 인원과 재산을 보호하고 규율과 보안을 유지하며, 각종 사고를 예방하고 비상사태에 대비하기 위하여**」 : 이는 특별근무를 설치하게 된 목적을 열거한 것으로 1) 외부의 침입이나, 화재 · 도난으로부터 부대의 인원과 재산을 지키며, 2) 각종 규정의 준수여부를 확인 · 감독함으로써 부대의 규율과 질서를 유지하고, 3) 보안을 유지하며, 4) 부단한 순찰과 감독을 통하여 안전, 총기, 화재, 풍수해, 도난 등 각종 사고를 미연에 방지하고, 5) 비상사태가 발생했을 때 신속하고도 적절한 조치를 취하도록 하기 위한 것이다.

「**부대별로 특별근무를 한다**」 : 특별근무의 편성 단위는 부대인 것이다. 여기서 부대란 일정한 지역에 독립적으로 존재하는 일정한 규모이상의 단위대, 기지 및 군의 기관, 학교 등을 말한다.

「**특별근무는 당직근무 · 영내위병근무 및 기타 근무로 구분하며, 기타 근무는 불침번근무 · 위생당직근무 및 군기순찰로 구분한다**」 : 1) 당직근무의 목적, 구분, 편성, 당직근무자의 책무, 표지, 교대 그리고 당직근무의 면제에 관한 사항, 2) 영내위병근무의 목적, 편성, 위병소 및 초소, 영내위병근무자의 책무, 탄약의 비치, 영문출입, 영내위병근무자의 교대, 3) 불침번근무의 목적, 근무시간 및 장소, 편성, 근무요령 4) 위생당직근무의 목적, 위생당직근무자의 편성, 근무요령, 5) 군기순찰근무의 목적, 군기순찰대의 편성 및 책무 등에 관한 사항은 국군병영생활규정에 규정되어 있다.

「**특별근무는 계급과 직책에 따라 공정하게 배정하여야 한다**」 : 특별 근무에 대한 배정이 공정하게 이루어지지 않으면, 특별근무의 권위도 없어지고 근무자체를 벌이나 노역(勞役)으로 생각하거나, 근무의욕이 저하되기 쉽다. 특히 계급이나 직책이 낮은 사람에게는 과중에게 배정하고 계급이나 직책이 높은 사람은 빠진다거나 혜택을 주는 식으로 배정하지 않도록 유의해야 한다. 그리고 전입한지 얼마 되지 않은 장병에게 대해서는 일정기간 근무를 면제시켜 주도록 해야 한다. 각급 지휘관은 특별근무 배정에 관한 규정을 합리적으로 마련해 놓고 규정에 따라서 이를 실시하도록 감독하여야 한다.

### 2) 초병의 무기사용

제34조(초병의 무기사용)

① 초병은 다음 각호의 1에 해당하는 경우에 한하여 휴대하고 있는 무기를 사용할 수 있다.

1. 신체 · 생명 또는 재산을 보호함에 있어서 그 상황이 급박하여 무기를 사용하지 아니하면 보호할 방법이 없을 때
2. 야간에 3회 이상 수하하여도 이에 불응하여 대답이 없거나, 도주하거나, 초병에 접근할 때
3. 폭행을 당하거나 또는 당할 우려가 있는 경우 그 상황이 급박하여 자위상 부득이할 때

② 초병은 지휘계통상의 상관의 명령이나 지시 없이 휴대하고 있는 무기나 탄약을 타인에게 넘겨주어서는 아니된다.

군형법 제2조에 「초병이라 함은 경계를 그 고유의 임무로 하여 수지(守地)·수해(守海) 또는 수공(守空)에 배치된 자를 말한다」고 정의하고 있다. 초병은 일반수칙과 특별수칙을 지켜 그 책임을 수행한다.

초병의 책무는 막중하다. 따라서 초병은 정당한 사유 없이 그가 근무하는 초소를 이탈하거나, 지정된 시간 내에 초소에 임하지 않을 때는 최대 사형까지 중벌에 처하게 되어 있고(군형법 제28조), 정당한 이유 없이 소정의 규칙에 의하지 아니하고 초병을 교체하거나 초병으로서 수면 또는 주취(酒醉)하여 그 직무를 태만히 한 자에 대해서도 최고 사형까지 벌을 과하도록 하고 있는(군형법 제40조) 반면, 초병에 대한 폭행, 협박(군형법 제54조), 초병에 대한 집단폭행·협박(군형법 제55조), 초병에 대한 특수폭행·협박(군형법 제56조), 초병에 대한 집단특수폭행, 협박(군형법 제57조), 초병에 대한 폭행치사상(군형법 제58조), 초병에 대한 상해(군형법 제58조의2), 초병에 대한 중상해(군형법 제58조의3), 초병에 대한 상해치사(군형법 제58조의4), 초병살해와 예비음모(군형법 제59조), 초병모독(군형법 제65조) 등에 대한 규정을 두어 이를 범한 자에게도 최고 사형 등 중벌을 내리도록 함으로써 초병의 권위와 직무를 보호하고 있다. 군형법 제78조(초소침범)는 초병을 기만하여 초소를 통과하거나 초병의 저지에 불응한 자도 징역이나 금고형에 처하도록 하고 있다.

초병의 책무 및 초병에게 지급할 탄약의 종류, 수량 및 시기 등에 관한 사항은 「국군병영생활규정」에 규정되어 있다.

**「초병은 다음 각호의 1에 해당하는 경우에 한하여 휴대하고 있는 무기를 사용할 수 있다」** : 초병이 그 책무를 수행함에 있어서 휴대하고 있는 무기를 사용할 수 있으나, 그 경우가 엄격히 제한되어 있다. 따라서 무기사용이 허용된 경우를 제외하고는 초병이 자신의 재량으로 무기를 사용해서는 안된다. 규정된 경우 이외에 무기를 사용하고자 할 때에는 위병계통에 보고하여 명령에 따라야 한다.

**「신체·생명 또는 재산을 보호함에 있어서 그 상황이 급박하여 무기를 사용하지 아니하면 보호할 방법이 없을 때」** : 초병은 책임구역내의 인원과 재산을 지킬 책임이 있다. 여기서 인원을 보호한다 함은 부대원의 생명과 신체상의 안전을 보호함을 의미하며, 재산이라 함은 군용시설·장비 및 군용물 등 책임구역내의 모든 군용재산을 의미한다.

그 상황은 매우 긴급해야 하며, 또한 무기를 사용하지 않고는 인원이나 재산을 보호할 다른 수단이 없어야 한다. 아무리 상황이 급박하다 하더라도 무기를 사용하지 않고도 인원이나 재산을 보호할 수 있는 경우에 무기를 사용할 수 없다.

**「야간에 3회 이상 수하하여도 이에 불응하여 대답이 없거나, 도주하거나, 초병에 접근할 때」** : 야간은 주간과는 달리 경계가 힘들고 취약한 시기이기 때문에 주간과는 달리 수하를 하여 초소에 접근하거나 경계 구역에 나타난 사람의 신분(身分)을 확인하게 되어 있다. 수하는 반드시 3회 이상을 하여야 하며, 만일 수하를 3회 이상 하여도 이에 응하지 않고 1) 도주하거나, 2) 초병에 접근하거나, 3) 아무대답이 없을 때 무기를 사용할 수 있다.

**「폭행을 당하거나 또는 당할 우려가 있는 경우 그 상황이 급박하여 자위상 부득이할 때」** : 이는 일반 형법상의 정당방위(형법 제21조)의 법리를 적용한 것으로 초병이 직접 폭행을 당하거나 당할 우려가 현저하고 상황이 급박하여 무기를 사용하지 아니하고는 이를 막을 방법이 없을 경우 자위상 무기를 사용할 수 있다.

**「초병은 지휘계통상의 상관의 명령이나 지시 없이 휴대하고 있는 무기나 탄약을 타인에게 넘겨주어서는 아니된다」** : 휴대한 무기를 타인에게 불법으로 넘기는 행위를 금지하도록 하는 규정이다. '96년도에 발생한 초병의 총기탈취사건을 교훈으로 삼아 이의 재발방지를 위함이다. 따라서, 초병은 지휘계통상의 상관의 명령이나 지시 없이 무기나 탄약을 어떠한 경우에도 타인에게 무단으로 넘겨서는 아니되며, 각 부대장은 총기탈취사건 재발방지를 위한 대책을 수립하고 교육할 책무가 있다.

### 라. 건강관리 및 안전

"건강관리"란 군인이 건강을 유지하고 체력을 향상시켜 군의 전투력을 최고도로 발휘하기 위한 제반 보건 · 위생 및 체육활동을 말하며,

"안전"이란 지상(地上), 수상(水上), 공중(空中)에서의 제반 사고를 미연에 방지하여 병력과 자원의 손실을 감소 또는 제거하기 위한 제반활동을 말한다. 이 절에서는 건강관리 및 안전에 대한 군인의 의무와 건강관리 및 안전에 관하여 필요한 사항은 국방부장관이 정하도록 명시하고 있다.

### 1) 건강관리

제35조(건강관리)
① 군인은 항상 보건위생에 유의하고 심신의 단련에 힘써야 하며, 고의 또는 부주의로 건강을 손상시켜서는 아니된다.
② 건강관리에 관하여 필요한 사항은 국방부장관이 정한다.

전장환경(戰場環境)은 보통의 인간이 견디기 어려운 모든 악조건을 갖추고 있기 때문에 이러한 환경 속에서 싸워야 하는 군인에게는 강건한 신체와 정신력이 요구된다. 따라서 이 영 제4조에서도 군인정신의 함양과 강인한 체력의 단련을 강조하고 있는 것이다. 따라서 항상 보건위생에 유의하고 심신의 단련에 힘쓰는 것은 군인의 의무인 것이다.

「**군인은 항상 보건위생에 유의하고**」: "보건"(保健)이란 건강을 보전함을 의미하며, "건강"(健康)이란 몸이 튼튼하고 병이 없는 것을 의미한다. "위생"(衛生)이란 질병에 걸리지 않도록 예방하거나 질병이나 부상을 당했을 때 이를 치료하는 것을 의미한다. 이에 따라 군인은 항상 적극적으로 자신의 몸을 튼튼히 하고 질병에 걸리지 않도록 하고 질병에 걸렸거나 부상을 당했을 때는 건강을 회복하도록 노력해야 한다. 군인은 집단생활과 야전생활을 하기 때문에 식수(食水)에서부터 식당, 내무실 등에 이르기까지 특별히 위생에 유의하여야 한다.

「**고의 또는 부주의로 건강을 손상시켜서는 아니된다**」: 군인은 고의나 또는 부주의를 막론하고 자신의 신체나 건강을 손상시켜서는 아니된다. 근무를 기피할 목적으로 고의로 신체를 상해(傷害)한 자에게는 최고 사형까지 부과하도록 군형법은 규정하고 있다.[36)]

「**건강관리에 관하여 필요한 사항은 국방부장관이 정한다**」: 국군병영 생활규정에는 건강관리의 의의(제81조), 임무(제82조), 체육활동(제83조), 신체검사(제84조), 방역(제85조), 진단구분(제86조), 환자관리(제87조), 유해약품 소지의 금지(제88조), 위생검사(제89조) 등이 규정되어 있다.

36) 군형법 제41조(근무기피목적의 사술) 참조

### 2) 안 전

제36조(안전)
① 군인은 제반 사고에 의한 인원과 재산의 손실을 예방하기 위하여 항상 안전에 유의하여야 한다.
② 안전에 관하여 필요한 사항은 국방부장관이 정한다.

군인은 각종 위험이 따르는 환경과 직무 속에서 생활하며 복무한다. 이런 위험으로부터 인명과 재산의 손실을 예방하는 일은 군 전투력 유지에 긴요할 뿐만 아니라 장병들의 인명을 보호하고 국민의 부담을 줄이는 길인 것이다. 따라서, 모든 군인은 항상 안전에 유의하여야 한다.

「**군인은 제반 사고에 의한 인원과 재산의 손실을 예방하기 위하여 항상 안전에 유의하여야 한다**」 : 여기서 말하는 제반 사고란 넓은 의미로는 전쟁이나 작전시 발생하는 인원과 재산의 손실을 제외한 인원과 재산의 손실을 가져오는 일체의 사고를 뜻한다. 다시 말하면 일체의 인적, 물적인 비전투 손실을 가리킨다. 모든 군인은 이런 비전투 손실을 최대한 예방할 의무가 있다.

「**안전에 관하여 필요한 사항은 국방부장관이 정한다**」 : 국군병영생활 규정에는 안전관리의 의의(제90조), 안전대책의 수립과 실천(제91조), 화재예방(제92조),
소방대의 편성(제93조), 천재지변에 의한 사고예방(제94조) 등이 규정되어 있다.

## 마. 통신 및 우편

이 절은 통신보안과 서신비밀의 보장 규정을 포함하고 있으며, 국군병영 생활규정에는 우편물의 발송(제106조), 전화기의 사용(제107조) 등에 관한 규정이 있다.

### 1) 통신보안

제37조(통신보안)
군인은 부대의 소재·부대이동·편성 및 군 인사 등 군사보안에 저촉되는 일체의 사항을 통신수단을 이용하여 교신하거나 우편물에 기재하여서는 아니된다.

이 규정은 군인들이 전화나 편지 등 통신수단이나 우편물을 이용할 때 흔히 범하기 쉬운 군사보안을 특히 강조하여 규정한 것이다.

### 2) 서신비밀의 보장

> 제38조(서신비밀의 보장)
> 모든 우편물의 발송과 수신은 신속하고 정확하게 하여야 하며, 서신의 비밀이 보장되어야 한다.

헌법 제18조는 「모든 국민은 통신의 비밀을 침해받지 아니한다」고 규정하고 있다. 여기서 "통신"(通信)이란 서신(봉서나 엽서)을 비롯한 전화·전신 등을 이용하여 멀리 떨어져 있는 사람들 간에 의사를 전달하는 것을 의미하며,「침해받지 아니한다(不可侵)」함은 봉한 서신(書信)에 관하여는 통신사무에 종사하는 공무원이나 사인(私人)이 그것을 개봉하거나 그 내용을 인지하지 못한다는 뜻이다.

이는 사생활의 비밀을 보장하기 위한 조치라 할 수 있다. 이런 통신의 자유도 국가안전보장·질서유지 또는 공공복리를 위하여 필요한 경우에 한하여 법률로써 제한할 수 있다(헌법 제27조제2항)[37]

「**모든 우편물의 발송과 수신은 신속하고 정확하게 하여야 하며**」: "모든 우편물의 발송과 수신은 신속하고 정확하게 하여야 한다"함은 우편물이 잘못 전달되지 않도록 하고 이유 없이 지체되지 않도록 하라는 뜻이다. 왜냐하면 장병들이 보내거나 받는 우편물은 장병들의 사기에 지대한 영향을 끼치기 때문이다. 전투가 격렬한 전장에서 받아 보는 가족들의 안부편지 한 장은 군에서 제공하는 어떤 위로나 복지보다 그 효력이 큰 것이다.

「**서신의 비밀이 보장되어야 한다**」: 정당한 사유가 없는 한 장병이 발송하거나 수령하는 서신은 누구도(비록 상관이나 관계관일지라도) 이를 개봉하거나 그 내용을 인지해서는 안 된다는 뜻이다. 이는 장병들의 사생활의 비밀을 보장하기 위한 것이다.

## 바. 휴 가

이 장(章)은 휴가의 구분 및 기간, 허가범위 및 절차, 국외여행, 외출·외박·휴가의 제한 및 보류 등에 관한 규정을 포함하고 있다.

---

37) 權寧星 著, 전게서 399~403면 참조

### 1) 휴가의 종류 및 시행

> 제39조(휴가의 종류 및 시행)
> ① 군인의 휴가는 연가(年暇)·공가(公假)·청원휴가·특별휴가로 구분한다.
> ② 근무지나 행선지가 먼 거리일 경우 허가권자는 교통편의 등을 고려하여 제19조의2부터 제39조의5까지의 규정에 따른 휴가기간에 실제 필요한 왕복소요일수를 더하여 휴가를 허가할 수 있다.
> ③ 장기복무하사 이상 군인의 휴가기간 중의 공휴일은 휴가일수에 산입하지 아니한다. 다만, 휴가일수가 1개월 이상 계속되는 경우에는 그러하지 아니한다.
> [전문개정 2007.9.20]

**「근무지나 행선지가 먼 거리일 경우 실제 필요한 왕복소요일수를 더하여 휴가를 허가할 수 있다」** : 격오지에 근무하더라도 휴가 행선지가 하루에 충분히 도착할 수 있는 거리에 있거나, 휴가 행선지가 도서 또는 벽지라 할지라도 하루에 충분히 도착할 수 있을 때는 휴가일수를 추가할 필요가 없다. 거리가 멀고 가까운 것보다 교통편의를 고려하여 휴가일수 추가여부를 결정해야 한다.

**「휴가기간 중의 공휴일은 휴가일수에 산입하지 아니한다」** : 국가공무원 복무규정에 따라 군인의 휴가일수 산정도 공휴일을 휴가일수에서 공제하도록 하였다.

#### 가) 연가

> 제39조의2(연가)
> ① 군인은 연 21일 이내의 연가일수를 갖는다.
> ② 허가권자는 제1항에 따른 연가일수를 1회나 여러차례로 나누어 허가 할 수 있다.
> ③ 장기복무하사 이상 군인의 연가는 오전 또는 오후의 반일(半日)단위로 허가할 수 있으며, 반일 연가 2회는 연가 1일로 계산한다.
> ④ 연가의 허가 일수는 다음 산식에 따라 산출한다. 이 경우 15일 이상은 1개월로 계산하고, 15일 미만은 삽입하지 아니하며, 산식에 따라 산출된 소수점 이하의 일수는 반올림한다.
> 연가의 허가 일수 = 실제 복무 개월 수/12월 × 해당 연도 연가일 수

> ⑤ 다음 각 호의 기간은 제4항에 따른 연가일수 산식에서 실제로 복무한 개월 수에 포함하지 아니한다.
> 1. 1개월 이상의 교육훈련기간
> 2. 휴직기간
> 3. 직업보도교육기간
>
> ⑥ 공무상의 사유로 장기복무하사 이상 군인에 대하여 연가를 허가할 수 없거나 해당 군인이 연가를 활용하지 아니할 경우에는 예산의 범위에서 연가일수에 해당하는 연가보상비를 지급하고 연가를 갈음할 수 있다. [본조신설 2007.9.20]

연가는 1년에 일정기간 허가하는 정기휴가를 말한다.

「**연가는 1회나 여러차례로 나누어 허가할 수 있다**」 : 연가는 본인 및 부대여건을 고려하여 1회 또는 수회로 나누어 허가할 수 있다. 허가권자는 부대의 임무, 상황, 계절 등을 고려하여 연가계획을 수립하여 실시하여야 하며, 분할하여 연가를 원하는 군인에게는 부대 임무수행상 지장이 없는 한 이를 허가할 수 있다.

「**연가일수 산식에서 실제로 복무한 개월 수에 포함하지 아니한다**」 : 개인에게 허가된 연가 기간은 12개월을 정상적으로 복무할 시 허가되는 기간으로, 1년 중 실제 복무하지 아니한 기간은 그 기간만큼 비례해서 휴가기간에 포함하지 아니한다. 연중 임관(임용)되는 군인에게도 동일하게 복무한 기간만큼만 휴가일수가 산정되어 허가 된다.

「**예산의 범위에서 연가일수에 해당하는 연가보상비를 지급하고 연가를 갈음할 수 있다**」 : 이 규정의 근본취지는 병들에게는 연가를 반드시 보장해 주어야 하고, 장교 등 하사이상의 경우에는 가급적 연가를 허가해 주어야 하나, 부대임무 수행 상 불가피하여 이를 허가해 주지 못할 때 이를 보상해 주도록 하자는 데 있다. 따라서 수당지급이 연가를 불허하는 데 대한 정당한 이유가 될 수 없다.

#### 나) 청원휴가

청원이란 아래사유로 인해 필요한 기간만큼 지휘관이 반드시 허가해 주어야 하는 휴가를 말한다.

제39조의4(청원휴가)

① 허가권자는 군인의 신청이 있을 때에는 다음 각 호의 구분에 따른 휴가를 허가할 수 있다.

1. 본인이 부상 또는 질병으로 요양이 필요하거나 그 직계가족의 부상 또는 질병 등으로 본인이 간호를 하여야 할 때에는 30일 이내. 다만, 장기복무하사 이상 군인이 「국민건강보험법」에 따른 요양기관에서 요양을 하게 될 때에는 그 요양에 필요한 기간
2. 본인이 혼인할 때에는 7일 이내
3. 배우자가 출산한 때에는 3일 이내
4. 배우자의 사망이나 본인 또는 배우자의 부모가 사망한 때에는 5일 이내
5. 본인 및 배우자의 조부모나 외조부모가 사망한 때에는 2일 이내
6. 자녀나 자녀의 배우자가 사망한 때에는 2일 이내
7. 「입양촉진 및 절차에 관한 특례법」에 따라 입양을 실시할 때에는 14일 이내

② 허가권자는 임신 중인 여성 군인에 대하여 출산의 전후를 통하여 90일의 출산휴가를 허가하되, 휴가기간은 출산 후에 45일 이상이 되게 하여야 한다.

③ 허가권자는 임신 중인 군인이 임신 16주 이후 유산(「모자보건법」 제14조제1항에 따라 허용되는 경우의 인공임신중절에 의한 유산만을 말한다. 이하 같다) 또는 사산(死産)한 경우에 그 군인의 신청이 있을 때에는 다음 각 호의 기준에 따라 유산 또는 사산 휴가를 주어야 한다.

1. 유산 또는 사산한 군인의 임신기간(이하 "임신기간"이라 한다)이 16주 이상 21주 이내인 경우: 유산 또는 사산한 날부터 30일까지
2. 임신기간이 22주 이상 27주 이내인 경우 : 유산 또는 사산한 날부터 60일까지
3. 임신기간이 28주 이상인 경우: 유산 또는 사산한 날부터 90일까지

④ 허가권자는 여성군인에 대하여 매 생리기와 임신한 경우 검진을 위하여 매월 1일의 여성보건휴가를 허가할 수 있다. 다만, 생리로 인한 여성보건휴가는 무급으로 한다.

⑤ 허가권자는 생후 1년 미만의 유아를 가진 여성 군인에 대하여 1일 1시간의 육아 시간을 허가할 수 있다. [본조신설 2007.9.20]

청원휴가는 상기사유 발생 시 우선 본인이 휴가를 요청하여야 하며, 요청을 받은 허가권자는 정해진 휴가기간 범위 내에서 허가할 수 있다.

상기사항 이외로 청원휴가를 요청 및 허가할 수 없으며, 필요시 개인의 정기휴가 및 연가를 이용하면 된다.

### 다) 특별휴가

제39조의5(특별휴가)
① 허가권자는 훈련·검열 그 밖에 특별한 근무로 피로가 심한 자 또는 20년 이상 근속한 자에 대하여 7일 이내의 범위에서 위로휴가를 허가할 수 있다. 이 경우 20년 이상 근속한 자에 대한 위로휴가는 재직기간 중 1회에 한정한다.
② 허가권자는 군인의 모범이 되는 공적이 있는 자에 대하여 10일 이내의 범위에서 포상휴가를 허가할 수 있다. 다만, 대간첩 작전 유공자등에 대한 휴가기간은 각 군 참모총장이 별도로 정할 수 있다.
③ 허가권자는 명예전역 또는 정년전역하는 자에 대하여 3개월 이내의 범위에서 전역 전 휴가(轉役前休暇)를 허가할 수 있다.
④ 허가권자는 전방 경계업무 등으로 1주일에 40시간을 초과하여 근무하는 군인으로서 국방부장관이 정하는 범위에 해당하는 자에 대하여 한 달에 3일 이내의 범위에서 보상휴가를 허가할 수 있다.
⑤ 허가권자는 풍해·수해·화재 등 재해로 인하여 피해를 입은 군인에 대하여 5일 이내의 범위에서 재해구호휴가를 허가할 수 있다.

「**전역전 휴가**」는 장기복무장교 및 부사관이 연령, 근속, 계급정년에 해당하여 퇴직하는 경우에 한하며, 의무복무 자나 단기복무 자에게는 해당되지 않는다. 그리고, 그 기간은 퇴직예정일전 3월이 되는 날부터 퇴직예정일 전일까지 휴가를 허가할 수 있다.

「**재해구호휴가**」 : 국가공무원 복무규정에 따라 재해·재난 발생 시 피해복구 지원을 위하여 허가권자 재량에 의거 휴가를 허가할 수 있도록 함으로써 특별재해지역 선포 시 매년 별도 휴가지침 시달로 인한 불필요한 행정소요를 없애도록 하였다.

### 2) 허가범위·허가권자 및 절차

제40조(허가범위·허가권자 및 절차)
① 휴가의 허가범위는 그 부대 현재 병력의 5분의 1이내로 함을 원칙으로 하되, 그 부대상황에 따라 조정할 수 있다.
② 허가권자 및 기타 절차에 관하여 필요한 사항은 각 군 참모총장이 정한다.

군은 항상 전투준비 태세를 갖추고 있어야 하기 때문에, 이에 필요한 범위 내에서 휴가인원이 책정되어야 하는 데 대략 부대 현 보직인원의 5분의 1이내로 제한하고 있다. 그러나 학교 및 교육기관(교육대)이나 GOP부대 또는 함선출동 전후에는 이런 제한 기준을 적용하기가 곤란하다.

휴가를 허가할 수 있는 권한을 가진 자는 통상 지휘관이지만 이에 관한 구체적인 사항과 휴가 허가절차에 관한 사항은 각 군 참모총장이 정한다.

### 3) 국외여행

> 제41조(국외여행)
> 군인은 다음의 경우에 허가권자의 승인을 얻어 공무외의 목적으로 국외여행을 할 수 있다.
> 1. 국외거주 친족의 경조사가 있거나 본인의 질병을 치료하기 위하여 필요한 때
> 2. 휴가 중 국외여행을 하고자 할 때

이 조는 국가공무원복무규정 제23조(공무외의 국외여행)를 참조하여 규정한 것으로 군인이 공무 외 목적으로 국외여행을 할 수 있는 경우를 열거하고 있다. 그러나 사전에 소정의 절차를 밟아야 한다.

### 4) 외출 · 외박 · 휴가의 제한 및 보류

> 제42조(외출 · 외박 · 휴가의 제한 및 보류)
> ① 지휘관은 부대임무를 수행함에 있어서 긴급한 경우 부대원의 외출 · 외박 및 휴가를 제한할 수 있다.
> ② 다음 각호의 1에 해당하는 자의 외출 · 외박 또는 휴가는 일시보류할 수 있다.
> 1. 환자
> 2. 형사피의자 · 피고인 또는 징계혐의자
> 3. 기타 지휘관이 일시 보류가 필요하다고 인정하는 자

국민의 기본권도 국가안전보장, 질서유지, 공공복리를 위해 법률로 제한 할 수 있듯이 장병 기본권이라 할 수 있는 휴가 등도 부대 임무 수행 상 긴급한 경우 이를 제한할 수 있다.[38] 군기 유지를 위해서나 영외의 상황에 따라서도 제한이 가

능하다. 제한이란 금지, 보류, 연기 등을 가리킨다. 부대 임무수행 상 긴급한 경우란 비상대기, 작전출동, 야외훈련, 테스트, 검열 등이 있는 시기를 말한다. 부대 임무수행 상 긴급한 경우가 아니더라도 환자, 형사피의자나 피고인 또는 징계혐의자 그리고 지휘관이 일시 보류가 필요하다고 인정된 자(예를 들면 잘못을 저지른 부하에게 근신하도록 영내에 대기시키는 것)의 외출, 외박 및 휴가는 보류된다.

## 사. 보 칙

이 장(章)은 이 영의 시행규칙 제정에 관한 사항을 다루고 있다.

### 1) 시행규칙

제43조(시행규칙)

① 이 영 시행에 관하여 필요한 사항은 국방부 및 그 직할부대 또는 직할기관에 근무하는 장병에 대하여는 국방부장관이, 각 군 소속의 장병에 대하여는 각 군 참모총장이 이를 정한다.

② 해군의 함상생활 및 이에 준하는 생활에 있어서 이 영을 적용할 수 없는 부분에 한 하여는 해군참모총장이 이를 따로 정할 수 있다.

국방부장관 및 각 군 참모총장은 필요한 경우 이 영의 시행에 관한 규정을 제정하여야 하며, 이때 이 영의 규정에 위배되지 않도록 유의하여야 한다.

38) 독일 군인법 제28조(휴가)에는 긴급한 근무상의 요구에 의거하여 휴가가 금지될 수 있다고 규정하고 있다.

# 제 4 절 부사관 복무규정

## 1. 총 칙

### 가. 목적

이 규정은 군인사법·동법 시행령의 시행에 관하여 부사관의 장기활용과 복무증진을 위한 복무제도와 역할과 책임을 명확히 구분하여 적극적이고 능동적인 근무태도를 확립시키기 위하여 세부내용 및 절차를 규정하는데 있음.

### 나. 적용범위

현역 및 소집되어 군에 복무하는 부사관 및 무관후보생에 적용한다.

## 2. 복 무

### 가. 복무구분

부사관은 다음과 같은 복무형태에 의거 복무한다.

1) 장기복무 부사관

단기 부사관 중 본인의 지원에 의거 선발 임명되어 장기간 군복무를 하는 부사관

2) 단기복무 부사관

본인지원에 의거 임관된 부사관으로 장기복무를 희망하지 않고 단기간 군복무를 하는 부사관

### 나. 의무 복무기간

부사관의 의무 복무기간은 복무구분에 따라 아래와 같다.
다만, 전시·사변 등의 국가 비상시에는 예외로 한다.

1) 장기복무 부사관 : 7년

단, 정밀고가 장비운용 부사관 10년(7년차 1회 전역가능)

2) 단기복무 부사관 : 4년

단, 아래 경우는 예외로 한다.

가) 군 기술 위탁생 출신 부사관 : 5년(단, 전투 위탁생 출신 부사관은 4년)

나) 금오공고 출신 부사관 : 5년

다) 여군 부사관 : 3년

### 다. 현역정년

부사관으로 현역에서 복무할 정년은 아래와 같다.

다만, 전시·사변 등의 국가 비상시에는 예외로 한다.(군인사법 제8조 1항)

| 계급 | 원사 | 상사 | 중사 | 하사 |
|---|---|---|---|---|
| 연령정년 | 55세 | 53세 | 45세 | 40세 |

### 라. 현역복무 기간의 계산

1) 근속년수는 부사관으로 임관된 날로부터 계산한다.
2) 일반복무로부터 단기 및 장기복무로 임관된 자는 일반복무 부사관으로 임관된 날로부터 계산한다.
3) 무관후보생 교육 중 퇴교자로 부사관으로 임관된 자는 임관된 날로부터 계산한다.
4) 소집되어 복무 중인 부사관은 소집일자로부터 계산한다. 단, 소집되기 이전의 현역복무 기간은 통산한다.

### 마. 장기복무 지원자격

단기 중사 또는 하사(중사 진급예정자)로서 다음 요건을 구비한 자

1) 최근 2년 동안 근무평정 결과가 중층 이상인 자
2) 신체규격 3급 이상자
3) 1개월 이상 무보직 또는 사상으로 6개월 이상 입원한 사실이 없는 자
4) 해당 특기분야에 1년 이상 근무자
5) 6주 이상의 군사교육 성적이 중층 이상인 자
6) 임관 후 경징계 처분 2회 이내자

## 바. 장기복무 지원절차

1) 장기복무를 희망하는 자는 장기복무지원서 1부를 장관급 부대에서 참모총장(참조 : 인사운영실장)에게 제출한다.
2) 장기복무지원은 현 보유 직군(군사특기)을 기준으로 지원한다.
3) 인사운영실장은 직군별 인력운용 수준을 인사참모부장과 협조하여 선발 계획 인원을 하달한다.

## 사. 장기복무 전형방법

1) 전형은 자격 기준 및 기록 자료를 기초로 선발하되 필요시는 당해 연도 방침으로 추가 또는 조정할 수 있다.
2) 선발우대 조건
   가) 군 발전에 특별한 공이 있는 자
   나) 군사교육 성적이 우수한 자 및 초급대학 졸업 이상의 학력소지자
   다) 복무연장자
   라) 국내위탁교육, 해외연수교육 이수자 및 장학생 출신자

## 아. 장기복무 심사위원회

### 1) 위원회 구성

위원장 : 대령급 1명, 위원 : 영관장교 4명, 육본 및 각 군 주임원사(대리자) 4명

### 2) 심사 요령

가) 계급별, 병과별(직군), 복무 연차별로 구분 심사한다.
나) 심의는 위원 과반수 이상 찬성으로 의결하되 위원장은 표결권을 가지며 가부동수일 때에는 결정권을 갖는다.
다) 심사 시기
  (1) 5월 말과 11월 말을 기준하여 연 2회 실시함을 원칙으로 한다.
  (2) 다만, 인력운영상 필요시는 심사 횟수 및 심사 시기를 조정하여 실시할 수 있다.

3) 선발시기 : 10월(매년 1회)

가) 남군 : 임관 4년차 장기예비자로 선발 후, 6년차에 장기 복무자로 확정 선발
나) 여군 : 임관 3년차 장기예비자로 선발 후, 5년차 장기 복무자로 확정 선발

4) 평가요소

| 구분 | 계 | 근무 평정 | 지휘 추천 | 교육 성적 | 심층 면접 | 상훈 | 격오지 근무 | 의견소 | 심사위원평가 | |
|---|---|---|---|---|---|---|---|---|---|---|
| | | | | | | | | | 잠재 역량 | 질적 평가 |
| 예비 | 100 | 35 | 20 | 10 | 10 | 5 | 5 | 5 | 5 | 5 |
| 확정 | 100 | 40 | 20 | 15 | · | 5 | 5 | 5 | 5 | 5 |

### 자. 선발인원 및 비율

선발인원 및 비율은 당해 연도 선발계획에 의한다.

### 차. 복무연장

단기복무 부사관으로서 의무복무 기간만료 1년 전 지원에 의거 복무기간을 연장할 수 있다.

1) 연장기간 : 1회에 1년이상 4년까지 연단위로 할 수 있으며, 군 인력 조정상 필요한 경우에는 본인지원에 의거 현역정년까지 복무 연장할 수 있다.
2) 자격기준 : 장기복무 지원자격에 준함.(제9조 참조)
3) 지원절차 : 복무연장지원서 1부를 지휘계통으로 제출
4) 연장권자 : 참모총장
5) 선　발 : 육군본부에서 반기 1회 심사위원회를 운영하여 선발한다.(제12조 참조)

여군의 복무연장 선발은 위 1항에 준하되 여군하사 복무연장은 아래와 같다.

(1) 복무연장 신청은 복무만료 1년 전에 지원하여야 한다.
(2) 복무연장기간은 1회에 연단위로 1년 또는 2년으로 한다.

## 3. 휴직 및 복직

### 가. 휴 직

#### 1) 아래 각 호의 "1"에 해당하는 자는 휴직을 명한다.

가) 전공상을 제외한 심신장애로 6개월 이상 근무하지 못할 때(군인사법 제48조 1항 1호)

나) 형사사건으로 기소되었을 때(군인사법 제48조 1항 2호)

다) 행방불명 되었을 때(군인사법 제48조 1항 2호)

#### 2) 청원휴직

가) 장기복무 부사관을 대상으로 적용하며 , 청원휴직권자는 장관급 지휘관으로 한다.

나) 청원휴직 구분

(1) 국제기구 또는 외국기구에 임시로 채용된 때 : 채용기간

(2) 자비로 해외유학을 할 때 : 2년 이내

(3) 참모총장이 정하는 연구기관, 교육기관 등에서 자비로 연수할 때 : 2년 이내

(4) 자녀(휴직신청 당시 3세 미만)를 양육하거나 여자군인이 임신 또는 출산하게 되어 필요한 때(단기부사관 포함)

(5) 사고 또는 질병 등으로 장기간의 요양을 필요로 하는 부모, 배우자, 자녀, 또는 배우자의 부모 간호를 위해 필요한 때 : 1년 이내(재직기간 중 총 3년 이내)

### 나. 복 직

1) 심신장애로 인하여 휴직기간 내에 완치되었을 때는 퇴원일로부터 복직명령을 발령한다.

2) 형사사건으로 기소되어 휴직되었던 자가 무죄, 벌금형 이하의 형, 면소판결 및 공소기각의 재판이 확정되었을 때는 재판 확정일부로 복직 발령한다.

3) 행방불명된 자가 휴직기간 내에 귀영한 때에는 복직명령을 발령한다.

4) 청원휴직 중인 자의 복직

가) 휴직만료시는 만료 전 30일 이내 복직신고 후 만료일 익일부로 당연 복직한다.

나) 휴직기간 중 휴직사유 소멸시에는 30일 이내 복직신고하고 지체 없이 복직하되, 청원 휴직 기간을 초과할 수 없다.

다) 복직신고서는 휴직기간 6개월 이상자는 군사령부, 6개월 미만자는 소속부대에 제출하며, "나"항의 (1) (2) (3)호에 해당하는 경우는 육본(인사운영실)에 제출한다.

### 다. 휴직자의 복무기간 계산

1) 휴직된 자의 휴직기간은 복무기간으로 가산되지 아니한다.

2) 형사사건으로 기소되어 휴직되었던 자가 무죄선고를 받았을 때는 휴직되었던 기간 중의 봉급 차액을 소급하여 지급하며, 휴직되었던 기간을 복무기간에 가산한다. 이 경우 휴직을 이유로 교육, 진급, 보직 등 각종 인사관리상 불리한 처우를 하지 아니한다.

## 4. 상벌 상호 평가

### 가. 적용대상

징계 처분을 받은 자가 포상을 받았을 때는 1회에 한하여 상벌 상호 평가를 적용한다.

### 나. 상벌 상호 평가

징계 처분을 받은 자가 포상을 받았을 때는 각종 인사관계 심의과정에서 벌 사항을 상호 평가(상쇄)하여 구제한다. 이 경우 부사관 자력표에는 상벌 및 상쇄 사항을 기록하여 기록된 사항은 소멸되지 아니한다.

### 다. 상벌 상호 평가기준

1) 경징계 처분을 받은 자가 당해 계급에서 아래 각 호에 해당하는 포상을 받았

을 때 경징계 처분을 받지 않은 것으로 평가한다.

가) 하사 : 연대장급 이상 표창 및 훈포장

나) 중사, 상사, 원사 : 사단장급(여단장 포함) 이상 표창 및 훈포장

2) 제1항의 2개 이상의 포상을 받았을 때는 높은 등급의 포상을 1회에 관하여 상호 평가한다.

3) 제1항의 기준 이하의 포상을 받았을 때는 아래와 같이 합산하여 상호 평가한다.

가) 하사 : 대대장 표창 2회시

나) 중사, 상사, 원사 : 연대장 표창 2회시

다) 무공훈장 및 무공포장을 받은 자는 군복무 기간 중 심사위원회의 의결을 거쳐 중징계 1회는 경징계로 경감할 수 있고, 경징계 1회는 경징계 처분을 받지 않은 것으로 평가할 수 있다.

## 5. 부사관 서열

### 가. 개인서열

1) 부사관의 개인서열은 계급 순위에 의한다.
2) 위 항이 동일할 때는 현 계급 진급일자 순에 의한다.
3) 위 항이 동일할 때는 차하위 계급 진급일자 순에 의한다.
4) 위 항이 동일할 때는 하사 임관일자 순위에 의한다.
5) 위 항이 동일할 때는 군번 순위에 의한다.
6) 위 항으로 구분하기 곤란할 때는 연장자 순으로 한다.

### 나. 현역 편입자 서열

1) 예비역으로부터 현역에 편입된 자의 서열은 해계급의 현역복무 일수 순에 의한다.
2) 위 항이 동일할 때는 예비역으로부터 현역에 일찍 편입된 자 순으로 한다.
3) 현역에 편입된 자 상호 간에 위 항이 동일할 때는 제 34조(개인서열) 2항 이하에 준한다.

### 다. 강등된 자의 서열

1) 강등된 자는 강등된 그 계급의 현역 복무 일수에 의한다.
2) 위 항이 동일할 때는 제34조(개인서열)2항 이하에 준한다.

### 라. 부사관후보생 서열

1) 부사관 다음으로 한다.
2) 부사관후보생 상호 간에는 부사관 후보로 임명된 순위에 의한다.

## 6. 교육과정 중 사고자 인사처리

### 가. 임관교육 중 사고자 처리

#### 1) 퇴교자

가) 교육 중 퇴교자는 학교장이 퇴교처분심사 기준을 설정하여 심의를 거쳐 퇴교 조치한다.

나) 인사명령상 퇴교일부로 신분을 상실하며 후보생이 되기 전의 신분으로 복귀한다.

(1) 현역출신(전 · 평시 동일)은 피교육기간을 복귀된 원신분의 복무기간에 가산한다. (병 진급 최저 복무기간 환산 계급부여)

(2) 민간출신(평시에 한함)은 본인 의사에 따라 병 복무를 시키거나 귀가 처리 한다.

#### 2) 환자

가) 입원을 요하는 자는 학교장이 최기 군병원에 입원 발령한다.

나) 퇴원 후 교육에 지장이 없을 시는 교육을 계속 시키고, 불가능할 시는 전(면)역 처리한다.

### 나. 보수교육 중 사고자 인사처리

1) 지연 도착자

가) 지연 입교원인을 규명하여 학교 내규에 의거 입교여부를 결정한다.

나) 원복 조치시는 학교명령으로 발령하고 그 결과를 참모총장(참조 : 인사운영실장)에게 보고한다.

2) 환자

가) 교육 중 심신장애자는 후송계통에 의거 입원 조치한다.

나) 퇴원 후 교육에 지장이 없을 시는 교육을 계속 시키고 불가능할 시는원복 조치 후 육본에 보고한다.

3) 불미스러운 사고 또는 교육을 받을 능력이 없는 자.

가) 학교 내규에 의거 심의 후 퇴교 조치하며 퇴교 조치 후 육본에 보고한다.

나) 퇴교자는 학교 명령에 의거 원대 복귀시킨다.

4) 퇴교자 처리

가) 퇴교자로 원대 복귀된 자는 자대 현역복무 부적합자 심사위원회에 회부한다.

나) 심의결과 적격자는 재분류 조치하고 부적합자는 전역 조치한다.

다) 전속으로 입교된 인원 중 퇴교자는 교육기관장이 현역복무 부적합 심사 후 적격자는 육본에 보고하여 재분류 조치하고 부적합자는 전역 조치한다.

## 7. 역할과 책임

### 가. 부사관의 책무

부사관은 부대의 전통을 유지하고, 명예를 지키는 간부이다. 그러므로 맡은 바 직무에 정통하고, 모든 일에 솔선수범하며, 병의 법규준수와 명령이행을 감독하고, 교육훈련과 내무생활을 지도하여야 한다. 또한 병의 신상을 파악하여 선도하고 , 안전사고를 예방하며, 각종 장비와 보급품 관리에 힘써야 한다.

## 나. 부사관의 역할과 책임

1) 부사관의 역할은 관행적으로 수행해 왔던 장교의 보좌역 또는 장교와 병의 교량적 역할이 아니라 부대의 전통을 유지하고 명예를 지키는 간부로서 맡은 바 직무에 정통하고, 모든 일에 솔선수범하여 병의 법규준수와 명령이행을 감독한다.
2) 따라서 부사관은 군 하부구조 전투력 발휘의 중추적 역할로서 병 기본 및 주특기 교육과 내무생활을 지도하고 병의 신상을 파악하여 선도하며, 병에 대한 인사관리 전담과 부대 시설물, 장비 및 보급품 관리, 각종 안전사고 예방활동을 한다.
3) 부사관은 지휘관의 부대운영 지침에 따라 위임된 권한을 행사한다. 따라서 그 권한은 임의로 행사되어서는 안되며 그 결과에 대해서는 지휘관(자)에게 책임을 진다.
4) 지휘관은 업무 수행간 성공적인 부대 지휘를 위하여 부사관의 권한 행사를 지도 감독하고, 효율적으로 관리하여야 한다.
5) 또한 지휘관은 부사관(주임원사, 행정보급관)을 부사관 및 병 계통의 대변자로서 인정하고 부사관의 건의를 존중해 주어야 하며, 부사관이 수립한 계획 및 건의사항에 대해서는 부대 임무 수행상 특별한 문제점이 없는 한 지휘관이 승인함으로써 부사관 역할과 책임이 실질적으로 정착될 수 있도록 여건을 보장해야 한다.
6) 부대별 유형(향토, 동원사단 등) 및 근무여건을 고려하여 부사관 인원 부족으로 부사관 역할 수행 능력 초과시 사(여)단급 지휘관의 승인 후 부사관 역할을 장교와 과제(목)을 분담하며 세부사항은 부대 설정을 고려하여 구체화한다.

## 다. 주임원사 역할과 책임

### 1) 임 무

가) 지휘관을 보좌하고, 부사관단을 대표하여 부사관, 병의 대변인 역할과 선도/교육
나) 부대원의 사기, 복지, 단결, 사고예방 등 부대관리 전반에 대한 사항을 지휘관에게 조언, 건의

다) 부사관단 활동 차원에서 교육훈련, 부대환경, 내무생활, 군기 및 사고예방 활동에 관심을 갖고 업무 추진
라) 하급제대 부사관의 수행 업무에 대한 지도 및 감독
마) 부대 제반 의식행사 참석

## 2) 역할과 책임

### 가) 지휘관 보좌

(1) 부사관 활동에 대한 계획 수립 및 지휘 조언(활동결과 보고 조치)
(2) 부대관리, 교육훈련, 제 규정 준수, 사기/복지, 부사관·병 신상관리, 애로/건의사항 수렴 보고
(3) 지휘관 관심, 지시사항 이행실태 파악보고
(4) 부대원의 의·식·주, 보건상태 파악 및 취약지역 순찰 결과 보고
(5) 부대원의 복지, 사기, 단결에 관한 문제점 파악보고, 건의
(6) 부대 역사에 관한 내용 숙지/필요시 지휘 조언
- 부대 역사, 상급/인접 부대 사항, 대민 사항 등
(7) 삶의 질 향상/합리적인 부대 운용을 위한 의견 수렴 및 지휘 조언
(8) 기타 부대 발전 방안 건의

### 나) 부사관 인사관리

(1) 부사관 보직 판단 및 결정에 대한 참여
- 인사 실무자 보직 건의안 작성 시 의견 제시, 협조 서명
(2) 부사관 관련 추천 및 심사 시 심의 위원장 및 위원으로 참여
- 장기복무 및 복무연장, 단기복무 부사관 및 모범 부사관 선발은 주임원사를 위원장으로 편성
- 기타 심의시(장교와 혼합편성)는 위원으로 참여
(3) 부대근무, 사생활 문란 부사관 지도 및 지휘조치 건의

### 다) 교육 훈련

(1) 각종 훈련/교육실태 점검 문제점 및 개선 방안 건의
(2) 병 기본훈련 관련 부사관 연구강의 주관
(3) 병 기본훈련 전담 평가 및 교육
(4) 효·예 교육 및 행동화 실천 독려

라) 군기/내무생활 지도

(1) 부사관단 주관 하 내무검사 시행
- 사전 계획 작성 예하대 하달
- 실시 결과 보고(신상필벌 적용)

(2) 내무생활 지도감독
- 구타, 가혹행위 등 내무부조리 근절 대책 강구
- 부대별 내무생활 평가
- 관심 부사관 · 병 상담 및 지도
- 모범 내무실, 내무생활 우수자 선발 포상 및 조치
- 군기/안전사고 예방에 기여한 인원 선발 포상
- 제대별, 계층별 간담회 실시 및 결과 조언

(3) 예하대 부사관 근무요령 교육 및 선도
- 부사관으로서의 근무자세 품위 유지 등에 대한 선도

(4) 군기교육대 운용계획 수립 및 시행
- 군기교육대 설치 및 운용계획 수립
- 군기교육 대상 인원 선정 및 교육

(5) 복지 및 사기
- 부사관 · 병의 기본권 보장을 위한 활동 및 건의
- 사기 진작과 체력 향상을 위한 건의/조언
- 위문행사 계획 및 시행(불우이웃 돕기, 양로원 방문)
- 재활용품 관리 및 판매 처리

(6) 의식행사
- 각종 의식 행사에 부사관, 병의 대표 역할
- 주기적인 부사관단 회의 주관
- 부대 전통의 계승 유지 및 발전 업무 수행

### 3) 예우 및 처우 기준

가) 주임원사의 예우는 제대별 일반 및 특별참모에 준하여 예우할 수 있도록 아래와 같이 규정화 한다.

| 구분<br>제대 | 육본 | 군사 | 군단 | 사(여)단 | 연대 | 대대 |
|---|---|---|---|---|---|---|
| 예우직책 | 특별참모 | | 일반참모 | | 과장 | |
| 예우계급 | 준장 | 대령 | | 중령 | 소령 | 소령/대위 |

**나) 부대행사 등의 의전과 관련된 주임원사 예우**

(1) 상급 지휘관 및 외부인원(VIP) 방문시, 부대 귀빈 방문시에는 지휘관과 함께 도열하며 영접시에는 지휘관을 보좌하여 부대와 관련된 제반 사항을 소개/안내한다.

(2) 각종 의식행사 및 회의시 주임원사 위치 및 좌석 배정은 위(가)항에 명시된 제대별 참모 예우기준에 따라 육본/군사는 특별참모, 군단급 이하 부대는 일반참모와 동일하게 좌석을 배정한다.

(3) 지휘관 이·취임 행사시에는 육규150 규정에 따라 참모와 동일한 복장으로 단상에 위치하며, 부대기 이양시 단상 정면으로 하단 및 원위치한다.

**다) 주임원사 처우**

(1) 임명장 수여 체계

- 상관급 지휘관 이상 제대는 참모총장 명의의 임명장을 발행/해부대 지휘관에게 위임하여 수여한다.
- 영관급 지휘관 제대는 장관급 지휘관 명의의 임명장을 발행/해부대 지휘관이 위임 수여한다.

(2) 육본/군사 직할 대령급 부대는 참모총장/군사령관이 발행

- 임명장 수여 절차

| 주임원사 선발<br>(해부대에서 선발) | ⇛ | 임명장 발행 요청<br>- 장관급 제대 : 육군 주임원사실<br>- 영관급 제대 : 장관급 제대 주임원사실 | ⇛ | 임명장 하달<br>(해부대 지휘관이 위임 수여) |
|---|---|---|---|---|

(3) 주임원사 업무/활동 차량지원 조치

- 사고예방활동, 시설물/환경 관리, 경계근무실태 감독 등 주임원사의 원활한 임무수행 여건 보장을 위해 업무 및 순찰용 차량을 아래 기준에 따라 지원한다.

| 육본/군사 | 군단~연대 | 대대 | 도시지역 군단급 부대 및 학교기관 (수방사, 특전사, 군수사, 교육사) |
|---|---|---|---|
| 승용차(중형) | 1/4t 짚 | 필요시 지원 | 승용차 |

(4) 군 숙소 배정

- 주임원사의 군 숙소는 육본~군사는 특별참모로, 군단~사(여)단은 일반참모로, 연/대대는 과장급에 기준하여 배정한다.

(5) 주임원사 이 · 취임식 행사는 현행 육규150(이 · 취임식 행사 기준 및 표준 식순)에 명시되어 있는 절차에 따라 해부대 지휘관이 주관하여 전제대가 실시한다.

(6) 부사관/병 소집교육

- 부사관 및 병에 대한 부대관리/인성교육/병 기본교육 등 주임원사 임무 수행상의 교육이 필요할 시에는 지휘관에게 보고(서면 또는 구두보고)/승인을 득한 후 실시한다.

(7) 호칭

- 부대고유명칭 다음에 "주임원사(상사)"를 붙여 호칭한다.

예) 육군본부 : 육군 주임원사,00사단 : 제00사단 주임원사(상사)

### 라. 권위신장

1) 부사관의 권위신장을 위하여 각급 지휘관은 아래 사항에 대하여 특별한 관심을 갖고 해결하도록 한다.

가) 부사관들이 일과시간에 활용할 수 있는 부사관 근무실을 설치하여 근무여건을 조성하도록 한다.

나) 기타 병과 엄격한 구분관리로 권위신장을 도모한다.

## 8. 부사관단 운영

### 가. 운영목적

1) 지휘관의 의도를 받들어 자발적인 창조정신과 행동으로 실천하는 부사관상을 정립하고 부대와 군 발전에 기여한다.

2) 부사관상을 통하여 부사관은 군의 간부임을 인식시키고 긍지를 갖게 하며, 의견을 반영하여 복무의욕을 증진하고 능동적으로 부대 발전에 기여케 한다.

### 나. 편 성

부사관단은 사단(여단 포함)급 이상 부대에 운영한다.
여단급 이하는 지휘관의 승인 후 부사관단을 운영할 수 있다

#### 1) 임원구성

가) 임원은 단장, 부단장을 중심으로 하며, 이하에 임원은 각 부대 내규에 준한다.
나) 단장은 주임원사(상사)가 겸무하여, 임기는 주임원사(상사) 보직에 준한다.
다) 간부의 임명은 단원이 추천, 단장이 임명한다.

#### 2) 임원의 임무

각 부사관단 임원의 임무는 부대 실정을 고려하여 설정 시행하며, 특히 부대 군기 유지 및 교육, 각종 사고예방, 복지증진에 중점을 두고 활동하여야 하며, 목적과 임무 이외 활동을 할 수 없다.

#### 3) 감 독

해당 지휘관은 부사관단의 운영 및 활동을 보상하고 감독한다.

## 9. 인사교류

### 가. 개 념

#### 1) 교류대상은 다음과 같다.

가) 10년 이상 동일부대(군급기준)에 장기근속한 자로서 희망자를 우선적으로 적용함을 원칙으로 하며 부사관 계획인사제도가 전면 시행되는 2017년부터는 군별 상한기간을 1·3군은 15년, 2군 및 육·국직부대는 10년을 적용한다. 단, 군 인력운영상 필요할 경우에는 대상을 조정할 수 있다.
나) 군별(1·3군, 2작사, 육·국직) 최소 보직기간은 3년으로 하며 하한선 미도달

자는 군간 전속을 할 수 없다. 단, 천재지변으로 인한 재해 또는 부대 증·창설에 따른 전속은 예외로 한다.

2) 교류 부대는 전방 및 후방부대로 구분한다.

가) 전방부대 : 1·3군 사령부 및 예하부대
나) 후방부대 : 2작사 및 육·국직부대

3) 교류기준은 다음과 같다.

가) 전·후방지역 부대별, 계급별, 병과세부특기별 소요직위 범위 내 희망자에 한하여 교류함을 원칙으로 한다. 단, 부대별로 불균형시는 부대간 병력조정을 겸하여 실시할 수 있다.
나) 인사교류 심의는 '10년도에는 반기별, '11년부터는 분기별로 시행한다.
다) 인사사령부는 사전 예측된 인사운영을 위하여 장기근속자는 전년도 12월, 정상진급자 및 근속진급자는 당해연도 3월에 인사교류 시기를 심의하여 공지한다.

### 나. 교류절차

1) 인사교류는 다음과 같이 실시한다.

**가) 전·후방교류는 다음과 같다.**
(1) 후방지역 소요직위 판단 하달(부대별, 계급별, 병과세부특기별 현황)
(2) 전·후방 교류 희망자 파악
(3) 교류희망자 인사심의 확정
(가) 후방지역 교류는 전방근무 장기근속자순
(나) 후방지역 근속자중 전방근무 희망자는 우선 교류

**나) 계획인사제도는 다음과 같다.**
(1) 각 군별 상·하한 근무기간을 설정 시행한다.
(가) 상한기간 : 1·3군 15년, 2군 및 육·국직 10년
(나) 인력조정시에는 하한선 근무후 교류희망자, 장기근무자 순으로 시행한다.
(다) GP, GOP, 해·강안 경계부대 근무 부사관은 희망자만 교류한다.
(라) 1·3군 근무자는 교류희망자 중 장기근무자, 희망자, 부족시 선호지역

장기근무자순으로 교류한다.

(마) 전역 잔여기간 5년 미만자는 계획인사 대상에서 제외한다.

(바) 육·국직부대 기존 장기근무자는 25년 이상 근무자부터 2008년에서 2017년까지 단계적으로 교류한다.

① 매년 2년씩 단축 9년간 단계적 교류
- 2008년 : 25년 이상 근무자
- 2009년 : 25년 미만 ~ 23년 이상
- 2010년 : 23년 미만 ~ 21년 이상
- 2011년 : 21년 미만 ~ 19년 이상
- 2012년 : 19년 미만 ~ 17년 이상
- 2013년 : 매년 2년씩 단축

② 2007년 전입자의 2017년 계획인사 시기와 일치토록 기준 설정 시행한다.

③ 육·국직부대 근속기간은 최근 전입일 기준으로 산정하여 적용한다.

④ 2008년부터 상기 해당자에 대하여 계획인사를 적용한다.

⑤ 다음 대상은 교류에서 제외한다.
- 정년 잔여기간 5년 미만자
- 격오지 근무자는 희망자만 교류
- 부대 임무·병과 특성 고려 자체교류 또는 교류가 제한되는 부대 및 병과세부특기 : 과학화 훈련단, 체육부대 등

**다) 진급자 인사교류는 다음과 같다.**

(1) 인사교류 대상은 다음과 같다.

(가) 부사관 인사교류 대상은 당해연도 중사→상사, 상사→원사, 진급선발자 전원을 원칙으로 한다. 단, 육·국직부대 및 2군 근무 부사관은 전원 1·3군으로 분류하고, 1·3군 근무자는 2군 및 육·국직부대로 교류한다.

① 1·3군 진급자는 교류희망자, 장기근무자 순으로 교류한다.

② 2군 해안경계임무 담당 대대급이하 근무자는 희망자만 교류한다.

* 진급자 인사교류는 연대급 이하 부대까지 1:1 교류원칙을 준수한다.

(나) 부사관 인사교류 대상자 중 다음의 경우, 별도기준을 적용하여 인사교류 한다.

① GOP / 해·강안 경계임무를 담당하는 연대급 이하 부사관의 경우, 본인 희망시 육군본부 인사교류 대상에서 제외한다.

② 1개 부대에서 근무기간이 단기간일 경우, 복무여건 보장을 위해 본인희망시 다음 기준을 적용하여 인사교류 한다.

| 구 분 | 중사 → 상사 진급선발자 | 상사→원사 진급선발자 |
|---|---|---|
| 1개 부대 근무 상한기간 | 5년(하사~중사) | 10년(하사~상사) |

* 단, 해 · 강안 경계임무 부사관은 해 · 강안 근무기간을 제외하고 근무 상한기간을 적용

③ 선발직위자(중 · 소대장, 교관 / 훈련(학생)지도 부사관,
복지단, 한국군지원단, JSA대대)의 경우, 보수교육과 연계하여 인사교류 하지않고 선발직위 보직만료 후에 인사교류 한다.

④ 수험생 자녀(고3 재학생)를 둔 부사관의 경우, 대학입시 종료시까지 인사교류 유예기간을 부여한다.

⑤ 육 · 국직부대 교류대상자는 교류제외 인원을 최소화하여 시행한다. 단, 다음과 같이 교류가 제한되는 특수임무 및 기능부대 필수병과세부특기와 부대임무, 병과세부특기(병과), 근무여건을 고려하여 자체교류를 시행한다.

- 교류제외 필수병과세부특기 : 특전사(113), 정보사(151, 153, 171, 174), 항작사(182), 전문인력직위 등
- 단일부대 특수임무 병과세부특기(부대) 추가교류 제외 : 자체 교류

* 지형정보단(162), 수송사(282, 283), 화방사(191), 국통사(171), 과학화훈련단, 체육부대(체육선수 등)

⑥ 계획인사가 전면 시행되는 2017년부터 진급자 인사교류는 적용하지 않는다.

(2) 연중 균형된 인력운영을 위하여 인사교류 시기는 당해연도 인사교류 계획에 의거 시행한다.

# 10. 진 급

## 가. 진급선발 대상권

### 1) 진급선발 대상

진급발령일을 기준하여 진급 최저 복무기간에 도달한 자로 한다.

가) 상사에서 원사 진급 : 상사

나) 중사에서 상사 진급 : 장기복무 중사

다) 하사에서 중사 진급 : 장기복무 후보 및 단기복무 하사

### 2) 진급 최저 복무기간

| 진급될 계급 | 현 계급 최저 복무기간 |
|---|---|
| 원 사 | 상사로서 7년 |
| 상 사 | 중사로서 5년 |
| 중 사 | 하사로서 2년<br>* 예비역간부 출신 하사는 진급최저복무기간을 1/2로 단축적용 가능 |

### 3) 진급 최저 복무기간의 계산

가) 현 계급의 임관 또는 진급된 일자로부터 계산한다. 단, 예비역으로부터 소집된 자는 소집일로부터 계산한다.

나) 강등된 자는 그 강등된 계급에서 전에 복무한 기간을 통산하며, 강등되기 전 계급에서 복무한 기간은 산입하지 않는다.

### 4) 복무기간 환산에서 제외되는 기간

다음에 해당되는 기간은 진급 최저복무기간에 산입하지 않는다.

가) 탈영, 수형, 행방불명기간 및 구속기간(무죄석방자 제외)

나) 휴직 및 정직기간(사건계류로 인한 휴직 중 무죄석방자 및 육아휴직자 제외)

다) 자비 유학을 위한 휴직기간

라) 구류기간('81. 3. 2 이후 처분된 자)

### 5) 진급시킬 수 없는 사유 〈낙천사유〉

가) 다음 사항에 해당시 그 사유가 해소될 때까지 진급심사 대상에서 제외할 수 있다.

(1) 군사법원에 기소된 자
(2) 포로 또는 행방불명 중인 자
(3) 탈영 중인 자
(4) 전·공상 이외의 사유로 입원중인 자
(5) 정당한 사유 없이 당해연도 신체검사 미실시자

나) 다음과 같이 해당 시는 1회에 한하여 진급 선발에서 제외시킨다.

(1) 군사법원에서 유죄판결을 받고 제적되지 않는 자(벌금, 구류 등)
(2) 중징계 처분을 받은 자
(3) 동일 계급에서 3회 이상 경징계 처분을 받은 자. 단, 부조리 및 파렴치 사유 해당자는 경징계 1회라도 적용
(4) 군사교육 과정에서 낙제 또는 불명예스러운 사유로 퇴교된 자
(5) 동일 계급에서 각각 다른 평정자로부터 2회 이상 열등으로 평가받은 자

### 6) 진급선발권자 〈진급선발 권한 위임〉

부사관의 진급선발권은 참모총장으로부터 계급별·병과별·병과세부특기별 위임받은 장성급 지휘관이 행사한다.

### 7) 진급예정 인원 〈진급공석〉

진급 인원은 당해연도 인력운영계획 및 결원 수에 의하여 다음과 같은 기준으로 판단한다.

가) 하사→중사 : 병과세부특기별 공석 판단
나) 중사→상사 : 병과세부특기별 공석 판단
다) 상사→원사 : 병과세부특기별 공석 판단

### 8) 진급선발 시기

연 1회 선발함을 원칙으로 하되 군 인력운영상 필요시는 분기별로 실시할 수 있다(단, 전시에는 분기별로 실시한다.).

### 9) 진급예정 인원의 할당 〈공석할당〉

진급권자의 위임에 따라 각 군 및 육직부대에 다음사항을 고려하여 계급별, 병과세부특기별로 할당한다.

가) 각 군별 병력현황 및 병과세부특기별 진급대상자 비율을 고려

나) 희소 병과세부특기 또는 대상자 부족으로 할당 불가시는 군급 부대 또는 육군본부에서 통합실시

## 나. 선발절차 및 기준

### 1) 선발절차

진급 선발심사는 다음과 같이 구분하여 심사함을 원칙으로 한다.

가) 1단계는 평가자료를 작성한다.

나) 2단계는 추천심사위원회를 통하여 평가자료 및 대상자를 심사하여 진급예정인원의 100%를 추천한다.

다) 3단계는 선발심사위원회를 통해 다음과 같이 시행한다.

(1) 각 추천위원회 추천인원 대상으로 심사

(2) 추천인원 확정 (3) 총장결재

### 2) 진급선발 평가요소 및 평가방법

진급선발평가는 표준평가요소에 대한 계량적 및 질적 평가와 잠재역량평가를 종합적으로 분석하여 등급으로 평가한다.

가) 진급선발 평가요소는 다음과 같이 적용한다.

(1) 표준평가요소 계량적평가(점수) : 평정, 경력, 교육, 상훈, 근속기간, 진급년차, 지휘추천

※ 배점기준(4개 등급)

| 등급<br>요소 | 상 | 중상 | 중 | 하 |
|---|---|---|---|---|
| 적용비율 | 배점의 100% | 95% | 90% | 80% |

(2) 표준평가요소 질적 평가(등급) : 평정, 경력, 교육, 상훈, 지휘추천 종합

(3) 잠재역량평가(등급) : 자기개발, 공과사실, 자질 및 덕목, 신체 및 체력 종합

(4) 세부 평가방법은 당해연도 진급지시에 의한다.

나) 평가는 다음 기준에 의해 실시한다.

(1) 표준평가요소에 대한 계량적 평가(평가요소별 배점)를 실시한다.

| 구 분 | 계 | 근무평정 | 경 력 | | 교육 | 상훈 | 근속기간 | 체력 | 진급년차 | 지휘추천 |
|---|---|---|---|---|---|---|---|---|---|---|
| | | | 병과세부특기 | 격오지 | | | | | | |
| 상사→원사<br>중사→상사 | 100 | 40 | 5 | 10 | 10 | 5 | 5 | 5 | 5 | 15 |
| 하사→중사 | 100 | 30 | 5 | 5 | 15 | 5 | · | 5 | · | 35 |

단, 경과조치기간 중 연도별 평가요소별 세부배점 적용은 당해연도 진급지시를 적용한다.

(2) 표준평가요소 질적평가는 진급선발위원에 의해 표준평가요소를 종합적으로 분석한 후 A·B·C등급으로 평가한다.

(3) 잠재역량평가는 진급선발위원에 의해 4개요소를 종합적으로 분석한 후 A·B·C등급으로 평가한다.

(4) 상기 가, 나, 다 항을 종합한 최종 진급선발 방법은 다음과 같다.

| 표준평가요소 | | 잠재역량평가요소 | | 최 종 선 발 |
|---|---|---|---|---|
| • 계량적 평가(점수)<br>• 질적 평가(등급) | + | (등 급) | = | (등 급) |

## 3) 동일점수일 경우 우선순위

가) 계급별, 병과세부특기별 기록평가 기준에 의거 채점결과가 같을 때 적용한다.

나) 우선순위의 기준은 다음과 같다.

(1) 장기 근속자(임관일 기준)

(2) 근무평정 성적 우수자

(3) 지휘관 추천 서열

(4) 군사교육 성적

(5) 국외 유학과정 이수자

(6) 자격증 소지자

## 4) 처벌기록 말소기간 및 감점적용기준, 상벌 상호평가 기준

가) 처벌기록 말소기간 및 감점 적용기간은 다음과 같이 적용한다.

(1) 당해계급 정체 기간중 사항을 총망라하여 적용한다.

(2) 상벌상호 평가기준에 의거 공과 상쇄된 내용은 감점하지 않는다.

(3) 평가기준은 처벌종류별 다음과 같이 적용한다.

| 처벌 종류 | 징계벌 | | | | 형사처벌 | | 과사실 보고 | 보직 해임 |
|---|---|---|---|---|---|---|---|---|
| | 중징계 | 경징계 | | | 선고유예 벌금형 | 약식 명령 | | |
| | 정직 | 감봉 | 근신 | 견책 | | | | |
| 말소 기간 | 7년 | 5년 | 3년 | 2년 | 7년 | 2년 | 2년 | 2년 |
| 감점 기준 | 감점 5점, 1회 낙천 | 4점 | 3점 | 2점 | 감점 5점, 1회 낙천 | 3점 | 참고 | 3점 |

나) 상벌상호 평가기준은 다음 절차에 의해 시행한다.

(1) 경징계 처분을 받은 자가 당해계급 정체 기간중 포상을 받았을 때 상벌상호 평가를 적용한다.(경징계 2회 이상 처분자 1회에 한해서 적용)

(가) 하사는 연대장급 이상 표창 또는 훈·포장을 수여시 적용한다.

(나) 중사 및 상사는 사·여단장급 이상 표창 또는 훈·포장을 수여시 적용한다.

(2) 위 "(1)"항에 해당하는 표창 미수상자도 이에 상응한 표창점수에 의거 공과 상쇄할 수 있다.

(3) 상벌상호 평가로 공과 상쇄시 상쇄된 훈·표창과 동일반기에 수상한 훈, 표창은 전부 상쇄한다.

(4) 기타 세부적용 사항은 부사관 복무규정을 참조하되 상쇄된 내용은 심의표상 기재하지 않는다.

## 11. 근무평정

### 가. 목적 및 적용범위

#### 1) 평정의 목적

가) 개인의 능률증진 및 개발

나) 지휘권의 확립

다) 교육, 보직, 진급, 장기복무 및 복무연장 임명, 기타 선발 등 인사관리 자료로 활용

## 나. 종 류

### 1) 전반기 근무평정표

가) 전반기 평정은 전년도 9월 1일부터 당해연도 2월 29일까지의 근무실적을 기준으로 작성

나) 평정자는 별지 제14호 서식에 따른 부사관 평정표를 3월 1일까지 작성

### 2) 후반기 근무평정표

가) 후반기 평정은 당해연도 3월 1일부터 당해연도 8월 31일까지의 근무실적을 기준으로 작성한다.

나) 평정자는 별지 제14호 서식에 따른 부사관 평정표를 9월 1일까지 작성하여야 한다.

### 3) 우수근무자 평가서

'우수근무자 평가'는 현저한 공적이나 탁월한 능력을 발휘하여 타의 귀감이 되는 부사관에 대해 관련사실을 평가하여 인사관리에 반영함으로써 지휘권을 보장하기 위해 시행되는 평가서이다.

### 4) 군위탁생 평정표

가) 2년 이상의 주간대학(주간기능대 포함) 위탁교육생으로 입학(편입)한 학생으로 하여 1학년(3학년)과 2학년(4학년)의 학점 취득결과를 반영하는 평정표이다.

나) 재학생은 매 학년말 학업성적으로 당해연도 평정을 실시한다.

### 5) 피교육생 관찰기록표

가) 전 교육과정에 입교한 부사관 피교육생을 대상으로 관찰기록표를 작성한다.

나) 보고된 자료는 진급시 잠재역량평가와 장기복무자 선발 등에 활용한다.

### 6) 파견근무자에 대한 평가

가) '파견근무자'에 대한 평정은 파견기간 동안의 업무실적을 평가하고, 파견부대(서)의 지휘권을 보장하기 위하여 시행하는 평가서이다.

나) 작성대상은 장관급 이상 지휘관(부서장)이 승인한 최소 1개월 이상 파견자 중에서 파견기간 종료시 작성한다.

## 다. 작성계통

### 1) 평장작성 계통

가) 평정작성 계통은 전·후반기 동일한 계통을 유지

나) 평정계통은 지휘권을 확립하고 객관적인 평가를 위해서 1차, 2차 복수평가에 의한 평정을 실시함을 원칙으로 하되, 부사관 직책별 평정계통을 설정

(1) 평정자 선정

(가) 1차 평정자

일반적으로 피평정자를 직접 지휘감독하는 편제직위상 1차 상급자가 된다.

(나) 2차 평정자

1차 평정자를 평정할 수 있는 상위직위자

(2) 부사관 직책별 일반적인 평정계통은 다음과 같다.

<table>
<tr><th colspan="2">부 대</th><th>피평정자</th><th>1차 평정자</th><th>2차 평정자</th></tr>
<tr><td rowspan="6">대 대</td><td rowspan="3">중·소대</td><td>분대장 / 부소대장</td><td>소대장</td><td>중대장</td></tr>
<tr><td>소대장</td><td>중대장</td><td>(부)대대장</td></tr>
<tr><td>행정보급관</td><td>중대장</td><td rowspan="3">(부)대대장</td></tr>
<tr><td rowspan="3">본부 / 본중</td><td>본중 담당관</td><td>본부중대장</td></tr>
<tr><td>참모부 담당관</td><td>참모장교</td></tr>
<tr><td>대대 주임원사</td><td>부대대장</td><td>대대장</td></tr>
<tr><td rowspan="6">연 대</td><td rowspan="2">직할중대</td><td>중,소대 담당관</td><td>감독장교</td><td>중대장</td></tr>
<tr><td>행정보급관</td><td>중대장</td><td>(부)연대장</td></tr>
<tr><td rowspan="4">본부 / 본부대</td><td>본부대 담당관</td><td>감독장교</td><td>본부대장</td></tr>
<tr><td>행정보급관</td><td>중대장</td><td rowspan="2">(부)연대장</td></tr>
<tr><td>참모부 담당관</td><td>과장</td></tr>
<tr><td>주임원사</td><td>(부)연대장</td><td>연대장</td></tr>
</table>

## 라. 집단구성 및 평정작성

### 1) 평정집단 구성

평정집단 구성의 기본원칙은 계급별, 기능병과별(전투, 기술, 행정, 특수), 직위별로 구성하며, 평정작성일 당시 계급을 기준으로 집단을 구성한다. 단, 진급예정자는 평정작성일 현재 계급을 기준하여 평정집단을 구성한다.

가) 집단구성

(1) 여군은 해 직위에 보직된 부대(서)에서 남군과 같이 동일 집단을 구성한다.

(2) 교육사(리더십센터) 및 학교기관 교관 및 훈련지도부사관 요원 중 선발 직위자와 훈련부사관(육군훈련소, 신병교육대) 요원은 일반요원과 별도 집단을 구성한다.

(3) 계급별 집단구성시 진급예정자는 평정 작성기준일(전반기 : 정기 3. 1일, 1차 추가 7. 1일, 후반기 : 정기 9. 1일, 1차 추가 12. 1일) 현재계급을 기준하여 평정집단을 구성한다.

(4) 평정집단 구성은 다음과 같다.

| 기능병과 | 병 과 |
|---|---|
| 전 투 병 과(8) | 보병, 기갑, 포병, 방공, 정보, 공병, 통신, 항공 |
| 기 술 병 과(4) | 화학, 병참, 병기, 수송 |
| 행 정 병 과(4) | 부관, 헌병, 경리, 정훈 |
| 특 수 병 과(3) | 의무, 법무, 군종 |

나) 직위별로는 지휘관(자), 참모, 교관, 훈련부사관, 주임원사로 구분하여 집단을 구성한다. 단, 지휘관(자) 직위는 편제표상 중대장, 특전사 부중대장, 소대장, 분대장, 포반장(포병) 직위에 한하여 적용함을 원칙으로 한다.

다) 세부 집단구성은 당해연도 근무평정작성 지시에 의한다.

### 2) 평정작성

가) 작성대상은 평정 기준일에 보직된 전 부사관이다.

나) 다음의 사유에 해당하는 부사관은 평정대상에서 제외한다.

(1) 평정 당해연도에 임관된 초임하사

(2) 금년도 1월 31일까지 직보반 및 사설학원에 임명된 사람

(3) 평정작성월 마지막 날(3월 31일, 8월 31일) 이전까지 전역, 제적, 실종된 사람

(4) 장기간(전년도 12. 31 ~ 익년도 7. 1) 부대를 떠나 관찰기간이 부족한 사람

(5) 정기평정 기준일 및 작성일은 다음과 같다.

| 평정기준일 | 평정작성일 | 업무실적 기간 |
|---|---|---|
| 전반기 : 2월 1일 | 3월 1일 | 전년도 9. 1 ~ 당해연도 2. 29 |
| 후반기 : 8월 1일 | 9월 1일 | 동년 3. 1 ~ 동년 8. 31 |

(가) 평정 기준일에 보직된 부사관은 전원 평정 작성일에 작성, 육군본부 지정일에 제출한다.

(나) 입원 등으로 평정 기준일(2. 1) 전·후 1개월이내 단기간 보직 단절되었다가 평정 작성일(3. 1) 전에 복귀하여 보직단절 되기 전에 보직을 부여받아 근무하는 자의 상호근무 합산기간이 30일(2월 29일) 경과시는 정기평정을 실시한다.

(다) 정기평정 작성기준일(2. 1)과 평정작성일(3. 1) 사이에 해외파병요원으로 선발 소집된 부사관은 전 소속대에서 평정을 작성하지 않으며, 해외파병부대에서 파병 이후 근무실적을 평가하되 평정기준일은 본대 파견일자의 익월 1일이고 평정작성일은 관찰기간 1개월(30일) 후 1일이다.

예) 2. 26일 해외파병 요원 선발 후 3. 20일 해외파병시⇒4. 1일 기준, 5. 1일 작성

# 부 록

군무이탈죄의 공소시효 / 결과
폭행 등 죄의 주요 발생유형과 예방대책
친고죄
교통사고특례법
직무관련 범죄
군형법 전문(全文)

## 군무이탈죄의 공소시효 / 결과

### 1. 탈영 후 오랫동안 체포되지 않고 도망 다니면 처벌을 면할 수 있을 것인가?

군무이탈죄는 공소시효가 만료되어도 명령위반죄로 처벌된다.

범죄를 저질렀어도 일정한 기간이 지나면 공소시효가 경과하여 공소를 제기할 수 없으므로 결국 형사처벌을 받지 않는다. 군무이탈의 경우 공소시효가 7년이므로 7년이 경과한 군무이탈자를 군무이탈죄로 처벌할 수는 없다.

그러나 군형법은 명령위반죄로 처벌하고 있는 바 군무이탈자의 경우 전역한 상태가 아니므로 군인 신분을 보유하고 따라서 참모총장이 발하는 자수 및 복귀명령에 따를 의무가 있고 이러한 명령을 거역하면 명령위반죄로 처벌을 받을 수밖에 없다(명령위반죄는 공소시효가 3년인데 참모총장의 자수 및 복귀명령은 반복하여 발령되므로 군무이탈자는 계속 명령위반죄의 죄책을 면할 수 없는 것이다.).

결국 군무이탈 후 수십년이 지나도 사망하기 전까지는 명령위반죄의 범인으로는 남아 있을 수밖에 없으므로 군무이탈의 결과는 언제나 형사처벌이 기다리고 있음을 인식하고 있어야 할 것이다.

### 2. 군무이탈(소위 탈영)의 결과는?

가. 영원한 범죄자 : 군무이탈 공소시효가 지나도 명령위반죄로 처벌된다.

나. 지명수배자 : 군무이탈자는 탈영사실이 알려진 순간부터 전국적으로 지명수배가 된다.

다. 법률상 불구자 : 탈영 후 결혼을 하여도 혼인신고를 할 수 없고, 자식이 생겨도 출생신고를 할 수 없으며, 억울한 일을 당해도 검찰, 경찰 등에 호소할 방법이 없는 등 정상적 생활이 불가능하다.

라. 사회적 냉대 : 헌병 등에 의한 체포활동이 계속되고 탈영범을 숨겨 준 경우에도 처벌을 받으므로 친구 등에게 의지할 수도 없고 결국 혼자서 도피생활을 할 수 밖에 없는 처지에 놓이게 된다. 처벌을 받은 후에도 전과자라는 것과 군 생활도 견디어 내지 못한 무능력자로 낙인 찍혀 정상적인 사회생활이 불가능하다.

# 폭행 등 죄의 주요 발생유형과 예방대책

## 1. 폭행 등 죄의 주요 발생 유형

가. 군기확립 명목의 후임병 구타 및 가혹행위
나. 훈계를 목적으로 하급자에 대한 정도를 넘어선 구타 및 가혹행위
다. 상급자로부터 질책을 받고 이에 대한 시정 또는 화풀이 목적으로 하급자에 대하여 행하는 구타 및 가혹행위
라. 하급자의 원인제공으로 감정이 폭발하여 구타하는 경우
마. 개인적인 감정이 있는 하급자를 상급자의 지위를 이용해 상습적으로 괴롭히는 경우
바. 선임병의 횡포에 수반되어 행해지는 구타 및 가혹행위
사. 외박이나 휴가를 나가서 민간인들과 시비가 붙어 싸우는 경우

## 2. 폭행 등 죄의 예방대책

가. 구타는 근본적인 교정수단이 아님을 인식시키고 솔선수범하여 모범을 보이는 것이 최선의 방법임을 주지
나. 구타관련범죄는 구속수사를 원칙적으로 하고 있으며, 특히 영내 구타행위는 엄벌에 처하고 있음을 강조
다. 선임병들의 고질적인 구타 폐습은 쉽게 사라지지 않으므로 부단하고 지속적인 정신교육 및 군법교육의 실시, 구타 및 가혹행위 근절에 대한 확고한 의지전파가 필요
라. 단 한번의 구타도 즉각 발견될 수 있는 구타 신고제도를 활성화하여 상습구타자가 생기지 않도록 하고, 구타자도 초기에 가벼운 처벌로써 반성할 기회를 갖게 하여 후일 상습자로서 중형에 처해지는 불행을 방지해야 함.

## 3. 폭행, 상해죄를 엄벌하는 이유

가. 폭행은 하급자가 상급자를 존중하지 않는 분위기를 만들어 전투력을 약화시킨다는 점

나. 폭행은 제2, 제3의 범죄 및 강력사고를 유발한다는 점
다. 폭행은 계급사회라는 군의 특수성을 악용한 범죄이기 때문에 죄질이 매우 나쁘다는 점
라. 군내 폭행은 군에 대한 국민의 인상을 나쁘게 하여 국민의 대군 불신감을 초래함으로써 민·군 화합을 저해한다는 점

## 친고죄

### 1. 친고죄(親告罪)란 무엇인가?

친고죄란 피해자의 고소가 있어야만 범죄자를 처벌할 수 있는 죄를 말한다. 흔히들 가장 대표적인 친고죄로 들고 있는 것이 바로 강간죄인데, 이와 같이 강간죄를 친고죄로 규정한 이유는 강간죄는 피해자의 입장에서 알려지지 않기를 원하는 경우가 많고 그리한 경우에 수사를 빌미로 강간사실을 공개하는 것은 오히려 피해자의 프라이버시를 침해하여 피해자에게 불이익을 줄 수 있다는 고려에 근거한 것이다.

그러나 현재는 성범죄의 급증과 그 폐해를 중시하는 추세에 따라 성폭력범죄의 처벌및 피해자 보호등에 관한법률이 제정되어 친고죄에 해당하는 성범죄의 범위가 현저히 줄어들었다. 예컨대 2인 이상이 합동하여 성범죄를 저지르거나 또는 흉기 또는 기타 위험한 물건을 들고 성범죄를 저지르는 경우, 절도범이나 강도범이 강간하는 경우 등은 친고죄가 아니다. 또한 강간이나 추행으로 인하여 상해의 결과가 발생한 경우 즉 강간치상죄·강제추행치상죄의 경우도 친고죄가 아니다.

따라서 강간죄는 친고죄라는 어설픈 지식으로 오판하여 강간을 하고 난 다음에 얼마간 돈을 주고 합의를 하고나면 처벌을 받지 않는 것으로 생각하는 것은 큰 오해이다.

# 교통사고특례법

## 1. 교통사고처리특례법의 제정이유

교통사고는 피해자의 피해가 큰 경우가 많기 때문에 가해자에게 신속한 피해보상을 강제할 목적으로 엄벌되는 경향이 있다. 또 일부 피해자는 가해자의 과실이 매우 적고 자신의 피해가 경미함에도 불구하고 부당한 보상을 받아내고자 가해자의 형사처벌을 탄원하는 좋지 못한 현상도 있었다. 따라서 피해자에게 신속하고 적정한 보상책을 마련하면서 과실범인 교통사고사범의 형사처벌을 완화하고자 이 법이 제정된 것이다.

## 2. 피해자와 합의하면 원칙적으로 처벌하지 않는다.

그러나 1심판결 선고전까지 합의되지 않으면 처벌받는다. 따라서 가해자는 신속한 합의를 위하여 더욱 노력하여야 한다.

## 3. 종합보험에 가입되어 있으면 처벌하지 않는다.

종합보험이나 공제조합에 가입하면 보험회사나 공제조합에서 피해자가 입은 손해를 전액 보상하므로 합의된 경우와 마찬가지로 취급된다.

그러나 사고자의 잘못이 매우 큰 피해자사망, 신호위반, 중앙선침범, 음주운전, 무면허운전 등의 경우는 합의되었다고 해도 형사처벌을 면하지 못한다.

# 직무관련 범죄

## 1. 의 의

공무원은 국민 전체의 봉사자로서 국가공무원법에 규정된 성실의 의무를 비롯한 각종 의무들을 부담하고 있는데, 특히 군인의 경우에는 국가의 존망을 좌우하는 국토방위의 임무를 수행하고 있는 관계로 성실히 직무를 수행하여야 할 의무가 더욱 강조된다 할 것이다. 따라서 군인은 검소한 개인 생활윤리와 청렴한 직업윤리의 확립을 위해 노력해야 한다.

## 2. 범죄의 유형 및 사례

### 가. 직무관련범죄 일반론

군 간부가 직무수행 중 저지를 수 있는 범죄의 유형은 다양하지만 이 책에서는 주로 문제가 되는 범죄들을 중심으로 기술하였다.

직무수행 중 문제가 될 수 있는 주요행위로는 첫째 자신의 직무를 명백하게 저버리는 행위를 한 경우, 둘째 직무수행의 대가로 부당하게 금품을 받거나 접대를 받는 경우, 셋째 부대공금, 군용물 등을 착복 하는 경우 등이 있다.

첫 번째 유형의 행위는 직무유기죄로, 두 번째 유형의 행위는 수뢰죄로, 세 번째 유형의 행위는 업무상횡령죄로 처벌받게 된다.

### 나. 직무유기죄

직무유기죄란 공무원이 정당한 이유 없이 그 직무수행을 거부하거나 그 직무를 유기하는 것을 말한다(형법 제122조). 군지휘관이 직무를 유기하는 경우는 군형법에 의하여 가중처벌된다(군형법 제24조).

직무란 공무원법상의 본래의 직무 또는 고유한 직무를 말한다. 직무를 유기한다는 의미는 직무에 관한 의식적인 방임 내지 포기 즉, 맡은 직무를 수행하지 않고 버려두거나 방치하는 등 정당한 이유 없이 직무를 수행하지 않는 경우를 말한다. 즉 직무유기는 공무원의 법령, 내규 또는 지시 및 통첩에 의한 추상적인 성실근무의 의무를 태만히 하는 일체의 경우를 말하는 것이 아니라 직장의 무단이탈, 직무의 의식적인 포기 등과 같은 행위가 있어야 한다.

학교군사교육단의 당직사관이 교대할 당직근무자에게 당직근무의 인수·인계도 하지 않고 퇴근한 경우, 중대장이 소속대 장병 탈영사실을 대대장에게 보고하지 않고 대대 행정과장에게 탈영자가 있으나 그 장병이 탈영할 사람이 아니니 탈영보고를 하지 말고 귀대시킬 수 있도록 출장증을 만들어 달라고 부탁한 행위 등에 법원에서는 직무유기를 인정하였다.

### 다. 뇌물죄

수뢰죄는 공무원이 직무에 관하여 뇌물을 받거나 이를 요구 또는 약속함으로써 성립되는 범죄이며(형법 제129조), 증뢰죄는 공무원에게 뇌물을 줄 때 성립하는 범죄이다(형법 제133조).

공무원이 비록 해당 직무의 직접적인 담당자는 아니더라도 자신의 지위나 영향력을 이용하여 직무의 직접적인 담당자가 직무행위를 하도록 매개하거나 주선하는 것에 관하여 뇌물을 수수, 요구 또는 약속한 때에는 알선수뢰죄가 된다(형법 제132조).

뇌물죄에 있어서 직무라 함은 공무원이 그 지위에 있어서 공무원으로서 취급하는 일체의 직무를 말하고, 독립적인 결재권이 없다고 하더라도 상사의 지휘감독하에 그 명령을 받아 취급하는 직무 역시 이에 해당한다.

뇌물을 반드시 금전적 가치가 있는 것에 한하지 않고, 일체의 유무형의 이익이 포함되므로 향응의 제공 또는 성상납도 뇌물에 해당한다.

뇌물죄는 경우에 따라서 특정범죄가중처벌등에관한법률이 적용되어 가중처벌된다.

### 라. 업무상 횡령·배임죄

업무상횡령죄란 업무상의 임무에 의하여 자기가 보관하는 타인의 재물을 자기의 소유물처럼 이용하고 처분하는 행위를 함으로써 성립하는 범죄다(형법 제356조,

제355조 제1항).

업무상배임죄란 타인의 사무를 처리하는 자가 업무상의 임무에 위배하여 재산상 이익을 취득하거나 제3자로 하여금 이익을 취득하게 하고 이로 인하여 본인에게 손해를 가하는 것을 말한다(형법 제256조, 제355조 제2항).

횡령과 배임은 모두 타인에 대한 신임관계를 배반한다는 점에서 성질이 같다. 즉 국가재산 관리를 업무상 임무로 하는 군인이 임무에 위배하여 국가에 재산적 손해를 끼치는 경우 업무상횡령죄나 업무상배임죄가 성립한다.

## 3. 처 벌(법정형)

가. 직무유기죄 : 1년 이하의 징역이나 금고 또는 3년 이하의 자격정지(형법 제122조).

나. 군지휘관의 직무유기죄 : 적전의 경우에는 사형, 전시, 사변 또는 계엄지역인 경우에는 5년 이상의 유기징역이나 유기금고, 기타의 경우에는 3년 이하의 징역이나 금고(군형법 제24조)

다. 수뢰죄 : 5년 이하의 징역 또는 10년 이하의 자격정지(형법 제129조)

라. 승뢰죄 : 5년 이하의 징역 또는 2,000만원 이하의 벌금(형법 제 133조)

마. 알선수뢰죄 : 3년 이하의 징역 또는 7년 이하의 자격정지(형법 제132조)

바. 업무상 횡령·배임죄 : 10년 이하의 징역 또는 3,000만원 이하의 벌금(형법 제356조)

# 군형법 전문(全文)

[시행 2010. 2. 3] [법률 제9820호, 2009.11. 2, 일부개정]

## 제1편 총칙

제1조 (적용대상자) ① 이 법은 이 법에 규정된 죄를 범한 대한민국 군인에게 적용한다.

② 제1항에서 "군인"이란 현역에 복무하는 장교, 준사관, 부사관 및 병(兵)을 말한다. 다만, 전환복무(轉換服務) 중인 병은 제외한다.

③ 다음 각 호의 어느 하나에 해당하는 사람에 대하여는 군인에 준하여 이 법을 적용한다.

1. 군무원
2. 군적(軍籍)을 가진 군(軍)의 학교의 학생·생도와 사관후보생·부사관후보생 및 「병역법」 제57조에 따른 군적을 가지는 재영(在營) 중인 학생
3. 소집되어 실역(實役)에 복무하고 있는 예비역·보충역 및 제2국민역인 군인

④ 다음 각 호의 어느 하나에 해당하는 죄를 범한 내국인·외국인에 대하여도 군인에 준하여 이 법을 적용한다.

1. 제13조제2항 및 제3항의 죄
2. 제42조의 죄
3. 제54조부터 제56조까지, 제58조, 제58조의2부터 제58조의6까지 및 제59조의 죄
4. 제66조부터 제71조까지의 죄
5. 제75조제1항제1호의 죄
6. 제77조의 죄
7. 제78조의 죄
8. 제87조부터 제90조까지의 죄
9. 제13조제2항 및 제3항의 미수범
10. 제58조의2부터 제58조의4까지의 미수범
11. 제59조제1항의 미수범
12. 제66조부터 제70조까지 및 제71조제1항·제2항의 미수범
13. 제87조부터 제90조까지의 미수범

⑤ 제1항부터 제3항까지에 규정된 사람이 군복무 중이나 재학 또는 재영 중에 이 법에서 정한 죄를 범한 경우에는 전역·소집해제·퇴직 또는 퇴교나 퇴영 후에도 이 법을 적용한다. [전문개정 2009.11.2]

제1조의2 (장소적 적용범위) 이 법은 제1조에 규정된 사람이 대한민국의 영역 밖에서 이 법에 규정된 죄(제1조제4항의 적용을 받는 사람에 대하여는 같은 항 각 호에 정한 죄만 해당한다)를 범한 경우에도 적용한다. [본조신설 2009.11.2]

제2조 (용어의 정의) 이 법에서 사용하는 용어의 뜻은 다음과 같다.

1. "상관"이란 명령복종 관계에서 명령권을 가진 사람을 말한다. 명령복종 관계가 없는 경우의 상위 계급자와 상위 서열자는 상관에 준한다.
2. "지휘관"이란 중대 이상 단위부대의 장과 함선(艦船)부대의 장 또는 함정(艦艇) 및 항공기를 지휘하는 사람을 말한다.
3. "초병"이란 경계를 그 고유의 임무로 하여 지상, 해상 또는 공중에 책임 범위를 정하여 배치된 사람을 말한다.
4. "부대"란 군대, 군의 기관 및 학교와 전시(戰時) 또는 사변 시에 이에 준하여 특별히 설치하는 기관을 말한다.
5. "적전"이란 적에 대하여 공격·방어의 전투행동을 개시하기 직전과 개시 후의 상태 또는 적과 직접 대치하여 적의 습격을 경계하는 상태를 말한다.
6. "전시"란 상대국이나 교전단체에 대하여 선전포고나 대적(對敵)행위를 한 때부터 그 상대국이나 교전단체와 휴전협정이 성립된 때까지의 기간을 말한다.
7. "사변"이란 전시에 준하는 동란(動亂)상태로서 전국 또는 지역별로 계엄이 선포된 기간을 말한다. [전문개정 2009.11.2]

제3조 (사형 집행) 사형은 소속 군 참모총장 또는 군사법원의 관할관이 지정한 장소에서 총살로써 집행한다. [전문개정 2009.11.2]

제4조 (다른 법의 적용례) 제1조에 따른 이 법의 적용대상자가 범한 죄에 관하여 이 법에 특별한 규정이 없으면 다른 법령에서 정하는 바에 따른다. [전문개정 2009.11.2]

# 제2편 각칙 <개정 2009.11.2>

## 제1장 반란의 죄 〈개정 2009.11.2〉

제5조 (반란) 작당(作黨)하여 병기를 휴대하고 반란을 일으킨 사람은 다음 각 호의 구분에 따라 처벌한다.

1. 수괴(首魁): 사형
2. 반란 모의에 참여하거나 반란을 지휘하거나 그 밖에 반란에서 중요한 임무에 종사한 사람과 반란 시 살상, 파괴 또는 약탈 행위를 한 사람: 사형, 무기 또는 7년 이

상의 징역이나 금고

3. 반란에 부화뇌동(附和雷同)하거나 단순히 폭동에만 관여한 사람: 7년 이하의 징역이나 금고 [전문개정 2009.11.2]

**第6조 (반란 목적의 군용물 탈취)** 반란을 목적으로 작당하여 병기, 탄약 또는 그 밖에 군용에 공(供)하는 물건을 탈취한 사람은 제5조의 예에 따라 처벌한다. [전문개정 2009.11.2]

**第7조 (미수범)** 제5조와 제6조의 미수범은 처벌한다. [전문개정 2009.11.2]

**第8조 (예비, 음모, 선동, 선전)** ① 제5조 또는 제6조의 죄를 범할 목적으로 예비 또는 음모를 한 사람은 5년 이상의 유기징역이나 유기금고에 처한다. 다만, 그 목적한 죄의 실행에 이르기 전에 자수한 경우에는 그 형을 감경하거나 면제한다.

② 제5조 또는 제6조의 죄를 범할 것을 선동하거나 선전한 사람도 제1항의 형에 처한다. [전문개정 2009.11.2]

**第9조 (반란 불보고)** ① 반란을 알고도 이를 상관 또는 그 밖의 관계관에게 지체 없이 보고하지 아니한 사람은 2년 이하의 징역이나 금고에 처한다.

② 제1항의 경우에 적을 이롭게 할 목적으로 보고하지 아니한 사람은 7년 이하의 징역이나 금고에 처한다. [전문개정 2009.11.2]

**第10조 (동맹국에 대한 행위)** 이 장의 규정은 대한민국의 동맹국에 대한 행위에도 적용한다. [전문개정 2009.11.2]

## 제2장 이적(利敵)의 죄 〈개정 2009.11.2〉

**第11조 (군대 및 군용시설 제공)** ① 군대 요새(要塞), 진영(陣營) 또는 군용에 공하는 함선이나 항공기 또는 그 밖의 장소, 설비 또는 건조물을 적에게 제공한 사람은 사형에 처한다.

② 병기, 탄약 또는 그 밖에 군용에 공하는 물건을 적에게 제공한 사람도 제1항의 형에 처한다. [전문개정 2009.11.2]

**第12조 (군용시설 등 파괴)** 적을 위하여 제11조에 규정된 군용시설 또는 그 밖의 물건을 파괴하거나 사용할 수 없게 한 사람은 사형에 처한다. [전문개정 2009.11.2]

**第13조 (간첩)** ① 적을 위하여 간첩행위를 한 사람은 사형에 처하고, 적의 간첩을 방조한 사람은 사형 또는 무기징역에 처한다.

② 군사상 기밀을 적에게 누설한 사람도 제1항의 형에 처한다.

③ 다음 각 호의 어느 하나에 해당하는 지역 또는 기관에서 제1항 및 제2항의 죄를 범한 사람도 제1항의 형에 처한다.

1. 부대·기지·군항지역 또는 그 밖에 군사시설 보호를 위한 법령에 따라 고시되거나 공고된 지역
2. 부대이동지역·부대훈련지역·대간첩작전지역 또는 그 밖에 군이 특수작전을 수행하는 지역
3. 「방위사업법」에 따라 지정되거나 위촉된 방위산업체와 연구기관 [전문개정 2009.11.2]

**第14조 (일반이적)** 제11조부터 제13조까지의 행위 외에 다음 각 호의 어느 하나에 해당하는 행위를 한 사람은 사형, 무기 또는 5년 이상의 징역에 처한다.

1. 적을 위하여 진로를 인도하거나 지리를 알려준 사람
2. 적에게 항복하게 하기 위하여 지휘관에게 이를 강요한 사람
3. 적을 숨기거나 비호(庇護)한 사람
4. 적을 위하여 통로, 교량, 등대, 표지 또는 그 밖의 교통시설을 손괴하거나 불통하게 하거나 그 밖의 방법으로 부대 또는 군용에 공하는 함선, 항공기 또는 차량의 왕래를 방해한 사람
5. 적을 위하여 암호 또는 신호를 사용하거나 명령, 통보 또는 보고의 내용을 고쳐서 전달하거나 전달을 게을리하거나 거짓 명령, 통보나 보고를 한 사람
6. 적을 위하여 부대, 함대(艦隊), 편대(編隊) 또는 대원을 해산시키거나 혼란을 일으키게 하거나 그 연락이나 집합을 방해한 사람
7. 군용에 공하지 아니하는 병기, 탄약 또는 전투용에 공할 수 있는 물건을 적에게 제공한 사람
8. 그 밖에 대한민국의 군사상 이익을 해하거나 적에게 군사상 이익을 제공한 사람 [전문개정 2009.11.2]

**第15조 (미수범)** 제11조부터 제14조까지의 미수범은 처벌한다. [전문개정 2009.11.2]

**第16조 (예비, 음모, 선동, 선전)** ① 제11조부터 제14조까지의 죄를 범할 목적으로 예비 또는 음모를 한 사람은 3년 이상의 유기징역에 처한다. 다만, 그 목적한 죄의 실행에 이르기 전에 자수한 경우에는 그 형을 감경하거나 면제한다.

② 제11조부터 제14조까지의 죄를 범할 것을 선동하거나 선전한 사람도 제1항의 형에 처한다. [전문개정 2009.11.2]

**第17조 (동맹국에 대한 행위)** 이 장의 규정은 대한민국의 동맹국에 대한 행위에도 적용한다. [전문개정 2009.11.2]

## 제3장 지휘권 남용의 죄 〈개정 2009.11.2〉

제18조 (불법 전투 개시) 지휘관이 정당한 사유 없이 외국에 대하여 전투를 개시한 경우에는 사형에 처한다. [전문개정 2009.11.2]

제19조 (불법 전투 계속) 지휘관이 휴전 또는 강화(講和)의 고지를 받고도 정당한 사유 없이 전투를 계속한 경우에는 사형에 처한다. [전문개정 2009.11.2]

제20조 (불법 진퇴) 전시, 사변 시 또는 계엄지역에서 지휘관이 권한을 남용하여 부득이한 사유 없이 부대, 함선 또는 항공기를 진퇴(進退)시킨 경우에는 사형, 무기 또는 7년 이상의 징역이나 금고에 처한다. [전문개정 2009.11.2]

제21조 (미수범) 이 장의 미수범은 처벌한다. [전문개정 2009.11.2]

## 제4장 지휘관의 항복과 도피의 죄 〈개정 2009.11.2〉

제22조 (항복) 지휘관이 그 할 바를 다하지 아니하고 적에게 항복하거나 부대, 요새, 진영, 함선 또는 항공기를 적에게 방임(放任)한 경우에는 사형에 처한다. [전문개정 2009.11.2]

제23조 (부대 인솔 도피) 지휘관이 적전에서 그 할 바를 다하지 아니하고 부대를 인솔하여 도피한 경우에는 사형에 처한다. [전문개정 2009.11.2]

제24조 (직무유기) 지휘관이 정당한 사유 없이 직무수행을 거부하거나 직무를 유기(遺棄)한 경우에는 다음 각 호의 구분에 따라 처벌한다.

1. 적전의 경우: 사형
2. 전시, 사변 시 또는 계엄지역인 경우: 5년 이상의 유기징역 또는 유기금고
3. 그 밖의 경우: 3년 이하의 징역 또는 금고 [전문개정 2009.11.2]

제25조 (미수범) 제22조 및 제23조의 미수범은 처벌한다. [전문개정 2009.11.2]

제26조 (예비, 음모) 제22조 또는 제23조의 죄를 범할 목적으로 예비 또는 음모를 한 사람은 3년 이상의 유기징역에 처한다. [전문개정 2009.11.2]

## 제5장 수소(守所) 이탈의 죄 〈개정 2009.11.2〉

제27조 (지휘관의 수소 이탈) 지휘관이 정당한 사유 없이 부대를 인솔하여 수소를 이탈하거나 배치구역에 임하지 아니한 경우에는 다음 각 호의 구분에 따라 처벌한다.

1. 적전인 경우: 사형
2. 전시, 사변 시 또는 계엄지역인 경우: 사형, 무기 또는 5년 이상의 징역 또는 금고
3. 그 밖의 경우: 3년 이하의 징역 또는 금고 [전문개정 2009.11.2]

제28조 (초병의 수소 이탈) 초병이 정당한 사유 없이 수소를 이탈하거나 지정된 시간까지 수소에 임하지 아니한 경우에는 다음 각 호의 구분에 따라 처벌한다.

1. 적전인 경우: 사형, 무기 또는 10년 이상의 징역
2. 전시, 사변 시 또는 계엄지역인 경우: 1년 이상의 유기징역
3. 그 밖의 경우: 2년 이하의 징역 [전문개정 2009.11.2]

제29조 (미수범) 이 장의 미수범은 처벌한다. [전문개정 2009.11.2]

## 제6장 군무 이탈의 죄 〈개정 2009.11.2〉

제30조 (군무 이탈) ① 군무를 기피할 목적으로 부대 또는 직무를 이탈한 사람은 다음 각 호의 구분에 따라 처벌한다.

1. 적전인 경우: 사형, 무기 또는 10년 이상의 징역
2. 전시, 사변 시 또는 계엄지역인 경우: 5년 이상의 유기징역
3. 그 밖의 경우: 1년 이상 10년 이하의 징역

② 부대 또는 직무에서 이탈된 사람으로서 정당한 사유 없이 상당한 기간 내에 부대 또는 직무에 복귀하지 아니한 사람도 제1항의 형에 처한다. [전문개정 2009.11.2]

제31조 (특수 군무 이탈) 위험하거나 중요한 임무를 회피할 목적으로 배치지 또는 직무를 이탈한 사람도 제30조의 예에 따른다. [전문개정 2009.11.2]

제32조 (이탈자 비호) 제30조 또는 제31조의 죄를 범한 사람을 숨기거나 비호한 사람은 나음 각 호의 구분에 따라 처벌한다.

1. 전시, 사변 시 또는 계엄지역인 경우: 5년 이하의 징역
2. 그 밖의 경우: 3년 이하의 징역 [전문개정 2009.11.2]

제33조 (적진으로의 도주) 적진으로 도주한 사람은 사형에 처한다. [전문개정 2009.11.2]

제34조 (미수범) 이 장의 미수범은 처벌한다. [전문개정 2009.11.2]

## 제7장 군무 태만의 죄 〈개정 2009.11.2〉

제35조 (근무 태만) 근무를 게을리하여 다음 각 호의 어느 하나에 해당하는 사람은 무기 또는 1년 이상의 징역에 처한다.

1. 지휘관 또는 이에 준하는 장교로서 그 임무를 수행하면서 적과의 교전이 예측되는 경우에 전투준비를 게을리한 사람

2. 장교로서 부대 또는 병원(兵員)을 인솔하여 그 임무를 수행하면서 적을 만나거나 그 밖의 위난(危難)에 처하여 정당한 사유 없이 부대 또는 병원을 유기한 사람
3. 직무상 공격하여야 할 적을 정당한 사유 없이 공격하지 아니하거나 직무상 당연히 감당하여야 할 위난으로부터 이탈한 사람
4. 군사기밀인 문서 또는 물건을 보관하는 사람으로서 위급한 경우에 있어서 부득이한 사유 없이 적에게 이를 방임한 사람
5. 전시, 사변 시 또는 계엄지역에서 병기, 탄약, 식량, 피복 또는 그 밖에 군용에 공하는 물건을 운반 또는 공급하는 사람으로서 부득이한 사유 없이 이를 없애거나 모자라게 한 사람 [전문개정 2009.11.2]

**第36조 (비행군기 문란)** 비행(飛行)에 관한 법규 또는 명령을 위반하여 항공기를 조종함으로써 비행군기를 문란하게 한 사람은 다음 각 호의 구분에 따라 처벌한다.
1. 적전인 경우: 1년 이상의 유기징역 또는 유기금고
2. 전시, 사변 시 또는 계엄지역인 경우: 3년 이하의 징역 또는 금고
3. 그 밖의 경우: 1년 이하의 징역 또는 금고 [전문개정 2009.11.2]

**第37조 (위계로 인한 항행 위험)** 거짓 신호를 하거나 그 밖의 방법으로 군용에 공하는 함선 또는 항공기의 항행(航行)에 위험을 발생시킨 사람은 다음 각 호의 구분에 따라 처벌한다.
1. 전시, 사변 시 또는 계엄지역인 경우: 사형, 무기 또는 5년 이상의 징역
2. 그 밖의 경우: 무기 또는 2년 이상의 징역 [전문개정 2009.11.2]

**第38조 (거짓 명령, 통보, 보고)** ① 군사(軍事)에 관하여 거짓 명령, 통보 또는 보고를 한 사람은 다음 각 호의 구분에 따라 처벌한다.
1. 적전인 경우: 사형, 무기 또는 5년 이상의 징역
2. 전시, 사변 시 또는 계엄지역인 경우: 7년 이하의 징역
3. 그 밖의 경우: 1년 이하의 징역

② 군사에 관한 명령, 통보 또는 보고를 할 의무가 있는 사람이 제1항의 죄를 범한 경우에는 제1항 각 호에서 정한 형의 2분의 1까지 가중한다. [전문개정 2009.11.2]

**第39조 (명령 등의 거짓 전달)** 전시, 사변 시 또는 계엄지역에서 군사에 관한 명령, 통보 또는 보고를 전달하는 사람이 거짓으로 전달하거나 전달하지 아니한 경우에는 제38조의 예에 따른다. [전문개정 2009.11.2]

**第40조 (초령 위반)** ① 정당한 사유 없이 정하여진 규칙에 따르지 아니하고 초병을 교체하게 하거나 교체한 사람은 다음 각 호의 구분에 따라 처벌한다.

1. 적전인 경우: 사형, 무기 또는 2년 이상의 징역
2. 전시, 사변 시 또는 계엄지역인 경우: 5년 이하의 징역
3. 그 밖의 경우: 2년 이하의 징역

② 초병이 잠을 자거나 술을 마신 경우에도 제1항의 형에 처한다. [전문개정 2009.11.2]

**제41조 (근무 기피 목적의 사술)** ① 근무를 기피할 목적으로 신체를 상해한 사람은 다음 각 호의 구분에 따라 처벌한다.

1. 적전인 경우: 사형, 무기 또는 5년 이상의 징역
2. 그 밖의 경우: 3년 이하의 징역

② 근무를 기피할 목적으로 질병을 가장하거나 그 밖의 위계(僞計)를 한 사람은 다음 각 호의 구분에 따라 처벌한다.

1. 적전인 경우: 10년 이하의 징역
2. 그 밖의 경우: 1년 이하의 징역 [전문개정 2009.11.2]

**제42조 (유해 음식물 공급)** ① 독성이 있는 음식물을 군에 공급한 사람은 10년 이하의 징역에 처한다.

② 제1항의 죄를 범하여 사람을 사망 또는 상해에 이르게 한 사람은 사형, 무기 또는 5년 이상의 징역에 처한다.

③ 과실로 인하여 제1항의 죄를 범한 사람은 5년 이하의 징역이나 금고에 처한다.

④ 적을 이롭게 하기 위하여 제1항의 죄를 범한 사람은 사형, 무기 또는 5년 이상의 징역에 처한다. [전문개정 2009.11.2]

**제43조 (출병 거부)** 지휘관이 출병(出兵)을 요구할 수 있는 권한을 가진 사람으로부터 그 요구를 받고 상당한 이유 없이 이에 응하지 아니한 경우에는 7년 이하의 징역이나 금고에 처한다. [전문개정 2009.11.2]

## 제8장 항명의 죄 〈개정 2009.11.2〉

**제44조 (항명)** 상관의 정당한 명령에 반항하거나 복종하지 아니한 사람은 다음 각 호의 구분에 따라 처벌한다.

1. 적전인 경우: 사형, 무기 또는 10년 이상의 징역
2. 전시, 사변 시 또는 계엄지역인 경우: 1년 이상 7년 이하의 징역
3. 그 밖의 경우: 3년 이하의 징역 [전문개정 2009.11.2]

**제45조 (집단 항명)** 집단을 이루어 제44조의 죄를 범한 사람은 다음 각 호의 구분에 따라 처벌한다.

1. 적전인 경우: 수괴는 사형, 그 밖의 사람은 사형 또는 무기징역
2. 전시, 사변 시 또는 계엄지역인 경우: 수괴는 무기 또는 7년 이상의 징역, 그 밖의 사람은 1년 이상의 유기징역
3. 그 밖의 경우: 수괴는 3년 이상의 유기징역, 그 밖의 사람은 7년 이하의 징역 [전문개정 2009.11.2]

제46조 (상관의 제지 불복종) 폭행을 하는 사람이 상관의 제지에 복종하지 아니한 경우에는 3년 이하의 징역에 처한다. [전문개정 2009.11.2]

제47조 (명령 위반) 정당한 명령 또는 규칙을 준수할 의무가 있는 사람이 이를 위반하거나 준수하지 아니한 경우에는 2년 이하의 징역이나 금고에 처한다. [전문개정 2009.11.2]

## 제9장 폭행, 협박, 상해 및 살인의 죄 〈개정 2009.11.2〉

제48조 (상관에 대한 폭행, 협박) 상관을 폭행하거나 협박한 사람은 다음 각 호의 구분에 따라 처벌한다.

1. 적전인 경우: 1년 이상 10년 이하의 징역
2. 그 밖의 경우: 5년 이하의 징역 [전문개정 2009.11.2]

제49조 (상관에 대한 집단 폭행, 협박 등) ① 집단을 이루어 제48조의 죄를 범한 사람은 다음 각 호의 구분에 따라 처벌한다.

1. 적전인 경우: 수괴는 무기 또는 10년 이상의 징역, 그 밖의 사람은 3년 이상의 유기징역
2. 그 밖의 경우: 수괴는 무기 또는 5년 이상의 징역, 그 밖의 사람은 1년 이상의 유기징역

② 집단을 이루지 아니하고 2명 이상이 공동하여 제48조의 죄를 범한 경우에는 제48조에서 정한 형의 2분의 1까지 가중한다. [전문개정 2009.11.2]

제50조 (상관에 대한 특수 폭행, 협박) 흉기나 그 밖의 위험한 물건을 휴대하고 제48조의 죄를 범한 사람은 다음 각 호의 구분에 따라 처벌한다.

1. 적전인 경우: 사형, 무기 또는 5년 이상의 징역
2. 그 밖의 경우: 무기 또는 2년 이상의 징역 [전문개정 2009.11.2]

제51조 삭제 〈2009.11.2〉

제52조 (상관에 대한 폭행치사상) ① 제48조부터 제50조까지의 죄를 범하여 상관을 사망에

이르게 한 사람은 다음 각 호의 구분에 따라 처벌한다.

1. 적전인 경우: 사형, 무기 또는 10년 이상의 징역
2. 전시, 사변 시 또는 계엄지역인 경우: 사형, 무기 또는 5년 이상의 징역
3. 그 밖의 경우: 무기 또는 5년 이상의 징역

② 제48조 또는 제49조의 죄를 범하여 상관을 상해에 이르게 한 사람(제49조제1항 각 호의 죄를 범한 사람 중 수괴는 제외한다)은 다음 각 호의 구분에 따라 처벌한다.

1. 적전인 경우: 무기 또는 3년 이상의 징역
2. 그 밖의 경우: 1년 이상의 유기징역 [전문개정 2009.11.2]

**제52조의2 (상관에 대한 상해)** 상관의 신체를 상해한 사람은 다음 각 호의 구분에 따라 처벌한다.

1. 적전인 경우: 무기 또는 3년 이상의 징역
2. 그 밖의 경우: 1년 이상의 유기징역 [전문개정 2009.11.2]

**제52조의3 (상관에 대한 집단상해 등)** ① 집단을 이루어 제52조의2의 죄를 범한 사람은 다음 각 호의 구분에 따라 처벌한다.

1. 적전인 경우: 수괴는 무기 또는 10년 이상의 징역, 그 밖의 사람은 무기 또는 5년 이상의 징역
2. 그 밖의 경우: 수괴는 무기 또는 7년 이상의 징역, 그 밖의 사람은 3년 이상의 유기징역

② 집단을 이루지 아니하고 2명 이상이 공동하여 제52조의2의 죄를 범한 경우에는 제52조의2에서 정한 형의 2분의 1까지 가중한다. [본조신설 2009.11.2]

[종전 제52조의3은 제52조의5로 이동 〈2009.11.2〉]

**제52조의4 (상관에 대한 특수상해)** 흉기나 그 밖의 위험한 물건을 휴대하고 제52조의2의 죄를 범한 사람은 다음 각 호의 구분에 따라 처벌한다.

1. 적전인 경우: 사형, 무기 또는 10년 이상의 징역
2. 그 밖의 경우: 무기 또는 3년 이상의 징역 [본조신설 2009.11.2]

[종전 제52조의4는 제52조의6으로 이동 〈2009.11.2〉]

**제52조의5 (상관에 대한 중상해)** 제52조제2항 및 제52조의2부터 제52조의4까지의 죄를 범하여 상관의 생명에 위험을 발생하게 하거나 불구 또는 불치나 난치의 질병에 이르게 한 사람은 다음 각 호의 구분에 따라 처벌한다.

1. 적전인 경우: 사형, 무기 또는 10년 이상의 징역
2. 전시, 사변 시 또는 계엄지역인 경우: 사형, 무기 또는 3년 이상의 징역. 다만, 제52조의3제1항제2호의 죄를 범한 사람 중 수괴는 사형, 무기 또는 7년 이상의 징역에

처한다.

3. 그 밖의 경우(제52조의3제1항제2호의 죄를 범한 사람 중 수괴는 제외한다): 무기 또는 3년 이상의 징역 [전문개정 2009.11.2]

[제52조의3에서 이동 〈2009.11.2〉]

**제52조의6 (상관에 대한 상해치사)** 제52조의2부터 제52조의5까지의 죄를 범하여 상관을 사망에 이르게 한 사람은 다음 각 호의 구분에 따라 처벌한다.

1. 적전인 경우: 사형, 무기 또는 10년 이상의 징역
2. 전시, 사변 시 또는 계엄지역인 경우: 사형, 무기 또는 5년 이상의 징역
3. 그 밖의 경우(제52조의3제1항제2호의 죄를 범한 사람 중 수괴는 제외한다): 무기 또는 5년 이상의 징역 [전문개정 2009.11.2]

[제52조의4에서 이동 〈2009.11.2〉]

**제53조 (상관 살해와 예비, 음모)** ① 상관을 살해한 사람은 사형 또는 무기징역에 처한다.

② 제1항의 죄를 범할 목적으로 예비 또는 음모를 한 사람은 1년 이상의 유기징역에 처한다. [전문개정 2009.11.2]

**제54조 (초병에 대한 폭행, 협박)** 초병에게 폭행 또는 협박을 한 사람은 다음 각 호의 구분에 따라 처벌한다.

1. 적전인 경우: 7년 이하의 징역
2. 그 밖의 경우: 5년 이하의 징역 [전문개정 2009.11.2]

**제55조 (초병에 대한 집단 폭행, 협박 등)** ① 집단을 이루어 제54조의 죄를 범한 사람은 다음 각 호의 구분에 따라 처벌한다.

1. 적전인 경우: 수괴는 5년 이상의 유기징역, 그 밖의 사람은 3년 이상의 유기징역
2. 그 밖의 경우: 수괴는 2년 이상의 유기징역, 그 밖의 사람은 1년 이상의 유기징역

② 집단을 이루지 아니하고 2명 이상이 공동하여 제54조의 죄를 범한 경우에는 제54조에서 정한 형의 2분의 1까지 가중한다. [전문개정 2009.11.2]

**제56조 (초병에 대한 특수 폭행, 협박)** 흉기나 그 밖의 위험한 물건을 휴대하고 제54조의 죄를 범한 사람은 다음 각 호의 구분에 따라 처벌한다.

1. 적전인 경우: 사형, 무기 또는 3년 이상의 징역
2. 그 밖의 경우: 1년 이상의 유기징역 [전문개정 2009.11.2]

**제57조** 삭제 〈2009.11.2〉

**제58조 (초병에 대한 폭행치사상)** ① 제54조부터 제56조까지의 죄를 범하여 초병을 사망에 이르게 한 사람은 다음 각 호의 구분에 따라 처벌한다.

1. 적전인 경우: 사형, 무기 또는 5년 이상의 징역
2. 전시, 사변 시 또는 계엄지역인 경우: 제54조의 죄를 범한 사람은 사형, 무기 또는 3년 이상의 징역, 제55조 또는 제56조의 죄를 범한 사람은 사형, 무기 또는 5년 이상의 징역
3. 그 밖의 경우: 제54조의 죄를 범한 사람은 무기 또는 3년 이상의 징역, 제55조 또는 제56조의 죄를 범한 사람은 무기 또는 5년 이상의 징역

② 제54조 또는 제55조의 죄를 범하여 초병을 상해에 이르게 한 사람은 다음 각 호의 구분에 따라 처벌한다.

1. 적전인 경우: 무기 또는 3년 이상의 징역. 다만, 제55조제1항제1호의 죄를 범한 사람 중 수괴는 무기 또는 5년 이상의 징역에 처한다.
2. 그 밖의 경우(제55조제1항제2호의 죄를 범한 사람 중 수괴는 제외한다): 1년 이상의 유기징역 [전문개정 2009.11.2]

**제58조의2 (초병에 대한 상해)** 초병의 신체를 상해한 사람은 다음 각 호의 구분에 따라 처벌한다.

1. 적전인 경우: 무기 또는 3년 이상의 징역
2. 그 밖의 경우: 1년 이상의 유기징역 [전문개정 2009.11.2]

**제58조의3 (초병에 대한 집단상해 등)** ① 집단을 이루어 제58조의2의 죄를 범한 사람은 다음 각 호의 구분에 따라 처벌한다.

1. 적전인 경우: 수괴는 무기 또는 7년 이상의 징역, 그 밖의 사람은 무기 또는 5년 이상의 징역
2. 그 밖의 경우: 수괴는 5년 이상의 유기징역, 그 밖의 사람은 3년 이상의 유기징역

② 집단을 이루지 아니하고 2명 이상이 공동하여 제58조의2의 죄를 범한 경우에는 제58조의2에서 정한 형의 2분의 1까지 가중한다. [본조신설 2009.11.2]

[종전 제58조의3은 제58조의5로 이동 〈2009.11.2〉]

**제58조의4 (초병에 대한 특수상해)** 흉기나 그 밖의 위험한 물건을 휴대하고 제58조의2의 죄를 범한 사람은 다음 각 호의 구분에 따라 처벌한다.

1. 적전인 경우: 사형, 무기 또는 5년 이상의 징역
2. 그 밖의 경우: 3년 이상의 유기징역 [본조신설 2009.11.2]

[종전 제58조의4는 제58조의6으로 이동 〈2009.11.2〉]

**제58조의5 (초병에 대한 중상해)** 제58조제2항, 제58조의2 및 제58조의3제2항의 죄를 범하여 초병의 생명에 대한 위험을 발생하게 하거나 불구 또는 불치나 난치의 질병에 이르게 한 사람은 다음 각 호의 구분에 따라 처벌한다.

1. 적전인 경우: 무기 또는 5년 이상의 징역
2. 그 밖의 경우: 2년 이상의 유기징역 [전문개정 2009.11.2]
[제58조의3에서 이동 〈2009.11.2〉]

**제58조의6 (초병에 대한 상해치사)** 제58조의2부터 제58조의5까지의 죄를 범하여 초병을 사망에 이르게 한 사람은 다음 각 호의 구분에 따라 처벌한다.
1. 적전인 경우: 사형, 무기 또는 5년 이상의 징역
2. 전시, 사변 시 또는 계엄지역인 경우: 제58조의2의 죄를 범한 사람은 사형, 무기 또는 3년 이상의 징역, 제58조의3부터 제58조의5까지의 죄를 범한 사람은 사형, 무기 또는 5년 이상의 징역
3. 그 밖의 경우: 제58조의2의 죄를 범한 사람은 무기 또는 3년 이상의 징역, 제58조의3부터 제58조의5까지의 죄를 범한 사람은 무기 또는 5년 이상의 징역 [전문개정 2009.11.2]
[제58조의4에서 이동 〈2009.11.2〉]

**제59조 (초병살해와 예비, 음모)** ① 초병을 살해한 사람은 사형 또는 무기징역에 처한다.
② 제1항의 죄를 범할 목적으로 예비 또는 음모를 한 사람은 1년 이상 10년 이하의 징역에 처한다. [전문개정 2009.11.2]

**제60조 (직무수행 중인 군인등에 대한 폭행, 협박 등)** ① 상관 또는 초병 외의 직무수행 중인 사람(군인 또는 제1조제3항 각 호의 어느 하나에 해당하는 사람에 한한다. 이하 "군인등"이라 한다)에게 폭행 또는 협박을 한 사람은 다음 각 호의 구분에 따라 처벌한다.
1. 적전인 경우: 7년 이하의 징역
2. 그 밖의 경우: 5년 이하의 징역 또는 1천만원 이하의 벌금

② 집단을 이루거나 흉기나 그 밖의 위험한 물건을 휴대하고 제1항의 죄를 범한 사람은 다음 각 호의 구분에 따라 처벌한다.
1. 적전인 경우: 3년 이상의 유기징역
2. 그 밖의 경우: 1년 이상의 유기징역

③ 집단을 이루지 아니하고 2명 이상이 공동하여 제1항의 죄를 범한 경우에는 제1항에서 정한 형의 2분의 1까지 가중한다.
④ 제1항부터 제3항까지의 죄를 범하여 상관 또는 초병 외의 직무수행 중인 군인등을 사망에 이르게 한 사람은 다음 각 호의 구분에 따라 처벌한다.
1. 적전인 경우: 사형, 무기 또는 5년 이상의 징역
2. 전시, 사변 시 또는 계엄지역인 경우: 제1항의 죄를 범한 사람은 사형, 무기 또는 3

년 이상의 징역, 제2항 또는 제3항의 죄를 범한 사람은 사형, 무기 또는 5년 이상의 징역

3. 그 밖의 경우: 제1항의 죄를 범한 사람은 무기 또는 3년 이상의 징역, 제2항 또는 제3항의 죄를 범한 사람은 무기 또는 5년 이상의 징역

⑤ 제1항부터 제3항까지의 죄를 범하여 상관 또는 초병 외의 직무수행 중인 군인등을 상해에 이르게 한 사람은 다음 각 호의 구분에 따라 처벌한다.

1. 적전인 경우: 무기 또는 3년 이상의 징역
2. 그 밖의 경우: 1년 이상의 유기징역 [전문개정 2009.11.2]

**第60조의2 (직무수행 중인 군인등에 대한 상해)** 상관 또는 초병 외의 직무수행 중인 군인등의 신체를 상해한 사람은 다음 각 호의 구분에 따라 처벌한다.

1. 적전인 경우: 무기 또는 3년 이상의 징역
2. 그 밖의 경우: 1년 이상의 유기징역 [전문개정 2009.11.2]

**第60조의3 (직무수행 중인 군인등에 대한 집단상해 등)** ① 집단을 이루거나 흉기나 그 밖의 위험한 물건을 휴대하고 第60조의2의 죄를 범한 사람은 다음 각 호의 구분에 따라 처벌한다.

1. 적전인 경우: 무기 또는 5년 이상의 징역
2. 그 밖의 경우: 3년 이상의 유기징역

② 집단을 이루지 아니하고 2명 이상이 공동하여 第60조의2의 죄를 범한 경우에는 第60조의2에서 정한 형의 2분의 1까지 가중한다. [본조신설 2009.11.2]

[종전 第60조의3은 第60조의4로 이동 〈2009.11.2〉]

**第60조의4 (직무수행 중인 군인등에 대한 중상해)** 第60조제5항, 第60조의2 및 第60조의3제2항의 죄를 범하여 상관 또는 초병 외의 직무수행 중인 군인등의 생명에 대한 위험을 발생하게 하거나 불구 또는 불치나 난치의 질병에 이르게 한 사람은 다음 각 호의 구분에 따라 처벌한다.

1. 적전인 경우: 무기 또는 5년 이상의 징역
2. 그 밖의 경우: 2년 이상의 유기징역 [전문개정 2009.11.2]

[第60조의3에서 이동, 종전 第60조의4는 第60조의5로 이동 〈2009.11.2〉]

**第60조의5 (직무수행 중인 군인등에 대한 상해치사)** 第60조의2부터 第60조의4까지의 죄를 범하여 상관 또는 초병 외의 직무수행 중인 군인등을 사망에 이르게 한 사람은 다음 각 호의 구분에 따라 처벌한다.

1. 적전인 경우: 사형, 무기 또는 5년 이상의 징역
2. 전시, 사변 시 또는 계엄지역인 경우: 第60조의2의 죄를 범한 사람은 사형, 무기 또

는 3년 이상의 징역, 제60조의3 또는 제60조의4의 죄를 범한 사람은 사형, 무기 또는 5년 이상의 징역

3. 그 밖의 경우: 제60조의2의 죄를 범한 사람은 무기 또는 3년 이상의 징역, 제60조의3 또는 제60조의4의 죄를 범한 사람은 무기 또는 5년 이상의 징역 [전문개정 2009.11.2]

[제60조의4에서 이동 〈2009.11.2〉]

**제61조 (특수소요)** 집단을 이루어 흉기나 그 밖의 위험한 물건을 휴대하고 폭행, 협박 또는 손괴의 행위를 한 사람은 다음 각 호의 구분에 따라 처벌한다.

1. 수괴: 3년 이상의 유기징역
2. 다른 사람을 지휘하거나, 세력을 확장 또는 유지하는 데 솔선한 사람: 1년 이상 10년 이하의 징역
3. 부화뇌동한 사람: 2년 이하의 징역 [전문개정 2009.11.2]

**제62조 (가혹행위)** ① 직권을 남용하여 학대 또는 가혹한 행위를 한 사람은 5년 이하의 징역에 처한다.

② 위력을 행사하여 학대 또는 가혹한 행위를 한 사람은 3년 이하의 징역 또는 700만원 이하의 벌금에 처한다. [전문개정 2009.11.2]

**제63조 (미수범)** 제52조의2부터 제52조의4까지, 제53조제1항, 제58조의2부터 제58조의4까지, 제59조제1항, 제60조의2 및 제60조의3의 미수범은 처벌한다. [전문개정 2009.11.2]

## 제10장 모욕의 죄 〈개정 2009.11.2〉

제64조 (상관 모욕 등) ① 상관을 그 면전에서 모욕한 사람은 2년 이하의 징역이나 금고에 처한다.

② 문서, 도화(圖畵) 또는 우상(偶像)을 공시(公示)하거나 연설 또는 그 밖의 공연(公然)한 방법으로 상관을 모욕한 사람은 3년 이하의 징역이나 금고에 처한다.

③ 공연히 사실을 적시하여 상관의 명예를 훼손한 사람은 3년 이하의 징역이나 금고에 처한다.

④ 공연히 거짓 사실을 적시하여 상관의 명예를 훼손한 사람은 5년 이하의 징역이나 금고에 처한다.

**제65조 (초병 모욕)** 초병을 그 면전에서 모욕한 사람은 1년 이하의 징역이나 금고에 처한다. [전문개정 2009.11.2]

## 제11장 군용물에 관한 죄 〈개정 2009.11.2〉

**제66조 (군용시설 등에 대한 방화)** ① 불을 놓아 군의 공장, 함선, 항공기 또는 전투용으로 공하는 시설, 기차, 전차, 자동차, 교량을 소훼한 사람은 사형, 무기 또는 10년 이상의 징역에 처한다.

② 불을 놓아 군용에 공하는 물건을 저장하는 창고를 소훼한 사람은 다음 각 호의 구분에 따라 처벌한다.

1. 군용에 공하는 물건이 현존하는 경우: 사형, 무기 또는 7년 이상의 징역
2. 군용에 공하는 물건이 현존하지 아니하는 경우: 무기 또는 5년 이상의 징역 [전문개정 2009.11.2]

**제67조 (노적 군용물에 대한 방화)** 불을 놓아 노적(露積)한 병기, 탄약, 차량, 장구(裝具), 기재(器材), 식량, 피복 또는 그 밖에 군용에 공하는 물건을 소훼한 사람은 다음 각 호의 구분에 따라 처벌한다.

1. 전시, 사변 시 또는 계엄지역인 경우: 사형, 무기 또는 7년 이상의 징역
2. 그 밖의 경우: 무기 또는 3년 이상의 징역 [전문개정 2009.11.2]

**제68조 (폭발물 파열)** 화약, 기관(汽罐) 또는 그 밖의 폭발성 있는 물건을 파열하게 하여 제66조와 제67조에 규정된 물건을 손괴한 사람도 제66조 및 제67조의 예에 따른다. [전문개정 2009.11.2]

**제69조 (군용시설 등 손괴)** 제66조에 규정된 물건 또는 군용에 공하는 철도, 전선 또는 그 밖의 시설이나 물건을 손괴하거나 그 밖의 방법으로 그 효용을 해한 사람은 무기 또는 2년 이상의 징역에 처한다. [전문개정 2009.11.2]

**제70조 (노획물 훼손)** 적과 싸워서 얻은 물건을 횡령하거나 소훼 또는 손괴한 사람은 1년 이상 10년 이하의 징역에 처한다. [전문개정 2009.11.2]

**제71조 (함선·항공기의 복몰 또는 손괴)** ① 취역(就役) 중에 있는 함선을 충돌 또는 좌초시키거나 위험한 곳을 항행하게 하여 함선을 복몰(覆沒) 또는 손괴한 사람은 사형, 무기 또는 5년 이상의 징역에 처한다.

② 취역 중에 있는 항공기를 추락시키거나 손괴한 사람도 제1항의 형에 처한다.

③ 제1항 또는 제2항의 죄를 범하여 사람을 사망 또는 상해에 이르게 한 사람은 사형, 무기 또는 10년 이상의 징역에 처한다. [전문개정 2009.11.2]

**제72조 (미수범)** 제66조부터 제70조까지 및 제71조제1항 · 제2항의 미수범은 처벌한다. [전문개정 2009.11.2]

**제73조 (과실범)** ① 과실로 인하여 제66조부터 제71조까지의 죄를 범한 사람은 5년 이하의 징역 또는 300만원 이하의 벌금에 처한다.

② 업무상 과실 또는 중대한 과실로 인하여 제1항의 죄를 범한 사람은 7년 이하의 징역 또는 500만원 이하의 벌금에 처한다. [전문개정 2009.11.2]

**제74조 (군용물 분실)** 총포, 탄약, 폭발물, 차량, 장구, 기재, 식량, 피복 또는 그 밖에 군용에 공하는 물건을 보관할 책임이 있는 사람으로서 이를 분실한 사람은 5년 이하의 징역 또는 300만원 이하의 벌금에 처한다. [전문개정 2009.11.2]

**제75조 (군용물 등 범죄에 대한 형의 가중)** ① 총포, 탄약, 폭발물, 차량, 장구, 기재, 식량, 피복 또는 그 밖에 군용에 공하는 물건 또는 군의 재산상 이익에 관하여 「형법」 제2편제38장부터 제41장까지의 죄를 범한 경우에는 다음 각 호의 구분에 따라 처벌한다.

1. 총포, 탄약 또는 폭발물의 경우: 사형, 무기 또는 5년 이상의 징역
2. 그 밖의 경우: 사형, 무기 또는 1년 이상의 징역

② 제1항의 경우에는 「형법」에 정한 형과 비교하여 중한 형으로 처벌한다.

③ 제1항의 죄에 대하여는 3천만원 이하의 벌금을 병과(倂科)할 수 있다. [전문개정 2009.11.2]

**제76조 (예비, 음모)** 제66조부터 제69조까지와 제71조의 죄를 범할 목적으로 예비 또는 음모를 한 사람은 7년 이하의 징역이나 금고에 처한다. 다만, 그 목적한 죄의 실행에 이르기 전에 자수한 경우에는 그 형을 감경하거나 면제한다. [전문개정 2009.11.2]

**제77조 (외국의 군용시설 또는 군용물에 대한 행위)** 이 장의 규정은 국군과 공동작전에 종사하고 있는 외국군의 군용시설 또는 군용에 공하는 물건에 대한 행위에도 적용한다. [전문개정 2009.11.2]

## 제12장 위령(違令)의 죄 〈개정 2009.11.2〉

**제78조 (초소 침범)** 초병을 속여서 초소를 통과하거나 초병의 제지에 불응한 사람은 다음 각 호의 구분에 따라 처벌한다.

1. 적전인 경우: 1년 이상 5년 이하의 징역 또는 금고
2. 전시, 사변 시 또는 계엄지역인 경우: 3년 이하의 징역 또는 금고
3. 그 밖의 경우: 1년 이하의 징역 또는 금고 [전문개정 2009.11.2]

**제79조 (무단 이탈)** 허가 없이 근무장소 또는 지정장소를 일시적으로 이탈하거나 지정한

시간까지 지정한 장소에 도달하지 못한 사람은 1년 이하의 징역이나 금고 또는 300만원 이하의 벌금에 처한다. [전문개정 2009.11.2]

제80조 (군사기밀 누설) ① 군사상 기밀을 누설한 사람은 10년 이하의 징역이나 금고에 처한다.

② 업무상 과실 또는 중대한 과실로 인하여 제1항의 죄를 범한 경우에는 3년 이하의 징역이나 금고 또는 700만원 이하의 벌금에 처한다. [전문개정 2009.11.2]

제81조 (암호 부정사용) 다음 각 호의 어느 하나에 해당하는 사람은 2년 이상의 유기징역이나 유기금고에 처한다.

1. 암호를 허가 없이 발신한 사람
2. 암호를 수신(受信)할 자격이 없는 사람에게 수신하게 한 사람
3. 자기가 수신한 암호를 전달하지 아니하거나 거짓으로 전달한 사람 [전문개정 2009.11.2]

## 제13장 약탈의 죄 〈개정 2009.11.2〉

제82조 (약탈) ① 전투지역 또는 점령지역에서 군의 위력 또는 전투의 공포를 이용하여 주민의 재물을 약취(掠取)한 사람은 무기 또는 3년 이상의 징역에 처한다.

② 전투지역에서 전사자 또는 전상병자의 의류나 그 밖의 재물을 약취한 사람은 1년 이상의 유기징역에 처한다. [전문개정 2009.11.2]

제83조 (약탈로 인한 치사상) ① 제82조의 죄를 범하여 사람을 살해하거나 사망에 이르게 한 사람은 사형 또는 무기징역에 처한다.

② 제82조의 죄를 범하여 사람을 상해하거나 상해에 이르게 한 사람은 무기 또는 7년 이상의 징역에 처한다. [전문개정 2009.11.2]

제84조 (전지 강간) ① 전투지역 또는 점령지역에서 부녀를 강간한 사람은 사형에 처한다.

② 제1항의 죄에 대한 공소에는 고소가 필요하지 아니하다. [전문개정 2009.11.2]

제85조 (미수범) 이 장의 미수범은 처벌한다. [전문개정 2009.11.2]

## 제14장 포로에 관한 죄 〈개정 2009.11.2〉

제86조 (포로) 적에게 포로가 된 사람이 우군(友軍)부대 또는 진지로 귀환할 수 있는데도 귀환할 적절한 행동을 하지 아니하거나 다른 우군포로가 귀환하지 못하게 한 사람은 2년 이하의 징역에 처한다. [전문개정 2009.11.2]

**제87조 (간수자의 포로 도주 원조)** 포로를 간수 또는 호송하는 사람이 그 포로를 도주하게 한 경우에는 3년 이상의 유기징역에 처한다. [전문개정 2009.11.2]

**제88조 (포로 도주 원조)** ① 포로를 도주하게 한 사람은 10년 이하의 징역에 처한다.

② 포로를 도주시킬 목적으로 포로에게 기구를 제공하거나 그 밖에 그 도주를 용이하게 하는 행위를 한 사람은 7년 이하의 징역에 처한다. [전문개정 2009.11.2]

**제89조 (포로 탈취)** 포로를 탈취한 사람은 2년 이상의 유기징역에 처한다. [전문개정 2009.11.2]

**제90조 (도주포로 비호)** 도주한 포로를 숨기거나 비호한 사람은 5년 이하의 징역에 처한다. [전문개정 2009.11.2]

**제91조 (미수범)** 제87조부터 제90조까지의 미수범은 처벌한다. [전문개정 2009.11.2]

## 제15장 강간과 추행의 죄 〈개정 2009.11.2〉

**제92조 (강간)** 폭행이나 협박으로 제1조제1항부터 제3항까지에 규정된 부녀를 강간한 사람은 5년 이상의 유기징역에 처한다. [전문개정 2009.11.2]

**제92조의2 (강제추행)** 폭행이나 협박으로 제1조제1항부터 제3항까지에 규정된 사람에 대하여 추행을 한 사람은 1년 이상의 유기징역에 처한다. [본조신설 2009.11.2]

**제92조의3 (준강간, 준강제추행)** 제1조제1항부터 제3항까지에 규정된 사람의 심신상실 또는 항거불능 상태를 이용하여 간음 또는 추행을 한 사람은 제92조 및 제92조의2의 예에 따른다. [본조신설 2009.11.2]

**제92조의4 (미수범)** 제92조, 제92조의2 및 제92조의3의 미수범은 처벌한다. [본조신설 2009.11.2]

**제92조의5 (추행)** 계간(鷄姦)이나 그 밖의 추행을 한 사람은 2년 이하의 징역에 처한다. [본조신설 2009.11.2]

**제92조의6 (강간 등 상해 · 치상)** 제92조 및 제92조의2부터 제92조의4까지의 죄를 범한 사람이 제1조제1항부터 제3항까지에 규정된 사람을 상해하거나 상해에 이르게 한 때에는 무기 또는 7년 이상의 징역에 처한다. [본조신설 2009.11.2]

**제92조의7 (강간 등 살인 · 치사)** 제92조 및 제92조의2부터 제92조의4까지의 죄를 범한 사람이 제1조제1항부터 제3항까지에 규정된 사람을 살해한 때에는 사형 또는 무기징역에 처하고, 사망에 이르게 한 때에는 사형, 무기 또는 10년 이상의 징역에 처한다. [본조신설 2009.11.2]

제92조의8 (고소) 제92조 및 제92조의2부터 제92조의4까지의 죄는 고소가 있어야 공소를 제기할 수 있다. [본조신설 2009.11.2]

## 제16장 그 밖의 죄 〈신설 2009.11.2〉

제93조 (부하범죄 부진정) 부하가 다수 공동하여 죄를 범함을 알고도 그 진정(鎭定)을 위하여 필요한 방법을 다하지 아니한 사람은 3년 이하의 징역이나 금고에 처한다. [전문개정 2009.11.2]

제94조 (정치 관여) 정치단체에 가입하거나 연설, 문서 또는 그 밖의 방법으로 정치적 의견을 공표하거나 그 밖의 정치운동을 한 사람은 2년 이하의 금고에 처한다. [전문개정 2009.11.2]

## 부칙 〈제9820호, 2009.11. 2〉

이 법은 공포 후 3개월이 경과한 날부터 시행한다. 다만, 제53조제1항의 개정규정은 공포한 날부터 시행한다.

## 저자약력

○ **곽우영**

육군사관학교 31기졸업
육군사관학교 군사학처 교관
경희대학교 대학원 행정학석사(안보정책전공)
국방대학원 안보과정 졸업
제51보병사단 167연대장 역임
제3야전군사령부 작전차장 역임
현 연성대학교 군사학과 교수

○ **남기봉**

육군사관학교 36기 졸업
경남대 행정대학원 북한학 석사
육군 보병 대령 예편
현 연성대학교 군사학과 교수

○ **한영호**

서강대학교 철학과 졸업
학군 23기 임관
전북대학교 대학원 경제학 석사
현 연성대학교 군사학과 강사